CARBON SEQUESTRATION AND MANAGEMENT IN COASTAL PROTECTION FOREST ECOSYSTEM

# 海岸防护林生态系统固碳效应及其管理

叶功富　高　伟 等◎著

中国林业出版社
China Forestry Publishing House

## 主 要 内 容

本书针对全球气候变化背景下森林生态系统碳汇管理的热点问题，从多树种、多尺度和多过程人手，研究不同时间序列、不同林分类型和经营措施下海岸防护林生态系统固碳关键过程及其效应，揭示森林植被-土壤碳通量和生态系统碳吸存特征，探究森林管理活动对森林生态系统碳循环的影响机制，分析森林生态系统结构和碳汇功能的关系，阐明海岸防护林不同尺度土壤碳排放及其驱动因素。基于提升森林质量和固碳效率等多种途径，提出海岸防护林生态系统增汇经营与调控技术，为构建适应气候变化的森林生态系统固碳减排经营模式提供技术支撑。

本书可供林业、环境、生态、水土保持等方面的科技工作者、生产管理人员和相关专业院校师生参考。

**图书在版编目（CIP）数据**

海岸防护林生态系统固碳效应及其管理/叶功富等著.—北京：中国林业出版社，2023.11
ISBN 978-7-5219-2414-5

Ⅰ.①海…　Ⅱ.①叶…　Ⅲ.①海岸防护林-生态效应-研究　Ⅳ.①S727.26

中国国家版本馆 CIP 数据核字（2023）第 210217 号

责任编辑：洪　蓉
封面设计：睿思视界视觉设计

出版发行　中国林业出版社
（100009，北京市西城区刘海胡同 7 号，电话 83143564）
电子邮箱　cfphzbs@163.com
网　　址　http://www.forestry.gov.cn/lycb.html
印　　刷　北京中科印刷有限公司
版　　次　2023 年 11 月第 1 版
印　　次　2023 年 11 月第 1 次印刷
成品尺寸　170mm×240mm
印　　张　11.25
字　　数　250 千字
定　　价　65.00 元

# 本书著者


## 主要著者

叶功富　福建省林业科学研究院
　　　　教授级高工　博士生导师

高　伟　福建林业职业技术学院
　　　　高级工程师　博士

## 其他著者

江西省水利科学院
肖胜生

厦门大学
卢昌义

福建省林业科学研究院
黄石德　聂　森　林武星
黄云鹏　谭芳林　黄雍容
罗美娟　陈维梁　朱　炜

福州市林业局
尤龙辉

福建师范大学
黄义雄

福建农林大学
游水生

福建省林业调查规划院
岳新建　刘　海

福建省惠安赤湖国有防护林场
李茂瑾

福建省东山赤山国有防护林场
陈　胜

# 前言

全球气候变化是国际社会广泛关注的热点问题。二氧化碳等温室气体大量排放，引发全球性的气候变暖，导致海平面上升和降水格局改变，极端天气事件愈加频繁，影响全球生态系统平衡，改变生态环境进而加快物种灭绝速率。积极应对气候变化已成为可持续发展的必然选择。2020 年 9 月，中国政府向世界承诺二氧化碳排放力争于 2030 年前达到峰值，努力争取 2060 年前实现碳中和，“双碳”战略目标由此纳入生态文明建设整体布局。

森林是陆地生态系统的主体，不仅为陆地生物提供生命支持，更是陆地上最大的碳库，在适应气候变化方面具有独特作用，在维护全球碳平衡中扮演着重要的角色。国际社会对森林吸收二氧化碳的汇聚功能越来越重视，以森林为主体基于自然的解决方案提供了保护生物多样性、减缓气候变化、可持续发展和适应彼此间的协同效应。森林生态系统碳循环与碳平衡研究成为国内外学者关注的科学问题，在国家尺度和不同森林生态系统水平上取得较大进展，我国从北向南对各种森林生态系统碳储量、碳通量和碳平衡开展众多研究，以实际行动为应对全球气候变化做出积极贡献。

沿海防护林作为海岸带生态系统的重要组成部分，不仅具有防风固沙以及防止海潮侵袭的功能，在海岸带生态保护修复中起着生态屏障的作用，还兼有较强的固碳功能和潜力。笔者 1991 年进入福建省林业科学研究所，开始承担“八五”国家林业科技攻关沿海防护林体系建设课题，次年在职进入南京林业大学攻读造林学博士学位，以东南沿海木麻黄人工林养分循环为主攻方向，开始触及海岸防护林生态系统碳氮循环及其管理领域。1999 年起作为兼职研究生导师，2005 年进入厦门大学环境工程博士后工作站，期间结合参与国家科技支撑、重点研发计划历次沿海防护林项目及国家自然科学基金项目，把海岸防护林生态学作为硕士、博士研究生论文的重点选题，陆续开展了海岸防护林生态系统碳通量、碳吸存及碳平衡监测，初步探明了木麻黄海岸防护林生态系统的固碳特征。在沿海防护林管理模式和调控技术上，关注防护林多功能经营对林分生产力和防风固沙等效能的影响，同时注重森林管理活动的固碳效益评估，着眼于提升森林质量和生态系统的固碳能力，为适应气候变化的森林生态系统增汇减排提供科技支撑。希望研究成果有助于深化对森林生态系统碳循环规律的认识，为推动林业碳汇管理尽到绵薄之力。

本书凝聚了20多年的研究成果，经福建省林业科学研究院沿海防护林科研团队、福建省木麻黄工程技术研究中心全体成员及高伟博士、肖胜生博士等协作完成，得到国家林业和草原局、福建省科技厅、福建省林业局的立项支持，以及中国林业科学研究院亚热带林业研究所和热带林业研究所、南京林业大学、广东省林业科学研究院、浙江省林业科学研究院等单位专家的热心指导。感谢厦门大学、福建农林大学、福建师范大学给予兼职指导研究生的机会，特别感谢俞新妥、黄宝龙、陈如凯、张水松、卢昌义等诸位导师的悉心培养。

由于研究范围、研究时间和作者水平所限，本书难免有错漏之处，恳请读者批评指正。

叶功富<br>2023 年 6 月

目 录

# 第1章 森林生态系统的碳循环及管理活动影响

森林是陆地生态系统碳库的主体，在调节全球碳循环和全球气候以及减缓温室气体浓度上升方面具有重要作用。据政府间气候变化委员会(IPCC，2013)估算，全球森林生态系统储存碳 $1.15\times10^{12}$ t，约占陆地生态系统碳储量的46.4%。因此，《京都议定书》认可造林可以用来抵消各国承诺的温室气体减排指标，发展林业碳汇成为全球公认的最经济、最环保的固碳减排措施，是应对气候变化的重要举措。随着全球碳循环受到国内外学者的广泛关注，森林生态系统固碳效应的研究具有极为重要的理论意义和实践价值。

森林生态系统碳循环关系到人类生存的环境和物质基础，是森林生态学研究的重要领域。一个特定的森林生态系统是碳源还是碳汇，取决于其总碳吸收速率和总释放速率，若吸收速率大于释放速率，即为碳汇，相反则为碳源。森林生态系统对大气二氧化碳的调节主要表现在碳固定和碳释放两个方面，森林的破坏一方面使其吸收固定 $CO_2$ 的功能受损，另一方面使贮存在森林植物体、枯落物及土壤中的碳被迅速释放出来，进入大气碳库。因此，通过造林和再造林增加森林覆盖率是增加森林生态系统碳封存、抑制温室效应、减缓气候变化的重要途径。此外，通过各种方法提高森林生态系统生产力，保护现有各种森林生态系统，也可延缓已固定碳的释放和森林生态系统的碳循环过程。

我国不断扩大人工林的种植面积，人工林面积由改革开放初期的 $2.2\times10^7$ $hm^2$ 扩大到2018年底的 $7.87\times10^7$ $hm^2$，稳居世界首位。在全球森林资源持续减少的背景下，我国森林面积和蓄积量持续“双增长”，成为近20年来全球森林资源增长最多的国家。2019年2月，美国国家航空航天局(NASA)发文称，中国和印度的植树造林和农业种植活动主导了过去20年地球的变绿。地球现在每年新增植被面积超过 $5.18\times10^8$ $hm^2$，其中1/4来自中国。人工林吸收大气中 $CO_2$ 的碳汇功能对森林碳循环的贡献日益突出。而在面积庞大的人工林中，沿海防护林作为重要的林业生态工程占有相当大的比例。由于森林功能的多样性，在沿海防护林经营过程中不仅要发挥防风固沙等主导功能，还必须开展森林多功能经营，挖掘森林生态系统固碳潜力，建立海岸带植被修复与固碳增汇协同增效的技术体系。

## 1.1 森林碳固定及分配格局

在物质循环和能量流动过程中光合作用产物被重新分配到森林生态系统的4个碳库，分别为植被碳库、土壤碳库、枯落物碳库和动物碳库。植被碳库蕴含了大量的有机碳，国际上通常以0.5作为生物量和碳之间的转换系数，但转换系数会因树种的种类、林龄、面积等不同而存在差异(李意德等，1998；胡小燕和段爱国，2020；马钦彦等，2002)。土壤碳库是最大碳库，主要包括由枯落物、动植物遗体和排泄物通过腐殖化作用和非腐殖化作用转变而来的土壤有机质，另外这部分碳库还包括一些土壤生物，国际上通常以0.58作为土壤有机质和碳之间的转换系数。在不同地区枯落物的碳库是不同的，干冷地区的枯落物分解慢，碳储量大，而在湿热地区凋落物分解快，碳储量小(Lieth，1974)。森林动物碳库仅占森林生态系统很少一部分，全球不足0.1%，所以在估算森林生态系统碳储量时一般忽略动物碳库(Kimmins，1987；王绍强等，2000)。本章重点对森林植被碳库和土壤碳库进行概述。

### 1.1.1 森林植被碳储量

森林生态系统碳储量是反映生态系统生产力或能量转化效率的重要指标，占全球陆地总碳储量的46%和陆地地上部分总碳储量的82%~86%。土地覆盖的变化是影响生态系统碳氮储量的重要因素。森林通过影响有机碳输入的数量和质量以及有机质分解来影响生态系统碳库及其动态变化，不同树种的生产力、碳分配和凋落物的数量、质量等有很大差异，会显著影响森林生态系统的碳储量。

在全球尺度上，森林生态系统的碳储量为1146 GtC，是全球陆地生态系统中最大有机碳库(Dixon et al.，1994)。地球上约85%的陆地生物量集中在森林植被中，因此森林植被碳库是陆地生态系统碳库的重要组成部分，是研究森林生态系统向大气吸收和排放 $CO_2$ 的关键因子，森林植被碳库的准确估算也是揭示“碳失汇”现象的重要前提(Fan et al.，1998)。对森林碳储量的估计，无论在森林群落或森林生态系统尺度上还是在区域、国家尺度上，普遍采用的方法是通过直接或间接测定森林植被的生产量与生物现存量再乘以生物量中碳元素的含量推算而得(赵海珍等，2001)。因此，森林群落的生物量及其组成树种的含碳率是研究森林碳储量的关键因子。碳含量的数值大小也是引起碳储量估算差异不容忽视的因素。由于植物既有低碳组织，又有高碳组织，目前国际上常用的树木含碳率为 0. 45~0. 50(方晰等，2003；Shao et al.，2009)。

生物量的估算方法主要有平均生物量法、生物量与林分材积平均比值法和转化因子连续函数法等 3 种。平均生物量法推算的结果偏大，平均比值法偏小，转化因子连续函数法能较客观准确地估算森林生物量(Dixon et al.，1994)。由于不同学者估算森林生物量时采用的方法不同，导致即使对同一区域森林植被碳储量的估算结果仍存在差异。关于全球森林生态系统碳储量及分布格局，Dixon 等(1994)研究认为，全球森林植被碳储量为 359 PgC，其中低纬度地区森林植被的碳密度为 121 $Mg\cdot hm^{-2}$，碳储量为 212 PgC，高于中纬度地区(碳密度和碳储量分别为 57 $Mg\cdot hm^{-2}$ 和 59 PgC)和高纬度地区(碳密度和碳储量分别为 64 $Mg\cdot hm^{-2}$ 和 88 PgC)，我国学者在全国和区域尺度上对我国森林植被的碳储量进行了大量研究。其中，方精云等(2001)测算出我国近 50 年森林碳储量为 3. 78 PgC，汪业勖等(1999)测算出我国森林植被碳储量为 3. 50 PgC，王效科等(2000)测算出中国森林生态系统的植物碳贮存量为 3. 72 PgC，栎类和落叶松类占有较大比例，分别占全国森林植物碳贮存量的 23%和 12%，而且得出现有的森林生态系统的实际碳储量只有潜在的一半左右。

不同森林类型的固碳能力存在较大差异，碳储量受到森林面积的影响，而碳密度能较好地反映森林的固碳能力。周玉荣等(2000)基于大量数据测算出我国森林生态系统的平均碳密度是 258. 83 $t\cdot hm^{-2}$，且随纬度增加而增加。植被的平均碳密度是 57. 07 $t\cdot hm^{-2}$。其中樟子松林碳密度是 31. 10 $t\cdot hm^{-2}$，落叶松林为 60. 2 $t\cdot hm^{-2}$，云冷杉林为 82. 01 $t\cdot hm^{-2}$，热带林为 110. 86 $t\cdot hm^{-2}$，变化很大，但大多集中在 40~60 $t\cdot hm^{-2}$ 之间，尤其是温性针叶林和暖性针叶林，相差很小，总体表现出随纬度增加而变动幅度降低；凋落物层平均碳密度是 8. 21 $t\cdot hm^{-2}$。我国主要森林生态系统碳储量为 28. 1 PgC，其中植被碳库和凋落物层碳库分别为 6. 20 PgC 和 0. 9 PgC。Liang 等(2022)根据 NFI(National Forest Inventory)数据计算得出，近 20 年来人工林和天然林的碳密度都有明显的增加趋势。在第六次 NFI 中，人工林碳密度约为天然林碳密度的 58. 8%，而到了第九次 NFI 中这一比例已升至 78. 2%，这表明近些年实施的一系列造林工程使天然林与人工林之间的差距有所缩小。

不同气候地带的森林碳储量也有所差别。表现为热带森林最大(471 PgC)，寒带次之(272 PgC)，温带(113~159 PgC)最小，固碳能力表现为热带森林(1. 02~1. 3 $PgC\cdot a^{-1}$)最大，温带(0. 8 $PgC\cdot a^{-1}$)次之，寒带(0. 5 $PgC\cdot a^{-1}$)最小(Dixon et al.，1994；IPCC，2000；Pan et al.，2011)。

不同国家森林植被碳储量对全球森林植物碳储量的贡献存在较大差异，这与不同国家的自然地理条件、森林类型、森林面积和林龄结构等因素有关。由表1-1可见，美国、俄罗斯和加拿大森林碳储量在全球碳储量中占有较大比重，而中国碳储量仅占全球碳储量的1.2%，碳密度也远低于美国、俄罗斯和加拿大。这与我国的森林面积、林龄结构有关，我国中、幼龄林占到了我国森林总面积的81.49%，但仅维持了我国森林植被碳储量的60.24%，碳密度较低，且我国森林质量不高，残次林占较大比重，碳积累较少(刘国华等，2000)。梳理中国森林碳储量和碳储量变化的相关文献可知，1999—2018年间中国森林生态系统总碳储量年均增长量达到208.0±44.5 $TgC \cdot a^{-1}$，相当于清除大气二氧化碳762.0±163.2 $CO_2$-$eq \cdot a^{-1}$。中国森林碳汇潜力预测主要侧重于乔木林生物质碳储量的变化。在未来乔木林面积扩增情景下，中国乔木林生物质碳储量年变化量将在2030年前后达到峰值171.9±60.5 $TgC \cdot a^{-1}$，之后逐渐呈下降趋势，2050年约为146.9±57.7 $TgC \cdot a^{-1}$(朱建华等，2023)。

**表1-1 不同国家和区域森林碳储量和平均碳密度**

| 国家或地区 | 森林面积（$\times 10^6$ $hm^2$） | 碳储量（PgC） | 平均碳密度（$t \cdot hm^{-2}$） | 文献来源 |
|---|---|---|---|---|
| 俄罗斯 | 809 | 209 | 258 | （刘魏魏，2015） |
| 美国 | 304 | 43.1 | 141.8 | （刘魏魏，2015） |
| 加拿大 | 310.1 | 50.4 | 162.5 | （刘魏魏，2015） |
| 欧洲 | 500 | 162.6 | 325.2 | （刘魏魏，2015） |
| 日本 | 23.6 | 6.2 | 66 | （刘魏魏，2015） |
| 中国 | 220.1 | 8.1 | 36.9 | （李虹谕，2022） |
| 全球 | 4060 | 662 | 163.1 | （朱建华等，2023） |

### 1.1.2 森林土壤碳储量

全球陆地约有1500 PgC以有机质形态贮存于土壤中，约是陆地植被总碳储量的3倍和全球大气碳库的2倍，而森林生态系统土壤碳库占陆地生态系统土壤碳库的70%以上，是森林植被碳库的2~3倍，是森林生态系统碳库的主要组成部分(Dixon et al.，1994)。因此，森林土壤碳库对与大气圈、水圈、生物圈以及岩石圈间碳交换具有重要作用，其储量的微小变化就可引起大气$CO_2$浓度的显著改变。而且，相对于植被生物量作为碳的临时库，土壤中累积形成的是一种更理想的稳定碳库(Larionova et al.，2003)。

森林生态系统土壤碳包括无机碳和有机碳两部分。无机碳储量相对较小且变动不大，有机碳主要分布于土壤层1 m深度以内，总储量约为1500 PgC，是大气圈碳库储量(760 Pg)的1.9倍和生物圈碳库储量(560 Pg)的2.7倍，是现阶段土壤碳库研究的重点(徐敏等，2018)。土壤有机碳主要来源于植物产生的凋落物和死亡的树木经腐殖化在土壤中的积累，故在土壤的垂直分布上，土壤含碳率、碳密度和碳储量均随土壤深度增加而减少，碳储量主要集中于土壤表层。Batjes(1996)对全球各类型土壤碳储量的分布研究表明，在0~100 cm的土壤碳储量中，0~30 cm和0~50 cm所占的比例分别为37%~59%和62%~81%，平均为49%和67%。另据Detwiler(1986)的热带和亚热带地区土地利用变化对土壤碳库影响研究，0~40 cm所贮存的碳占0~100 cm的35%~80%，平均为57%，超过总储量的一半。而且有研究指出自然植被土壤碳储量在表层(0~20 cm)的比重比次生植被偏高(方运霆等，2004)，这主要是因为次生植被受到人工干扰，地表枯枝落叶积累较少从而导致了土壤表层有机碳储量较低。森林土壤地表枯枝落叶腐殖化过程受到多种因素的影响，如林地温度、水分、植物、微生物、人为活动及多种因素的相互作用，因此土壤有机碳积累是一个动态变化的过程，在众多影响因子中，造林方式和人为活动对其有较大影响。一般而言，由于混交林比纯林具有较高生产力导致土壤碳储量比纯林高。而人为活动每年从森林带走2.4 $t \cdot hm^{-2}$的林下植被和0.9 $t \cdot hm^{-2}$的凋落物，折合有机碳分别为1.05 $t \cdot hm^{-2}$和0.49 $t \cdot hm^{-2}$，即每年向土壤层输入的有机碳减少了1.54 $t \cdot hm^{-2}$。此外，人为活动还可能造成水土流失，土壤呼吸增强，深层土壤可溶性碳的丧失，这些均能造成土壤碳储量的降低。有研究指出人为活动造成土壤碳储量下降，土壤$CO_2$排放量增加，已成为大气$CO_2$浓度升高的主要贡献者之一(方运霆等，2004)。因此，人为活动干扰对森林土壤碳储量影响的研究成为今后土壤碳储量监测的重点之一。

全球森林土壤碳储量为787 PgC，其中高纬度地区森林土壤碳密度为343 $Mg \cdot hm^{-2}$，碳储量为471 PgC，高于中纬度地区(碳密度和碳储量分别为96 $Mg \cdot hm^{-2}$和100 PgC)和低纬度地区(碳密度和碳储量分别为123 $Mg \cdot hm^{-2}$和216 PgC)(Dixon et al.，1994)。我国森林生态系统土壤碳储量为21.23 PgC，仅占世界总储量的2.7%，平均碳密度是193.55 $t \cdot hm^{-2}$，高于美国的108 $t \cdot hm^{-2}$和澳大利亚的83 $t \cdot hm^{-2}$，略高于世界森林土壤平均碳密度189 $t \cdot hm^{-2}$(方运霆等，2004)。这表明我国森林土壤固碳能力较高，随着我国森林面积的逐渐增大，我国森林生态系统对全球碳循环的影响将越来越明显。

森林土壤有机碳的含量受动植物残体、凋落物、根系、微生物分解作用以及树种的综合影响，不同树种通过土壤矿化作用影响植物向土壤的养分释放，进而影响土壤碳循环(Mueller et al.，2012)。因此，可矿化底物的数量和质量差异可能是影响不同林分土壤碳储量的重要原因。由于凋落物质量(C/N，木质素/N)和分解速率的差异，采用不同树种造林后土壤的有机质质量会发生明显改变。Prietzel 和 Bachmann(2012)通过对挪威云杉和欧洲赤松更换为道格拉斯冷杉和欧洲山毛榉后土壤有机碳的研究，表明 4 种树种凋落物分解速率排序为欧洲赤松<挪威云杉<道格拉斯冷杉<欧洲山毛榉，而 C/N 排序为道格拉斯冷杉(C/N：77)>欧洲赤松(C/N：65)>挪威云杉(C/N：48)>欧洲山毛榉(C/N：45)。树种更换后改善了土壤腐殖质的组成，降低了林下地被层的 C/N，土壤层的有机碳储量也显著下降，原因是树种更换后凋落物更易分解，加速了地被层腐殖质的周转，加上树种更换后叶片木质素含量下降，共同导致了林下地被层 C/N 和有机碳储量的下降。

土壤可溶性有机质是森林地被物中各种元素向土壤转化的主要途径，在多数森林生态系统中，土壤可溶性碳的首要来源是新鲜凋落物中的物质转移和植物碎屑的分解(Qualls et al.，1991)。已有研究表明，不同树种凋落物中物质的转移差别较大，相对于针叶树种，阔叶树种凋落物中可溶性物质的转移更为容易。Smolander 和 Kitunen(2002)研究了生长在相同立地上的欧洲赤松、挪威云杉、白桦林的林下土壤有机质，结果发现，挪威云杉和白桦林土壤中可溶性有机碳浓度高于欧洲赤松林，同时，微生物生物量和活性也较高。

有研究指出，由于固氮效应的存在，在相同的经营措施和立地条件下，固氮树种通常具有较高的土壤碳氮含量(Resh et al.，2002；Ussiri et al.，2006；Wang et al.，2010a；陈永康，2020)，因为固氮树种的凋落物和根系分泌物中含有更多的氮素，这些组分的分解可以提高土壤中的氮含量，而土壤中氮素的增加又会加速树木的生长，增加地下部分向土壤的碳输入，从而提高土壤碳含量。但也有研究认为，由于受土壤养分限制的影响(如较低的土壤磷有效性)，固氮树种不一定会提高土壤的碳氮储量，而且即使同为固氮树种，也可能因为功能性状(凋落物的数量和质量、根系的结构和分泌物等)的不同而对土壤碳氮储量产生不同的影响(Hoogmoed et al.，2014)。

## 1.2 森林碳释放及影响因素

土壤是陆地生态系统的重要碳库，在全球尺度上土壤碳库显著大于植物碳库和大气碳库(Singh et al.，2010)，土壤碳含量的改变对全球碳平衡具有极大的影响。土壤呼吸(soil respiration)是将森林土壤中的有机碳以 $CO_2$ 形式归还到大气的过程和主要途径。土壤呼吸是大气 $CO_2$ 的重要来源，在生物圈和大气圈碳交换和陆地生态系统碳循环中起着至关重要的作用。据估算，全球土壤 $CO_2$ 通量为 83~

108 PgC·$a^{-1}$(Hursh et al., 2017)，在全球碳循环中扮演重要角色。土壤 $CO_2$ 释放量每年占陆地生态系统碳排放总量的60%~90%，是化石燃料燃烧所释放碳数量的10倍(Hagedorn and Joos, 2014)，而森林土壤 $CO_2$ 通量又占到森林生态系统总通量的40%~80%(Law et al., 2008)。因此，土壤呼吸速率的微小波动都会显著影响大气中的 $CO_2$ 浓度，森林土壤呼吸成为碳通量监测的重要对象之一。

### 1.2.1 森林土壤呼吸作用

土壤呼吸严格意义上是指未扰动土壤中产生 $CO_2$ 的所有代谢作用，主要由3个生物学过程(土壤微生物呼吸、根呼吸、土壤动物呼吸)和1个非生物学过程(含碳矿物质的化学氧化作用)组成。土壤根系呼吸等同于自养呼吸，而土壤异养呼吸则指土壤微生物呼吸，即土壤有机质在微生物参与下的矿质化过程。化学氧化作用和土壤动物的呼吸作用很弱，经常忽略不计。土壤动物本身的呼吸量虽然微乎其微，但它们作为土壤生态系统的重要成员，间接地发挥着巨大的作用。

大部分研究结果表明(表1-2)，异养呼吸占土壤总呼吸量的比例在30%~70%之间(杨玉盛等，2006；易志刚等，2003)。异养呼吸占土壤总呼吸的比例在不同的区域差别很大，并且随着植被类型和生长季节的不同而变化，从小于10%到大于90%都有报道，平均值大约为52%。

**表1-2 不同方法测定不同群落类型的土壤异养呼吸贡献率**

| 群落类型 | 方法 | 异养呼吸贡献率(%) | 文献来源 |
|---|---|---|---|
| 水青冈 *Fagus* spp. | 排除根系法 | 60 | (Wassmann et al., 1994) |
| 山毛榉 *Nothofagus* spp. | 排除根系法 | 40 | (Wassmann et al., 1994) |
| 栎树 *Quercus* spp. | 排除根系法 | 77 | (Nakadai et al., 1993) |
| 火炬松 *Pinus taeda* | 排除根系法 | 34 | (Nakadai et al., 1993) |
| 欧洲赤松 *Pinus sylvestris* | 离体根法 | 38~67 | (Widen and Majdi 2001) |
| 西黄松 *Pinus sponderosa* | 离体根法 | 47 | (Nakayama, 1990) |
| 黄杉 *Pseudotsuga* spp. | 同位素法-$^{13}C$ | 72 | (Nakayama, 1990) |
| 格氏栲人工林 *Castanopsis kawakamii* plantation | 排除根系法 | 57.5 | (杨玉盛等，2006) |
| 杉木人工林 *Cunninghamia lanceolata* plantation | 排除根系法 | 60 | (尉海东，2005) |
| 红松人工林 *Pinus koraiensis* plantation | 排除根系法 | 66 | (Raich and Tufekciogul, 2000) |
| 落叶松人工林 *Larix gmelinii* plantation | 排除根系法 | 65~85 | (Raich and Tufekciogul, 2000) |

Raich 和 Tufekcioglu(2000)对近年来发表的有关资料进行了系统总结。这些研究主要集中在北方针叶林和暖温带落叶阔叶林，对于热带亚热带森林、温带草原和农田的研究较少。异养呼吸的比例在高纬度地区通常有较低的值，在极地苔原只有7%~50%，北方林在11%~38%之间；在温带这个值要高得多，在阔叶林、针叶林和温带草原分别为50%~67%、38%~65%和60%~83%；对于农田，由于作物每年活根的持续时间较短，以及在生长季的早期通常具有相对较低的根系生物量，使得根系呼吸所占的比例更小，只有12%~38%，所以异养呼吸所占的比例相对较高，达到62%~88%。

## 1.2.2 土壤呼吸的测量方法

### 1.2.2.1 直接测量方法

土壤呼吸的直接测量方法主要有四种，分别是碱液吸收法(the alkali absorption method)、静态箱-气相色谱法(the static chamber-gas chromatography method)、静态(动态)气室-红外 $CO_2$ 分析仪法(the static/dynamic chamber-infra-red gas analyzer method)和开放气流红外 $CO_2$ 分析法(the open flow infra-red gas analyzer method)。

(1)*碱液吸收法* 利用静态气室通过碱液(NaOH、KOH 或固体碱石灰颗粒)吸收 $CO_2$，标定一定时间间隔内的土壤呼吸量，即为传统的土壤释放 $CO_2$ 速率测定方法之一。其原理是将碱液装入开敞的玻璃瓶中，放置在待测定的土壤表面上，用一个上端密闭的金属圆筒罩住，利用碱液吸收 $CO_2$ 形成碳酸根，再用滴定法计算出剩余的碱量，从而得到一定时间内土壤排放的 $CO_2$ 量。这种测定方法已经沿用80多年，最早是由 Lundegardh(1927)开始使用。

碱液吸收法的优点是操作简单，不需要太多的仪器设备，造价低，而且利于多次重复测定，但缺点是结果可靠性低，测量面积相对较小，对被测土壤表面的自然状态产生较大干扰，尤其是不能进行短时间内连续测定。此外，研究表明碱液吸收法的结果有低于或高于红外气体交换法的情况，因而有着较大的局限性。现在，这种方法已经逐渐被淘汰。

(2)*静态箱-气相色谱法* 利用密闭的静态箱收集土壤表面产生的 $CO_2$，通过气相色谱技术测定其浓度，从而得到土壤 $CO_2$ 排放速率，这是目前国内外广泛使用的比较经济可靠的 $CO_2$ 通量测量方法。这一技术的不足之处在于它的使用会明显改变被测地表的物理状态，而且在采样时会因箱室的挤压和抽气时的负压引起偏差。但由于对 $CO_2$ 的测量精度比较高，接近于红外线吸收技术(IRGA)的精度水平，因此应用还是比较多。

(3)*静态(动态)气室-红外 $CO_2$ 分析仪法* 利用一个密闭的或气流交换式的

气体采样箱，与红外线气体分析仪(IRGA)相连接，对采样箱中产生的$CO_2$直接进行连续测定。实际应用中可分为密闭箱(静态)和开放箱(动态)两种方式。

美国LI-LOR公司设计生产的LI-8100全自动土壤$CO_2$通量测量系统是根据动态气室-红外$CO_2$分析仪法设计生产的目前市场上测量土壤呼吸的最先进的仪器。该系统主要用于在时间和空间上变化较大样品的准确测量，系统简单易用，可以进行精确的、自动化的、可重复的测量。

(4)*开放气流红外$CO_2$分析法*　用不含$CO_2$的或已知其中$CO_2$浓度的空气以一定的速率通过以密闭容器中覆盖着土壤样品的表面，然后再用红外气体分析仪(IRGA)测量气体中的$CO_2$含量，用空气的流动速率和进出容器的$CO_2$浓度的差异即可算出土壤呼吸速率。

#### 1.2.2.2　间接测量方法

间接法是指通过其他指标来推算土壤呼吸速率，它需要确立所测指标与土壤呼吸之间的定量关系，而这种关系一般只适用于特定的群落或生态系统，所以这类方法应用受到很大的局限，并且难以和其他方法进行直接比较。具体来说有以下几种。

(1)总的土壤新陈代谢量可以通过从净第一性生产力(NPP)中减去由地上食草动物消耗的能量而得到(Macfadyen，1970)。这种方法对于净第一性生产力和地上食草动物的消耗量的测量误差很敏感。

(2)Sparrow和Doxtader(1973)曾用土壤中的三磷酸腺苷(ATP)的含量来估算土壤呼吸，他们发现土壤呼吸和ATP浓度之间有显著的线性关系。

(3)Coleman等(1976)通过研究土壤水分和温度对土壤呼吸的影响，利用一些易于测量的参数建立模型，对于土壤呼吸进行预测，可作为研究生态系统尤其是大尺度下的生态系统碳循环的重要方法。

(4)依据土壤中的$CO_2$气体浓度和扩散常数来计算。这种方法的计算前提是假设土壤呼吸等于用$CO_2$浓度梯度而计算出来的土壤表面的$CO_2$流量。此方法的优点是可以连续进行点上的测量，缺点是由于$CO_2$扩散系数受土壤水分的影响很大，几乎不可能精确测定。

(5)*微气象学方法*　微气象学法一直是研究植被-大气或土壤-大气等界面间的物质传输和能量交换通量的有效方法之一。它是通过测量近地层的湍流状况和微量气体的浓度变化来推算土壤$CO_2$的排放通量。根据不同的原理又可分为空气动力学法(aerodynamics method)、能量平衡法(energy balance and alternative method)和涡度相关法(eddy correlation)三种。与箱式方法相比，微气象学法可测定较大范围的气体通量，避免了密闭系统带来的误差，从而对土壤系统几乎不造成干扰。尤其是对于下垫面均匀且尺度较大的区域，如草原群落等有着较好的应用前景。

但是微气象学方法土壤表面的异质性和地形条件要求相对苛刻，因此不适宜用于林地土壤。另外，这种方法对仪器灵敏度要求较高，目前造价又非常昂贵，国内很少应用，国外也只有少数学者应用这种方法。

### 1.2.3 森林土壤呼吸的动态变化和影响因素

#### 1.2.3.1 土壤呼吸的动态变化

土壤呼吸速率在时间尺度上呈现明显的日变化和季节变化，但在不同的生态系统中，森林土壤呼吸的日变化往往呈现不同的变化模式。Kosugi 等(2008)发现在一个热带雨林中土壤呼吸没有显著的日变化，Dios 等(2012)发现一个硬木温带森林的土壤呼吸日变化明显，而一个针叶温带森林和一个热带森林的土壤呼吸则没有明显的日变化。在许多研究中，土壤呼吸的日变化与土壤温度具有较强的相关性，但在干旱生态系统中，由于夜间相对湿度的增加，有利于土壤微生物的活动，夜间的土壤呼吸速率可能反而高于白天(Hanpattanakit，2009；Medina and Zelwer，1972)。

#### 1.2.3.2 土壤呼吸的影响因素

森林土壤呼吸的季节变化受诸多环境因子的调控，在众多影响土壤呼吸的因子中，土壤温度和土壤含水量被认为是两个最主要的环境因子，并且具有交互作用。但不同地区和实验条件下利用的方法不同得出的结论也有所差异，一般认为，土壤呼吸与土壤温度具有良好的指数关系。土壤呼吸的温度敏感性在很大程度上决定着全球气候变化与碳循环之间的反馈关系。而土壤呼吸与土壤湿度的关系却因树种和研究区域的不同而差异较大，表现为正相关(Liu et al.，2011)、负相关(Zhang et al.，2013)或无显著的相关性(Sheng et al.，2010)。有研究表明，当土壤含水量较低时，因底物有效性受到限制，土壤呼吸也较低(Talmon et al.，2010)；而随着土壤含水量的增加，微生物的代谢活动增强，土壤呼吸也会逐渐升高(Raich and Potter，1995；Xiao et al.，2009)，但当土壤含水量高于一定水平时，土壤有效孔隙度降低，土壤气体交换受阻，微生物活性受到影响，从而又会导致土壤呼吸的降低(Muñoz-Rojas et al.，2016)。

土壤呼吸的温度敏感系数 $Q_{10}$ 值反映了土壤呼吸对温度的敏感性。在已有研究中，不同生态系统 $Q_{10}$ 值的空间变化被认为受土壤温度、土壤湿度、土壤有机碳含量和生态系统类型等诸多因素的影响，其中土壤有机碳作为土壤呼吸的重要底物，其含量与 $Q_{10}$ 值具有较强的正相关性(Zheng et al.，2009)。因此，在土壤有机碳含量高的生态系统中，其潜在的土壤 $CO_2$ 通量可能更高。

在不同森林类型中，除土壤温湿度外，因造林树种不同导致的土壤性质和小气候、供给根际微生物代谢的光合产物数量以及基质数量与质量的差异，也会影响根系的生长和土壤微生物活性及群落组成，从而对土壤自养或异养呼吸造成显著影响，导致土壤呼吸速率常随森林类型的改变而不断变化(Song et al., 2013)，但是引起这种变化的主要驱动因子尚不确定。一项土地利用变化对中国亚热带土壤呼吸影响的研究中指出(Sheng et al., 2010)，由于植物生产力不同导致的基质有效性(如土壤有机碳和养分)和土壤碳输入(如细根和凋落物)的差异可能是驱动自然和人工生态系统中土壤呼吸差异的主要因素。而在中国太行山的研究中发现(Zeng et al., 2014)，白莲蒿和刺槐林土壤呼吸的差异可能归因于细根生物量，但细根生物量和土壤有机碳含量最高的黄荆林土壤呼吸速率却最小，而这可能归因于其土壤中较高的顽固有机碳。Wang 等(2010b)对比了长白山三种温带森林的土壤呼吸速率，认为阔叶林中较高的土壤呼吸速率是由于其较高的土壤温度和较快的凋落物周转速率。

## 1.3 森林生态系统碳平衡

森林生态系统的碳平衡主要取决于光合和呼吸两个过程。森林生态系统的净碳收支是一个碳获得过程(光合作用、树木生长、林龄增长、碳在土壤中的积累)与碳释放过程(生物呼吸、树木的死亡、凋落物的微生物分解和土壤碳的氧化、降减及扰动)之间的差值，称之为碳平衡，该值为负表现为碳源，为正表现为碳汇。

### 1.3.1 森林生态系统碳平衡评价方法

科学的计量方法是准确认识生态系统碳源汇功能的前提。当前对于碳汇核算的研究主要集中在陆地生态系统，有学者采用植株密度方程法对竹林碳汇进行估算，其结果与采用平均生物量法的测算结果相近(郭兆迪等，2013)。方精云等(2007)使用连续生物量转换因子方法测算了森林碳库和碳汇，通过植被指数与地上生物量的回归模型估计草地碳汇和碳库，借助平均生物量密度与平均植被指数的关系推算农作物碳库和碳汇，根据植被生产力和碳汇的关系估算灌草丛碳库和碳汇。郭兆迪等使用连续生物量转换因子法测算 1977—2008 年期间林分生物量碳库和碳汇，使用平均生物量法估算经济林和竹林生物量碳库和碳汇。王艳芳等(2017)利用蓄积量生长方程和土壤碳储量变化模型对河南省退耕还林工程碳储量现状、固碳速率和潜力进行评估。目前生态系统碳汇能力评估主要采用以下四种方法，各自的优缺点见表 1-3。

**表 1-3　不同陆地生态系统碳汇估算方法的优缺点**

| 估算方法 | | 基本内容 | 优点 | 缺点 |
|---|---|---|---|---|
| 自下而上 | 样地清查法 | 或称生物量法、蓄积量法、生物清单法。通过样地得到植被的平均碳密度，然后用不同植被碳密度和相应的面积相乘得到该生态系统的碳含量 | 样点尺度植被和土壤碳储量观测结果较准确 | (1)清查周期长，工作量大；(2)空间分辨率低；(3)对湿地等生态系统类型适用性差；(4)将样点尺度的角度外推大小流域或区域尺度时准确性差 |
| | 涡度相关法 | 数据同化反演陆表碳通量的方法。以大气传输模型为正演模型，通过比较 $CO_2$ 模拟浓度与 $CO_2$ 观测浓度的差值，采用以贝叶斯和数据同化理论为基础的优化算法对先验碳通量持续调整和优化 | 可实现精细时间尺度生态系统碳通量的长期连续定位观测，有助于理解碳循环过程对环境变化的响应及机理 | (1)存在观测缺失、地形复杂、气象条件复杂、能量收支不闭合、观测仪器系统误差等问题；(2)难以兼顾生态系统异质性；(3)无法区分农田生态系统土壤碳变化与作物收获等碳通量分量；(4)未考虑采伐、火灾等干扰因素的影响，会高估区域尺度上生态系统碳汇 |
| | 生态系统过程模型模拟法 | 刻画光合作用、呼吸作用等碳循环关键过程，从而模拟陆地碳通量的时空分布 | 可定量区分不同驱动因子对陆地碳汇变化贡献，可预测陆地碳汇未来变化 | (1)模型结构和参数存在较大不确定性；(2)未考虑或简化考虑生态系统管理对碳循环的影响；(3)多数模型未包括非 $CO_2$ 形式碳排放和河流输送等横向碳传输过程 |
| 自上而下 | 大气反演法 | 基于大气二氧化碳浓度观测和大气传输模型，结合化石燃料燃烧的碳排放量等先验信息，估算地表碳通量时空分布 | 可估算全球尺度的碳源汇实时变化 | (1)空间分辨率较低，无法准确区分不同生态系统类型碳通量；(2)反演精度受限于大气 $CO_2$ 观测站点的数量与分布格局、大气传输模型和 $CO_2$ 排放清单的不确定性等；(3)普遍未考虑非 $CO_2$ 形式的陆地—大气间碳交换，以及国际贸易导致碳排放转移等 |

资料来源：朴世龙等，2022；王锴等，2023。

2020 年，我国成立了全国碳汇计量分析组。全国碳汇计量分析组按照 IPCC 关于温室气体清单编制方法学的要求，以第二次全国林业碳汇计量监测结果为基础，计算了 2016 年各类林地、草地、湿地和木质林产品的碳储量和碳汇量。结果表明，林地碳汇量为 7.92 亿 t $CO_2 \cdot a^{-1}$，草地碳汇量为 1.00 亿 t $CO_2 \cdot a^{-1}$，湿地碳汇量为 0.39 亿 t $CO_2 \cdot a^{-1}$，林地、草地和湿地生态系统合计提供碳汇 9.31 亿 t $CO_2 \cdot a^{-1}$。

### 1.3.2　森林生态系统碳平衡研究进展

一般认为寒温带森林生态系统是碳汇，而对热带森林生态系统的碳源/汇有许多不同的看法。有学者认为占全球森林面积 32.9%、世界森林碳储量 40%~52%的热带雨林在全球碳平衡中起着碳源的作用。Malhi 得出热带森林地区作为净碳源是 0.4 PgC·a$^{-1}$，东南亚地区的热带森林净碳源为 0.5~0.9 PgC·a$^{-1}$；对于全球大气 $CO_2$ 浓度及其同位素的观测也表明热带地区是一个大气 $CO_2$ 的重要源(Malhi and Grace，2000)。但 Philips（1998）等对热带森林进行的长期试验调查表明热带碳汇的存在。Houghton 等(1987)的研究表明，热带森林在 1980 年以前从大气固定了大约 1.5~3.2 PgC，而有些学者持折衷观点。Ciais 等（1995)认为热带南部是碳汇，北部是碳源。而且有研究指出热带森林自 1980 年以来，每年大约有 0.8%的封育热带林地遭砍伐，约 30%被毁林垦田，每年造成的 16.59×$10^8$ t 碳的净释放，而热带林地以外由于土地利用只有约 1×$10^8$ t 碳释放到大气中(Houghton et al.，1987)。

化石燃料燃烧和土地利用变化产生的 $CO_2$ 超过同期大气 $CO_2$ 的增量及海洋的吸收量，使得 $CO_2$ 收支失衡，一部分 $CO_2$“失踪”，导致所谓的碳的“未知汇(missing sink)”问题，这 1.7 PgC 的“未知汇”一般认为存在于陆地生态系统，分布区域可能在北半球中纬度地带，土壤和植被是可能的汇，而森林植被和土壤可能是重要的组成部分。Potter、Klooster（1992)及 Fang 等(1998)分别利用森林调查数据对美国和中国森林生态系统的碳积累量进行了估计，证实了中纬度地区森林碳汇的存在；Brown 和 Schroeder(1999)研究表明美国东部森林碳汇为 0.17 PgC·a$^{-1}$，Turner 等（1995)的推算值为 0.079 PgC·a$^{-1}$，而 Houghton 等(1987)对同一地区研究得出的结果为 0.15~0.35 PgC·a$^{-1}$；Dixon 等(1994)通过收集、比较数据，估算出北温带及北方森林的净碳汇累积为 0.5~0.9 PgC·a$^{-1}$。如果 Dixon 等的估算结果正确，也只能解释 1.7 PgC 未知汇的 29.4%~52.9%，仍然还有一部分未知汇得不到解释。有关中纬度地区多种森林类型净碳汇的报道同样支持这一论断。Goulden 等(1996)报道了马萨诸塞州哈佛落叶混交林为 140~280 gC·m$^{-2}$·a$^{-1}$ 的碳汇，Valentini 等(1996)报道意大利中部人工山毛榉林为 450 gC·m$^{-2}$·a$^{-1}$ 的净碳汇。但也有研究持相反的观点，认为该区域为净碳源。苏联的森林(95%在现在的俄罗斯，是世界上最广阔的北方森林)被估计为 0.2 PgC·a$^{-1}$ 碳源，北方森林带瑞典中部挪威云杉过熟林是 70~220 gC·m$^{-2}$·a$^{-1}$ 的碳源(田大伦等，2004)；1993—1998 年，对日本中部的温带落叶林进行研究的结果也表明，与南方的一些森林相比，一些北方森林释放出更多碳，并没有显示出碳汇作用(Yamamoto et al.，2001)。观测资料的稀少，模型的不完整以及使用不同的模型和资料是造成研究差异的主要原因，因此对于北半球中纬度地区森林生态系统在解释这 1.7 PgC“未知汇”中所起的作用还需要进行长期深入的研究。

迄今为止，国内外关于森林生态系统碳素动态的研究主要集中在温度和热带森林，而对暖温带和亚热带地区的研究报道较少。桑卫国等(2002)对我国暖温带落叶阔叶林的观测表明，暖温带落叶阔叶林典型生态系统每年从外界，主要是大气中吸收的碳达 10.3 t·hm$^{-2}$·a$^{-1}$，植物呼吸释放到大气中的碳通量为 5.5 t·hm$^{-2}$·a$^{-1}$；森林植物干物质积存的碳量为 4.8 t·hm$^{-2}$·a$^{-1}$，通过凋落物分解释放到大气中的碳通量为 2.46 t·hm$^{-2}$·a$^{-1}$；森林同化的碳绝大部分以活生物呼吸和枯枝落叶分解的形式释放到大气中去了，存留在活生物体和枯枝落叶中的很少。赵海珍等(2001)对我国雾灵山自然保护区落叶阔叶林的研究表明，植被固碳量为 5.941 t·hm$^{-2}$·a$^{-1}$，枯落叶分解释放碳量为 5.013 t·hm$^{-2}$·a$^{-1}$，净固定量为 0.927 t·hm$^{-2}$·a$^{-1}$。中国的常绿落叶林在全球分布面积最大，类型最为丰富，生物多样性最高，对保护环境、维持全球性碳循环的平衡和人类的可持续发展都具有极其重要的作用。管东生等(2000)对我国华南南亚热带常绿阔叶林进行的研究表明，30 a 生和 100 a 生常绿阔叶林的碳净固定量分别为 11.4 和 7.5 t·hm$^{-2}$·a$^{-1}$。李铭红等(1996)对青冈常绿阔叶林研究表明，群落的碳素现存量为 66.113 t·hm$^{-2}$，主要集中在乔木层或常绿树种内，群落的碳素存留量为 5.691 t·hm$^{-2}$·a$^{-1}$；每年通过凋落物归还至地表的量为 2.296 t·hm$^{-2}$·a$^{-1}$；死地被物分解过程中又有 0.911 t·hm$^{-2}$·a$^{-1}$ 的碳素释放至大气库中。

## 1.4　森林生态系统土壤固碳潜力

自从中国向世界承诺 2060 年实现碳中和目标以来，学者们对我国陆地生态系统未来碳汇潜力的研究逐渐增多。按照方精云(2021)的预测，我国未来 40 年(2021—2060 年)陆地生态系统的碳汇潜力达 13.21 亿 t $CO_2$·a$^{-1}$；按照于贵瑞等(2022)的预测，中国陆地生态系统碳汇能力为 10 亿~13 亿 t $CO_2$·a$^{-1}$，通过稳定现有森林、草原、湿地、滨海碳汇，实施生态保护与修复等重大增汇工程，开发应用生态系统管理及新型生物/生态碳捕集、利用与封存技术来巩固和提升生态系统碳汇功能，可使生态系统碳汇能力在 2050—2060 年达到 20 亿~25 亿 t $CO_2$·a$^{-1}$。

作为气候变化的风向标，碳收支的动态变化已经成为全球变化研究的核心内容之一，而土壤碳库的收支对大气中温室气体的浓度以及全球气候变化有着重大影响，因此土壤碳库收支在调控地球表层生态系统碳平衡和减缓温室气体方面具有重要作用(师晨迪等，2016)。森林作为陆地上最大的生态系统，在调节全球碳循环的过程中具有重要作用。如何通过森林经营管理增强森林减缓和适应气候变化的能力是当前国际关注的焦点(刘世荣，2010)。森林保护、恢复、造林再造林等经营管理措施可以直接影响森林生物量碳库，并且能够通过改变凋落物数量和化学性质及土壤有机质分解影响土壤碳库。因此，维持森林的高生产力带来的碳输入，并且避免由于土壤干扰等造成的碳释放是提高土壤碳储量和土壤持续固碳能力的有效森林经营管理方式(刘世荣，2010)。

### 1.4.1 土壤固碳潜力及估算方法

土壤固碳潜力(carbon sequestration potential，CSP)是土壤在当前环境条件下所具有的最大稳定碳库存能力，受到人类活动、土壤特性和自然环境的共同影响(陈富荣等，2017)。已有研究认为，森林土壤有机碳含量通常取决于气候、土壤、树种、凋落物的性质等因子的综合作用，也就意味着土壤中所能固定的碳，并非线性地随着外源碳的输入而无限增加。在一定的气候、地形和母质条件下，如果土地利用的方式不变，当碳的输入等于碳输出时，土壤有机碳含量将达到一个动态平衡，即土壤碳库的饱和水平，此时输入的外源碳则只能积累于活性碳库中，并将被分解，而土壤碳含量将不会持续增加(韩冰等，2005；尹云锋等，2007)。

随着全球气候变暖，土壤固碳功能和固碳潜力已成为全球气候变化和陆地生态系统研究的重点。土壤有机碳固定的研究最早起源于美国，早在20世纪90年代美国能源部就开始研究如何将大气中的$CO_2$封存在土壤中，以降低温室效应带来的负面影响。土壤固碳潜力的估算方法一直以来都是固碳潜力研究的重点和难点，基于不同的“潜力”范畴，潜力估算有不同的方法。如何科学、准确地估算区域和全国尺度的固碳潜力，是当前乃至今后一段时期内碳循环研究的核心内容(师晨迪等，2019)。已有研究中，土壤固碳潜力估算的常见方法主要有4种，分别为最大值法、饱和值法、分类定级法和加权法。

#### 1.4.1.1 最大值法

最大值法固碳潜力估算是通过使每个样点都达到现有样点有机碳含量中的最高水平，然后将每个样点所代表的区域进行累加，求得潜力值。由于每个样点的土壤类型、耕作管理方式等属性均不相同，因此不可能所有样点都能实现到这一水平，所以该方法求得的潜力是一种理想状态。分类定级法是在最大值法的基础上，将土壤有机碳含量分为多个层次水平，分别为最高、较高、中、较低、最低。

#### 1.4.1.2 饱和值法

饱和值法是通过确定在当前环境条件下土壤有机碳的饱和水平，进而计算出其固碳潜力的方法。在一定的气候、地形和母质条件下，如果土地利用的方式不变，土壤的碳储量将趋于一个稳定值，即土壤碳库的饱和水平。饱和水平确定一般可采用2种方法：一是将碳循环模型运行若干年后，土壤碳含量趋于稳定时的值视为饱和水平；另一种是找到土壤碳变化量与土壤有机质含量之间的关系式，则土壤碳变化量为0时的土壤有机质含量，便可作为土壤碳库的饱和水平。在以上对土壤碳饱和认识的基础上，在土壤固碳潜力研究中将饱和水平的土壤有机碳视为土壤固碳潜力，通过具有高有机质投入的长期定位试验结果进行估算，从而得出较为准确的结果。饱和值法的研究模型主要有 DNDC(denitrification-decomposition)反硝化-分解模型、Hassink 经验模型和 Jenny 数学模型，其中 Jenny 模型能较好地预测土壤有机碳的动态和平衡，并因其简便，涉及参数少而被许多研究者应用(穆琳等，1998；严慧峻等，1997)。

#### 1.4.1.3 分类定级法

鉴于不同土壤类型固碳潜力的可实现程度不同，分类等级法首先将按照土壤类型进行分类。在同一土壤类型的基础上对土壤有机碳含量进行分级，每种土壤类型下分不同的有机碳含量水平，分别为定义不同的等级水平，如可以分低、较低、中、较高、高 5 个等级水平，然后分别求得每个样点土壤有机碳含量与该水平土壤有机碳含量最大值的差距，分类累计求和即可得到不同水平的土壤有机碳提升的潜力。将该有机碳含量累计即可得出区域该土壤类型在分级水平下的土壤有机碳提升潜力，再针对不同土壤类型加权求和便得出分类定级方法下的土壤固碳潜力。

#### 1.4.1.4 加权法

加权法是在土壤有机碳变化的影响因子贡献系数的基础上，通过排除自然影响因子的影响效果，从而求得土壤固碳潜力的方法。该方法假定有机碳的变化主要由这些影响因子引起，由于自然影响因子如土壤属性、海拔、坡向等不可改变，而人为的影响因子如秸秆还田、有机肥施用量等可以人为控制，排除自然的影响因子之后所得的有机碳增量即为实际有机碳的增量空间。将排除了误差之后的初始有机碳含量最高值作为有机碳含量的标准值，各样点实际有机碳增量减去该标准值，即可求得有机碳增量初始值，再对这一增量进行修正，即排除其他自然影响因子的影响效果，最终求得该区域农田土壤固碳潜力。该方法是假定在有机碳变化影响因素的基础上完成的，因此其影响因子及贡献值的确定直接影响着土壤固碳潜力的估算。同时，由于各影响因子是在分级的基础上加以运算，因此各影响因素的分级对其估算结果也存在一定程度的影响。

### 1.4.2 土壤固碳潜力研究进展

#### 1.4.2.1 不同区域的土壤固碳潜力

韩冰等(2005)等利用反硝化-分解模型估算了中国分县农田土壤碳库及其变化量，分析了中国分省农田土壤碳库的饱和水平，并估算了各省份农田土壤的固碳潜力，得出中国农田土壤碳库的饱和水平华北地区较低，以华北地区为中心向外呈辐射状递增。在 1990 年的土地利用方式、耕作措施、施肥水平和气候条件不变的情况下，中国农田土壤的固碳潜力为-0.969Pg。从单位面积的固碳潜力看，以西藏自治区最高，黑龙江省最低；从分布看，从南向北有逐渐递减的趋势。

陈富荣等(2017)利用分类定级法计算了安徽省的土壤碳储量及固碳潜力，得出安徽省表层(0~20 cm)土壤固碳量潜力为237.48 Mt，其中土壤有机碳固碳量潜力为141.67 Mt，土壤无机碳固碳量潜力为95.81 Mt，中层(0~100 cm)土壤固碳量潜力为1104.61 Mt，其中土壤有机碳固碳量潜力为469.32 Mt，无机碳固碳量潜力为635.28 Mt。与全国第二次土壤普查比较，近30年间区内表层土壤有机碳储量增加了7.07 Mt，安徽省表层土壤有机碳总体为碳汇区。碳汇区主要分布在江淮分水岭(六安—滁州一线)以北地区，碳源区则分布于淮河以北固镇县周围及淮河沿岸地区。

刘守龙等(2006)对湖南省稻田生态系统不同有机物投入方式下土壤有机碳的变化进行了模拟研究。结果表明：湖南省常规施肥(现状)方式下稻田表层土壤有机碳的饱和固碳量为39.75~64.90 $t \cdot hm^{-2}$，半数模拟点已基本饱和，其余点仍具有3.38~4.19 $t \cdot hm^{-2}$的固碳潜力；50%秸秆还田效果低于常规施肥方式，而50%秸秆+绿肥效果高于常规方式(平均高10.94 $t \cdot hm^{-2}$)；全量秸秆还田(冬闲)情况下稻田表层土壤饱和固碳量为55.57~94.25 $t \cdot hm^{-2}$，与稻田现有碳储量比较有4.15~33.46 $t \cdot hm^{-2}$的潜在提高幅度。如果全量秸秆还田结合冬季种植绿肥，土壤饱和固碳量则可以在稻田土壤现有碳储量的基础上平均提高65.77%。模拟结果还表明，湖南稻田土壤中，每年投入1 $t \cdot hm^{-2}$的新鲜有机碳可最终形成土壤有机碳饱和固碳量约12 $t \cdot hm^{-2}$。稻田土壤的饱和固碳量可以通过人为措施进行调控，增加有机物质的投入量(秸秆还田)和冬季绿肥种植是提高稻田土壤固碳能力的有效途径。

#### 1.4.2.2 不同生态系统类型的固碳潜力

吴庆标等(2008)根据3次森林资源普查资料和六大林业工程规划估算了中国森林植被的固碳现状和潜力。我国森林植物的碳储量从第4次森林清查(1989—1994年)的4220.45 TgC增加到第6次森林清查(1999—2003年)的5156.71 TgC，平均年增长率为1.6%，年固碳量为85.30~101.95 $Tg \cdot a^{-1}$，主要集中在西藏、四川、内蒙古、云南、江西、广东、广西、福建和湖南等省份。根据我国林业工程建设规划，到2010年规划完成时，林业工程每年新增的固碳潜力为115.46 $Tg \cdot a^{-1}$，其中天然林资源保护工程、退耕还林工程、三北、长江流域等重点防护林建设工程、环北京地区防沙治沙工程和重点地区速生丰产用材林基地建设工程到2010年新增的固碳潜力分别为16.25、48.55、32.59、3.75和14.33 $Tg \cdot a^{-1}$。

韩冰等(2008)估算了不同管理措施下我国农田土壤的固碳能力和潜力。通过施用化肥、秸秆还田、施用有机肥和免耕措施。目前对我国农田土壤碳增加的贡献分别为40.51、23.89、35.83、1.17 $Tg \cdot a^{-1}$，合计为101.4 $Tg \cdot a^{-1}$，是我国目前能源活动碳总排放量的13.3%。通过情景分析发现，提高化肥施用量、秸秆还田量、有机肥施用量和推广免耕，可以使我国农田土壤的固碳量分别提高到94.91、42.23、41.38、3.58 $Tg \cdot a^{-1}$，合计为182.1 $Tg \cdot a^{-1}$。农田土壤总的固碳潜力相当于目前我国能源活动碳排放量的23.9%，对于全球$CO_2$减排具有重要作用。

郭然等(2008)以国内长期定位试验的数据为基础，评价了我国草地生态系统的固碳现状和潜力。分析发现，通过减少畜牧承载量等方法恢复退化草地，我国草地土壤的有机碳库可以增加4561.62 TgC，主要分布在内蒙古、西藏和新疆。草场围栏、种草和退耕还草3种草地管理措施的固碳潜力分别是12.01、1.46、25.59 $Tg \cdot a^{-1}$，总计39.06 $Tg \cdot a^{-1}$。2004年是我国草地管理投资较多的年份，种草、退耕还草和草场围栏的工程面积均有较大提高，3种措施新增的固碳能力分别为5.70、0.38、3.09 $Tg \cdot a^{-1}$，合计9.17 $Tg \cdot a^{-1}$。

#### 1.4.2.3 估算方法比较

师晨迪等(2016)通过采样分析，结合20世纪80年代全国第二次土壤普查以及2006年耕地质量评价土壤有机碳数据，采用不同的估算方法对甘肃省庄浪县农田表层(0~20 cm)土壤固碳潜力进行了估算，最大值法和分类定级法(高)对同一地区农田土壤理想固碳潜力估算结果差异不大。最大值法估算庄浪县农田表层土壤理想固碳潜力为1.13 Mt，而分类定级法(高)估算的理想固碳潜力为1.09 Mt；分类定级法(中)、饱和值法、加权法这3种固碳潜力估算方法求得庄浪县农田土壤现实固碳潜力分别为0.37、0.32、0.28 Mt，约为理想固碳潜力水平的1/3；采用分类定级法(中)、饱和值法和加权法估算现实固碳潜力，有机碳密度增量依次为6.76、5.21、4.56 $t \cdot hm^{-2}$。按照庄浪县近30年农田表层(0~20 cm)土壤的固碳速率，达到现实固碳潜力水平大约需要24~34 a；在县域尺度上估算现实固碳潜力，加权法优于饱和值法，饱和值法优于分类定级法(中)；估算理想固碳潜力，分类定级法(高)优于最大值法。

#### 1.4.2.4 Jenny模型的应用

翁伯琦等(2011)利用Jenny模型对福建省尤溪县顺坡开垦+清耕、梯台开垦+清耕、梯台开垦+套种平托花生(*Arachis pintoi*)3种垦殖方式红壤果园有机碳含量及动态进行了模拟，发现经过14年的垦殖，清耕模式导致土壤容重增大，而梯台生草处理土壤容重比开垦前降低了1.8%；生草栽培不但提高了果园土壤有机碳含量，且生草栽培处理的土壤有机碳储量比清耕处理提高了13.9%~34.7%；果园土壤有机碳平衡值为16.607~25.608 $g \cdot kg^{-1}$，生草栽培处理0~20 cm土层有机碳储量平衡值为54.801 $t \cdot hm^{-2}$，其固碳潜力为24.695 $t \cdot hm^{-2}$，分别是顺坡清耕和梯台清耕处理的4.2倍和1.5倍，因此认为生草栽培有利于提高土壤的碳汇功能。

王义祥等(2015)分析了福建省永春县果园土壤有机碳含量在1982—2010年的变化，利用Jenny模型估算了现有经营条件下亚热带果园土壤的固碳潜力。结果表明，近28年来，永春县果园表层土壤有机碳含量总体呈上升趋势；不同气候区域的土壤有机碳年均变幅为南亚热带气候区>过渡带>中亚热带气候区。有机碳年均变幅与初始有机碳含量的相关分析表明，永春县果园土壤有机碳潜在储存能力估计值为13.74~21.05 $g \cdot kg^{-1}$。按照2010年的土地利用方式、耕作措施、施肥水平和气候条件，永春县果园土壤的固碳潜力为64108.77 t。

辛刚等(2002)利用Jenny模型研究不同开垦年限黑土有机质的变化，发现垦后黑土0~20 cm土层土壤有机碳数量不断下降，年有机碳矿化速率为1.72%，达到平衡后有机碳数量为7.27$g \cdot kg^{-1}$，土壤有机碳的H/F比(腐殖质富里酸/胡敏酸)升高，氧化稳定性增强，土壤有机-无机复合度升高，土壤有机碳松紧比下降。20~40 cm土层土壤有机碳在垦后22年内升高，以后又下降，土壤H/F比无显著变化规律，土壤有机质氧化稳定性提高，土壤有机-无机复合度下降，土壤松紧比下降。

## 1.5 管理活动对森林生态系统固碳的影响

森林储存了全球80%以上的地上碳储量和40%左右的全球土壤碳储量(王邵军等，2011)，其碳汇功能已得到广泛认同和证实，森林碳动态是全球碳预算的一个重要组成部分，森林碳汇(2.3 $GtC \cdot a^{-1}$)约占陆地生态系统碳汇(2.8 $GtC \cdot a^{-1}$)的82%(Pan et al., 2011; Schulte-Uebbing et al., 2017)。然而，由于森林易受采伐、野火、病虫害等各种自然和人为因素干扰，气候变化($CO_2$浓度升高、气温上升等)可能加剧影响(Carroll et al., 2012)。因此，对森林进行科学经营势在必行。

森林经营管理对生态系统碳储量发挥着巨大影响(Kalies et al., 2016)。已有研究表明，如果采取积极的森林经营措施，森林碳汇潜力将得到有效发挥(Liski et al., 2002)。人类通过管理维持森林生产和生态功能的意识起步很早，在17世纪，许多学者就注意到过度利用森林对持续提供森林产品有负面影响。21世纪初，森林可持续经营逐渐成为一项重要原则得到国际各类组织的鼓励并予以实践。如欧洲的近自然林业、北美的生态林业、南美的保留性林业、东南亚的减少影响采伐和我国的多功能森林经营模式、结构化经营模式，森林得到了优化管理(黄麟，2021)。传统森林管理侧重于对同质林分和高经济价值树种的管理，营造速生纯林，轮伐期作业，树种组成较为单一、垂直分层均匀(McGrath et al., 2015)。而无论传统或优化的森林管理，均通过对树种组成、林分结构、林下生物多样性等的改变，影响土壤、小气候、水分循环，进而产生或正面或负面的效应(Johnson et al., 2001; Jandl et al., 2007)。

当前，森林经营目标从生产到生态的转变，以及当代森林管理聚焦水、土、气、生物多样性等关键指标的生态效应，涉及的管理措施包括造林、原始林改造为次生林或人工林、采伐林木、清除采伐剩余物、整地、氮素添加、树种改造、林分密度管理与间伐、林火管理等(黄麟，2021)。森林管理是实现森林生产效益最大化的主要措施，是增加碳吸收以减缓气候变暖的关键手段。森林管理需要优化以追求多维生态功能的协同共赢。诸多学者陆续发现，科学的营林方式对保护森林资源(Venanzi et al., 2016)、优化微生物群落结构(Stevenson et al., 2014)和促进根系生长(Vincent et al., 2009)等方面均会产生积极的影响。整地、选择性采伐、间伐、灌草去除和施肥等均是影响较为强烈的森林经营方式(Stoffel et al., 2010; Sullivan et al., 2008; Tang et al., 2005; 胡振宏等，2013)。

### 1.5.1 树种混交的影响

营造混交林是解决人工纯林地力衰退问题的重要途径(Piotto et al., 2004)。混交林培育能有效促进树木生长量和生产力提高(Ruiz-Peinado et al., 2021)，改善养分循环和土壤肥力(Tang et al., 2013)，增强对气候变化的适应能力(Lebourgeois et al., 2013)。林木混交能够提供更优质的生态系统服务并更好地适应气候变化(Gamfeldt et al., 2013; Pretzsch, 2014)。由于地上和地下生态位的互补性、凋落物输入更多，混交林可更稳定地增加土壤碳储量。此外，混交林对气候干扰具有更大的复原力，有助于长期保持土壤碳储量(McGrath et al., 2015; Silva et al., 2015)。亚热带针阔混交林 0~20 cm 土壤碳储量分别比马尾松和红栲人工纯林高 14%和 8%，土壤温室气体净排放量也低于人工纯林(Wang et al., 2013)。长白山落叶松、水曲柳混交林土壤有机质比长白落叶松纯林高 11.0%(邓娇娇等，2016)。杉木人工林土壤全碳显著高于原生阔叶林(Wang et al., 2007)。此外，物种多样性对土壤碳储量的影响比树种性状或功能群的影响小且不一致，其影响结果与环境有关(Dawud et al., 2016)。因此，为了有效利用资源，有针对性地选择具有互补特性的树种，既影响土壤碳储量，也增加树种多样性(Mayeret al., 2020)。

### 1.5.2 林分密度的影响

林分密度控制对土壤碳储量的影响有较大差异，有研究表明高密度水曲柳(*Fraxinus mandshurica*)林分比低密度的土壤碳储量高，即高密度会增加森林土壤碳(Sun et al., 2019)；也有报道认为高密度赤松林(*Pinus densiflora*)比低密度的土壤碳储量低，即高密度林分减少土壤碳(Noh et al., 2013)。通过 8 a 生不同密度的桉树(*Eucalyptus grandis*)和火炬松(*Pinus taeda*)人工林的观测，发现林分密度对碳储量的影响不明显(Hernández et al., 2016)。抚育间伐对森林土壤碳储量的影响可能不显著(Achat et al., 2015; Strukelj et al., 2015)，也可能导致森林土壤碳损失(Moreno - Fernandezet al., 2015; Chiti et al., 2016)。Zhang 等(2018)综合分析 53 篇文献认为强度低于 33%的轻度间伐使森林土壤碳增加 17%，而不超过 65%的重度间伐使土壤碳减少 8%。Mayer 等(2020)基于前人研究总结出森林土壤碳在间伐后早期(≤2 a)土壤碳损失 30%，但在间伐中期(2~5 a)到后期(>5 a)土壤碳储量可恢复至未间伐林分的水平，这可能是由于在间伐初期林冠透光度高，还有土壤温度较高造成来源于土壤分解的碳损失增加。

### 1.5.3 造林树种更换的影响

树种是影响森林固碳能力的重要因素(Kaul et al., 2010)。通过碳汇树种的选择和改良，建立合理的群落结构，以及凋落物和根系归还的改变有助于林地碳密度的提高(王薪琪等, 2015; 杨玉盛等, 2015)。过去为了快速提高森林覆盖率，我国开展了大规模绿化造林，然而造林规划设计未严格遵循适地适树的原则，出现了一定面积的低产低效林。此外，由于营造的多为人工纯林，树种单一、林分结构简单，森林固碳能力较低。许多学者研究发现人工林的多代连栽可能导致地力的衰退和生产力下降(崔俊峰等, 2022; 赵隽宇等, 2020)。罗云建和张小全(2016)收集多代连栽桉树、落叶松和杉木人工林生长数据，发现随着连栽代数的增加，生物量和土壤有机碳储量均呈现明显下降，二代杉木人工林生物量和土壤有机碳储量分别比一代下降 24%和 10%，三代分别比二代下降 39%和 15%。通过树种混交等措施能有效防止连栽人工林生物量和土壤有机碳储量的下降，二代杉阔混交林生物量和土壤有机碳储量分别比二代纯林提高 69%和 19%；二代桉树与相思树的混交林生物量比二代桉树纯林增加 29%；施肥可使二代杉木人工林生物量提高 22%。叶功富等(1994)研究发现滨海沙地木麻黄连栽出现了生长量表现减退的趋势。因此，改变我国人工林碳汇功能普遍不高的现状成为亟待解决的重要问题，而更换造林树种是防止地力衰退的有效途径。高伟(2019)在南亚热带海岸沙地上开展次生林及尾巨桉、湿地松、厚荚相思和木麻黄人工林碳储量观测时发现，湿地松和木麻黄人工林植被层碳储量较高，表明造林树种是影响海岸沙地植被碳储量的重要因素。一般认为，森林结构复杂性增加，能充分利用森林空间，有效提高森林群落光能利用率，是增强森林碳吸存能力的重要途径(杨承栋, 2022)。采用营造针阔混交林、针阔轮作、加强抚育管理等措施，构建异龄、多层的林分结构，是增加人工林碳汇的重要措施。目前，杉木、杨树等速生优良树种的大面积种植已发挥了巨大的固碳效益，而其他具有高碳吸存潜力的树种，如木荷、樟树、枫香、楠木和栲树等的开发也逐渐得到重视。今后碳汇人工林的树种筛选应从固碳效率、固碳效能及造林可行性等方面出发，重视碳吸存相关的林木性状(如生长速率、含碳率、木材密度、深根性等)和固碳机理方面研究。

### 1.5.4 林地施肥的影响

许多研究认为施肥会导致林地土壤碳库的大量增加(Johnson et al., 2001; Lu et al., 2021)。在养分贫瘠的地方施肥会导致初级生产力的增加，这是能被预料到的。然而，在养分充足的地方，施肥不一定会导致土壤碳的增加，除非施肥产生了化学反应导致土壤有机质的增加。气候区是影响施肥对森林碳库强度和方向的重要因素。许多研究表明施氮对土壤碳累积有正、无或负影响(Argiroff et al., 2019; Frey et al., 2014)。Schulte-Uebbing(2017)等进行了全球尺度森林施肥对碳吸存的 meta 分析时发现，北方森林和温带森林对施氮响应强烈，每施 1kg 的氮其地上木质生物量增加 13~14 kgC，而热带森林对氮添加的响应并不明显。研究显示在北方森林对施氮处理有更强的响应，这主要是由于在北方森林有着更低的温度，限制了氮的矿化，而在热带森林对氮添加响应不敏感，主要是由于该地区主要受到磷的限制；此外，热带森林由于有更高的氮循环，土壤往往表现富氮水平(Lu et al., 2014; Yan et al., 2019)。氮沉降可能促使热带森林土壤的酸化，进而减少而不是促进生长和碳吸存。但 Le Bauer 等(2008)发现在热带森林里，氮添加促进净初级生产力显著增加了 20%，这与温带和北方森林相似。此外，磷可用性的不足也可能减少未来森林碳汇，这是由于增加的氮输入与磷输入的不匹配(Peñuelas et al., 2013)。森林对施磷处理的响应不显著，其中热带森林(每千克施磷量增加 6.7 kgC)对磷添加的响应比温带森林(每千克施氮量增加 1.6 kgC)更加敏感，但都未达到显著水平($P<0.05$)。但最近也有磷添加的 meta 分析显示在环境氮水平下磷添加，热带森林地上净初级生产力提高了 92%(Li et al., 2016)，这可能是由于该 meta 研究中许多案例来源于苗木和幼龄林，而幼龄林被认为比成熟林对养分添加的响应更为敏感。其他可能的解释是添加的磷不能被植物立即吸收。与氮不同，磷是被土壤颗粒吸收，因此添加的磷可以补充土壤磷库，但对植物来说仅是缓慢可用(Shen et al., 2011)。林龄也是影响森林对氮添加敏感性的一个重要因素，幼龄林的地上木质生物量(每千克施氮量增加 19.7 kgC)明显比中龄林(每千克施氮量增加 6.5 kgC)和老龄林(每千克施氮量增加 4.4 kgC)更强。此外，施肥水平也影响森林对施氮的响应强度。当施氮水平在 30 $kg \cdot hm^{-2}$ 以下时，地上木质生物量平均每千克施氮量增加 23 kgC；当施氮水平在 30~70 $kg \cdot hm^{-2}$ 时，地上木质生物量平均每千克施氮量仅增加 10 kgC；当施氮水平超过 70 $kg \cdot hm^{-2}$ 时，

地上木质生物量平均每千克施氮量仅增加 5 kgC。当每年施磷水平小于 50 kg·$hm^{-2}$ 时，地上木质生物量平均每千克施磷量增加 5.5 kgC；而每年施磷水平大于 50 kg·$hm^{-2}$ 时，地上木质生物量平均每千克施磷量增加 1.9 kgC。

## 1.5.5 采伐方式的影响

采伐使温带森林植被碳储量减少 30%，硬木林的碳损失(36%)大于针叶林或针阔混交林(20%)(Nave et al., 2010)。由于立地条件、土壤类型、林分特征、采伐方案、取样深度等因素，采伐对土壤碳的影响存在差异，通常使土壤碳储量平均减少 11.2%(James et al., 2016)，表层土壤碳(0~15 cm)减少 3.3%，深层土壤碳(60~100 cm)减少 17.7%(Mayer et al., 2020)，原因是伐后林内高光、高温小气候刺激微生物呼吸、凋落物输入减少或更快分解(Mayer et al., 2017)。土壤碳储量在伐后 1~5 a 开始恢复(Nave et al., 2010; James et al., 2016; Achat et al., 2015a)。不同采伐方式的影响具有差异，全树采伐(WTH)导致土壤碳储量减少 6%~10%(Achat et al., 2015a)，而纯茎采伐(SOH)或增加 18%(Achat et al., 2015b) 或无影响(Clarke et al., 2015; Hume et al., 2018)，择伐可以减少与皆伐相关的土壤碳损失，因此，采伐 9 a 后的 WTH 迹地是净碳源，而择伐迹地是净碳汇(Strukelj et al., 2015)。此外，清除采伐残留物导致表层土壤碳损失 10%~45%，甚至>20 cm 土壤碳储量损失 10%(Achat et al., 2015a)。总之，采伐对深层土壤碳的影响存在极大不确定性，对伐后土壤碳损失及其恢复的非生物和生物机理仍需深入了解(Mayer et al., 2020)。

不同的采伐方式对生态系统产生的扰动程度不同，其中皆伐对土壤碳库影响最显著(鲁洋等, 2010)，皆伐导致大量植被遭受破坏(乔灌木基本消失，部分草本植物遭受破坏)，林地土壤因失去了植被的保护而受到直接影响，迹地裸露增大，雨水冲刷严重，加之土温升高，加速土壤有机碳的释放和流失(Williams et al., 2013; 黄钰辉等, 2017)。Grand 等(2012)认为土壤对采伐的响应分两个阶段。第一个阶段，森林地被层碳储量增加，矿质底土层的有机碳库密度增加，这可能是由于采伐剩余物的逐步分解、有机碳淀积以及根基腐烂造成的。第二阶段中，分解速率的增加，矿质土壤中有机碳减少。森林间伐广泛应用于森林经营活动中，对地下碳过程具有复杂的影响。森林间伐对土壤碳库动态的影响较为复杂，被伐木的确定方法、间伐的方式、间伐的强度不同，决定了林内微环境的改变程度以及剩余树木的组成，改变了剩余树木的竞争和单株树木可利用的养分，对有机物质的分解产生不同扰动，进而影响土壤的固碳作用。Zhang 等(2018)进行了间伐对森林和土壤碳库的 10 个变量的 meta 分析，发现间伐对细根和土壤碳库没有明显影响，间伐导致凋落物量显著减少(23.7%)，土壤呼吸显著增加

(29.4%)。特别是，轻度(间伐强度小于33%)和中度(间伐强度33%~67%)间伐都会使土壤呼吸显著增加(Zhang et al., 2018)。

### 1.5.6 采伐剩余物管理的影响

采伐剩余物的管理是影响森林碳库的一个重要因素(Tamminen et al., 2012; 雷蕾等, 2015)。森林采伐直接造成森林生物碳库的急剧下降，导致输入土壤碳库数量和质量的改变，同时显著影响林下土壤结构和水热条件，造成土壤有机质分解速率和根呼吸速率的变化(Tamminen et al., 2012; 胡小飞等, 2007)。此外，采伐后土壤裸露加剧土壤侵蚀和淋溶作用进而影响林地土壤的碳汇功能(Devine et al., 2007)。一般认为，森林采伐会导致土壤碳的损失尤其在采伐后早期，有机物分解和淋溶引起的输出超过输入，使林地土壤成为净碳源(Nave et al., 2010)。采伐剩余物短期内可能会影响可溶性有机碳，提高土壤碳的吸收及向稳定腐殖质的转换(Jandl et al., 2007; Park et al., 2002)，但同时导致可溶性有机碳的淋溶，进而减少土壤碳库含量(Hu et al., 2014)。研究表明，在森林收获后20 a内会造成土壤有机碳储量急剧下降近50%，一般需经20~50 a才使土壤碳含量恢复(Black et al., 1995)。这是由于采伐不仅减少了土壤有机物的输入，同时加速了有机质的矿化(Yanai et al., 2003)。但采伐后，将采伐剩余物包括枯枝落叶、树枝和树梢等留在林地内，有机物经分解和淋溶后，凋落物输入量的减少可能被弥补(Nilsen et al., 2008)。Johnson 等(2001)在总结采伐剩余物管理对土壤碳氮含量的影响后发现，保留采伐剩余物可使土壤碳增加18%，而全树收获使土壤碳减少6%。然而，也有研究报道，采伐剩余物的管理对土壤有机碳未产生明显影响(Mendlham et al., 2003)。Mendham(2003)等对澳大利亚西南部桉树人工林的研究表明，造林7年期间采伐剩余物管理措施对肥力较好地区土壤有机碳无影响，与胡振宏等(2013)对不同采伐剩余物管理对造林前15 a的杉木人工林土壤有机碳的影响结果一致，他们将其归因为其所处的亚热带地区有较好的水热条件、较高的土壤有机质矿化速率，以及土壤性质和杉木树种特性等因素。此外，采伐剩余物响应程度、方向还与其持续时间、所处气候环境有关。Jandl 等(2007)认为采伐剩余物管理措施对土壤碳的影响随造林时间的增加而减弱，不会产生持续影响。采伐剩余物管理措施对气候较温暖地区土壤有机碳影响不显著(Powers et al., 2005)，但对温带森林土壤碳储量有显著影响(Nave et al., 2010)。

## 1.6 研究目的与意义

全球气候变化深刻地影响着森林生态系统的各个方面，也对森林生态系统管理发起了挑战。森林在木材生产、环境改善、景观建设和减缓气候变化等方面扮演着重要角色。在全球变化背景下，如何通过森林生态系统的适应性管理，构建健康稳定、高生产力和高碳汇的生态系统，提高森林生态系统服务的质量和效益，以满足经济社会发展对森林的多种新需求，成为林业应对气候变化的新任务(叶功富等，2015)。关键是掌握气候变化对森林生态系统的结构和功能等的动态影响机理，构建科学合理的气候—森林植被响应模型，提升森林经营水平，维护森林生态系统的健康和活力。现代森林经营已经从木材导向的单一经营向探索森林多功能可持续经营和实现预期林相技术的转变(陆元昌等，2017)，通过多功能经营实现森林生态系统服务的多目标权衡与协同。

沿海防护林是我国重要的林业生态工程，是海岸带主要的绿色屏障，具有防风固沙、调节气候、保持水土、改善沿海生态环境、维护生态平衡和促进沿海区域经济发展等方面的作用。目前，针对沿海防护林的研究主要集中在退化林带更新、低质低效林分改造、海岸带防护林优化配置模式、优良品种选育、生态定位监测等方面。开展沿海防护林多功能经营符合现代林业发展的需求，以防护效益为主导的多种服务功能并行，实现单一树种纯林向以多树种、多层次的混交林发展，形成健康稳定和高效的森林生态系统，发挥森林固碳增汇等功能，是应对全球气候变化的营林新模式。

国内外针对森林生态系统的碳通量特征和碳平衡监测成果众多，然而对海岸带森林生态系统碳循环研究的重视程度仍然不够，在海岸防护林生态系统不同时空的碳循环过程，以及经营措施对森林生态系统的碳吸存效应的影响方面尤显突出。在海岸防护林的生物量测定方面，徐伟强(2009)指出木麻黄防护林的生物量先随林龄的增长而增加，到达最高点稳定一段时间后逐渐降低，呈现“递增—平稳—递减”的过程。不同地理气候区的水热条件直接影响到植被的生产力，从中亚热带一直到热带地区木麻黄林的生产力逐渐增加。在木麻黄生态系统的碳储量研究方面，肖胜生(2007)对不同林龄木麻黄纯林乔木层、凋落物层和土壤层(0~100 cm)的分析测定表明，同龄木麻黄纯林与混交林碳储量有很大差异，树种混交提高了地下碳固定能力。郭瑞红(2007)对不同发育阶段木麻黄纯林的碳储量进行观测，结果表明木麻黄防护林的年净固碳量取决于林地的净生产力和含碳率大小，年固碳量以中龄林最多，成熟林最小。有关林地施肥和抚育间伐对沿海防护林土壤固碳的影响也有零星报道(Fan et al.，2021；Zhang et al.，2023)。

海岸带受风暴潮等自然干扰和人为影响强烈，区位与立地类型特殊，适应于滨海生境的树种固碳特征，防护林不同经营阶段的生产力、碳积累和碳排放动态状况，以及纯林与混交林等固碳效应有待深入挖掘。随着与海岸线距离的变化，不同海岸梯度的环境条件及防护林的适应性、碳储量等也发生改变。因此，通过不同树种、防护林带、树种组成、经营年限和经营措施对沿海防护林的碳循环过程的影响研究，不但可以揭示海岸防护林生态系统不同组分的碳吸存响应及作用机理，为海岸人工林经营过程中基于碳固持和减缓气候变化的造林树种及营林方式选择提供科学依据，还可为中国陆地生态系统碳储量的正确评价提供技术参数，对于实现海岸防护林多功能经营和提升固碳减排能力均具有重要的现实意义。

本研究的主要对象是亚热带海岸防护林，木麻黄作为沿海沙地主要的防护林树种，具有较强的抗风、耐盐碱和耐瘠薄能力，广泛分布于浙江、福建、广东、广西、海南和台湾等省份的沿海地区，在沿海基干林带和防风固沙林营造上的作用仍无可替代。红树林为热带、亚热带海岸潮间带特殊的生态类型，也是南方沿海地区重要的消浪林，有关红树林生态系统碳通量、碳循环和碳汇潜力等不属于本研究范畴。当前，南方以木麻黄为主的沿海防护林经营中存在林分更新困难，连栽引起生产力下降等诸多问题(黄舒静等，2009)。研究表明，木麻黄可以分泌化感物质来抑制林下植被的生长，其凋落物中富含单宁(Ye et al.，2012；Zhang et al.，2012；Zhang et al.，2013a)，凋落小枝的分解较为缓慢，限制了土壤碳的有效性，影响了土壤微生物量。此外，木麻黄作为一种放线菌共生固氮树种，森林土壤微生物群落结构的组成还受到土壤盐度等一系列非生物因素的胁迫(Rajaniemi and Allison，2009)。在沿海沙地引进多树种与木麻黄混交套种，有助于改善立地条件，提高防护林的生态效能。

通过经营措施提升森林固碳增汇功能以增强其减缓和适应气候变化的能力，是林业应对气候变化急需解决的关键科学技术问题。本研究主要目的是利用福建省沿海国有防护林场的试验平台，通过海岸防护林不同经营年限等时间序列、不同树种和防护林带等空间序列，以及混交造林、复层林培育和低效林改造等不同经营措施下的碳吸存动态，揭示海岸防护林生态系统的固碳过程及其效应，从“扩、增、固”三个方面提出海岸防护林生态系统固碳增汇的实现路径，以期更好地开展沿海防护林碳汇经营，发挥海岸带生态系统的碳汇功能及碳汇潜力，提升沿海防护林的质量与综合效益。

# 第2章 海岸带不同林分的碳吸存特征

碳是植物组织的重要组成部分和构成森林生态系统组分、维持养分循环和影响林木生长及生态功能发挥的重要元素(刘顺等，2017)。森林是陆地生态系统的主体，森林植被每年固定的 $CO_2$ 量占大气 $CO_2$ 总量的4.6%，年呼吸速率达4.85~25.46 tC·$hm^{-2}$(王兴昌等，2008)，因此森林生态系统对陆地生态系统碳收支和大气 $CO_2$ 浓度具有重要影响(Post et al.，1982)。在全球尺度上，土壤储存了15 Gt有机碳，是大气中碳含量的2倍和陆地植被中碳含量的3倍(Schlesinger and Bernhardt，1991)，是重要的碳库。土壤有机碳与土壤养分循环密切相关，影响着陆地生态系统的生产力(Jandl et al.，2007；Post et al.，1982)。因此，研究不同森林类型的固碳效应，对于科学评价区域生态系统的碳储量和生态效益具有重要意义。由于世界各地人工林面积的快速增长，人工林已占全球总森林覆盖率的5%(FAO，2001)。中国人工林面积达 $6.9\times10^7$ $hm^2$，占全国总森林面积的36.5%(李虹谕等，2022)，位居世界前列。中国南方作为人工林的主要分布区，分布着全国63%以上的人工林，发挥了重要的经济、生态和社会效益。随着海岸带木麻黄人工林的地力衰退趋势的日益显现，为提高防护林的物种多样性和抗逆性，林业工作者从20世纪60年代开始陆续引种了相思属、桉属和松属等树种对海岸沙地防护林进行更新改造，现已成为沿海防护林的重要组成部分。此外，随着对天然林保护的高度重视，以乡土树种潺槁木姜子(*Litsea glutinosa*)为建群种的天然次生林也成为南亚热带海岸沙地上较为常见的森林类型。森林类型的转换可以改变地被层的数量和形态，从而改变土壤的碳循环。但是在海岸沙地上，针对不同树种对土壤碳库的影响，仍少见报道。

基于此，本章从多树种角度入手，对福建省东山赤山国有防护林场5种林分(木麻黄人工林、厚荚相思人工林、湿地松人工林、尾巨桉人工林和天然次生林)的生态系统固碳效应进行了详细研究，旨在定量计算不同林分的生态系统碳储量特征，评价不同树种的固碳能力，为区域尺度的森林碳汇精准测算提供科学依据。

## 2.1 试验区概况

试验地设在福建省东山赤山国有防护林场，从1991年开始成为国家科技攻关、科技支撑沿海防护林项目的主要试验基地。在福建省林业科学研究院和中国林业科学研究院热带林业研究所的指导下，陆续开展了沿海防护林更新改造、海岸带森林生态网络体系、纵深沿海防护林体系构建、南亚热带防台风沿海防护林营建等试验示范，为海岸防护林生态系统结构和功能研究打下了良好基础。

林场位于福建省沿海南部，毗邻广东省，东经117°18′，北纬23°40′。属南亚热带海洋性季风气候，年平均气温20.8℃，绝对最高气温36.6℃，绝对最低气温3.8℃，全年无积雪，无霜冻，年均降水1164 mm，年均蒸发2028 mm，全年干湿季节明显，每年的11月至翌年的2月为旱季，大部分的降水集中于台风多发的5~9月，年均台风5.1次。土壤以滨海沙土为主，有均一性风积沙土、潮积沙土、红壤性风积沙土、泥炭性风积沙土等。

## 2.2 材料与方法

### 2.2.1 样地设置

2014年7月，选择海岸沙地上5种有代表性的林分类型作为试验样地，分别为次生林(优势树种为潺槁木姜子和朴树)、木麻黄人工林、湿地松人工林、厚荚相思人工林和尾巨桉人工林，这5种类型林分所在地气候、土壤类型一致，海拔相近，平均坡度均<10°。在以上5种林分中选择有代表性的地段分别设置4个20 m×20 m的标准地，每个小区间隔10 m以上。样地的主要特征及表层土壤属性详见表2-1。

次生林为受当地百姓保护的，可自然更新的乡土植被类型，林龄50年，具有清晰的乔木层、灌木层和草本层，郁闭度较高，主要乔木优势树种为潺槁木姜子和朴树(*Celtis sinensis*)，灌木层密布着毛果算盘子(*Glochidion eriocarpum*)、豺皮樟(*Litsea rotundifolia* var. *oblongifolia*)、土蜜树(*Bridelia tomentosa*)等，草本层主要为沿阶草(*Ophiopogon bodinieri*)和荩草(*Arthraxon hispidus*)，层外植物主要为雀梅藤(*Sageretia thea*)、帘子藤(*Pottsia laxiflora*)、鳝藤(*Anodendron affine*)。木

麻黄人工林、厚荚相思人工林和湿地松人工林均为1993年造林，前茬均为木麻黄人工林(1961年造林)；尾巨桉人工林为2004年造林，前茬为湿地松人工林(1976年造林)。不同人工林初始造林密度均为2 m×2 m，造林后连续抚育3 a，方式为锄草、松土和扩穴，现存人工林冠层郁闭度较高，林下植被稀少。

**表2-1 不同林分类型的主要特征和表层土壤(0~10 cm)理化性质**

| 测定变量 | 尾巨桉人工林 | 湿地松人工林 | 厚荚相思人工林 | 木麻黄人工林 | 次生林 |
|---|---|---|---|---|---|
| 林龄(a) | 11 | 21 | 22 | 22 | 50 |
| 平均胸径(cm) | 15.6 | 21 | 21.1 | 17.9 | 9.7 |
| 平均树高(m) | 11.4 | 13.9 | 12.5 | 14.9 | 5.6 |
| 现存林分密度(株·$hm^{-2}$) | 1300 | 1500 | 950 | 1600 | 1400 |
| 土壤容重(g·$cm^{-3}$) | 1.36b | 1.23cd | 1.28bc | 1.45a | 1.17d |
| 土壤pH | 5.00b | 4.65c | 4.73c | 4.71c | 6.57a |
| 土壤碳含量(g·$kg^{-1}$) | 6.65b | 4.33b | 4.08b | 3.17b | 12.71a |
| 土壤氮含量(g·$kg^{-1}$) | 0.54b | 0.53bc | 0.53bc | 0.27c | 1.26a |
| 土壤碳氮比 | 11.97a | 8.12b | 7.7b | 11.58a | 9.91ab |

注：表中不同字母表示同一指标不同林分之间差异显著。

### 2.2.2 植被层生物量和碳储量测定

2014年7月分别对5种林分中4个小区内的所有林木进行每木检尺，测量胸径、树高生长量和现存密度，选定平均木。木麻黄、尾巨桉和湿地松生物量估算分别参照叶功富等(1996b)、付威波(2014)、赖建强(2005)和曾伟生等(2015)建立的生物量模型(表2-2)。

**表2-2 尾巨桉、湿地松和木麻黄人工林生物量估算模型**

| 组分 | 尾巨桉 | 湿地松 | 木麻黄 |
|---|---|---|---|
| 树干 | $W=0.028D^{2.996}$ | $W=0.072556D^{2.5817}$ | $\ln W=0.478+0.515\ln(D^2H)$ |
| 树枝 | $W=0.042D^{1.835}$ | $W=0.0129D^{2.6058}$ | $\ln W=0.585+0.248\ln(D^2H)$ |
| 树叶 | $W=1.182e^{0.003D^2}$ | $W=0.0162D^{2.3321}$ | $\ln W=1.405+0.141\ln(D^2H)$ |
| 树根 | $W=0.06D^{1.771}$ | $W=0.043570D^{2.22877}$ | $\ln W=0.8+0.251\ln(D^2H)$ |

厚荚相思人工林和次生林乔木层生物量的测定：选定平均木后将其伐倒，地上部分按不同组分(干、枝、叶)称重，采用“全挖法”收获根系并称重，之后按不同组分各取样品500 g带回实验室，于鼓风干燥箱内105 ℃杀青20 min后于65 ℃烘干至恒重，称干重计算含水率，推算林分生物量；林下植被的测定：由于木麻黄、尾巨桉、湿地松和厚荚相思人工林皆为纯林，林下植被极为稀少，因

此本章只估算次生林林下植被生物量，方法为样方收获法，在次生林每个小区的四周和中间位置各设置 1 个 1 m×1 m 的小样方，并将其中的灌木、草本及层间植物全部收获称重，将每个小区的样品混合后取 500 g 带回实验室烘干计算含水率，推算林下植被生物量。

用生长锥在木麻黄、尾巨桉和湿地松人工林平均木胸径高度(1.3 m)处钻取树干样品，用高枝剪在树冠东、西、南、北 4 个方位分别剪取 1 个枝条，并收获树叶，树根采用挖掘法收集。将 3 个树种每个小区内收集的树干、树枝、树叶和树根等各个部分植物样品分别混合为 1 个植物样品，带回实验室烘干粉碎测定含碳率。

在每种林分的 4 个小区内，沿对角线用内径为 5 cm 的土钻等距离钻取 10 根土芯，采集 0~10 cm、10~20 cm、20~40 cm、40~60 cm 土样，分层混合装袋，在实验室内将样品用流水浸泡、漂洗、过筛，拣出细根(根径<2 mm)，根据外形、颜色和弹性区分死根和活根，风干后称重，在 65℃烘箱内烘干至恒重，参照文献(Yang et al.，2004)的方法估算细根生物量。

### 2.2.3 凋落物层碳储量和归还量测定

#### 2.2.3.1 年凋落物量测定

在 5 种林分中，各布设 20 个凋落物收集器(面积为 1 m×1 m)，离地面高度 0.3 m，材质为 1 mm 孔径的尼龙网，从 2015 年 3 月至 2016 年 2 月，每月进行凋落物收集，估算年凋落物量。将同一小区内的凋落物样品混合为一个样品，带回实验室于鼓风干燥箱内 65 ℃烘干至恒重，所有烘干后的植物样品用粉碎机粉碎后保存在干燥器内，留待分析。

#### 2.2.3.2 凋落物养分归还测定

采用分解袋法研究凋落物(小枝)的分解动态。2015 年 6 月，在样地内收集新鲜凋落叶(小枝)，确保叶片(小枝)规格大小均匀，去掉沙土，风干后称取 10 g 装入规格 25 cm×15 cm、40 目的尼龙袋中，集中放置，每种林分放置 30 袋。另各取 50 g 左右带回实验室，测定初始质量指标。分解袋放置前清理现有未分解凋落物，露出原地表，分解袋与表面沙土充分接触。平均每 2 个月收回一次，每次 3 袋。回收后，及时清除附着的沙土杂质等，放入 70℃恒温烘干至恒重并称重，测得失重率后将样品粉碎，用于元素质量分数测定。

采用 Olson 指数衰减模型拟合凋落物失重率变化规律。

Olson 模型为：

$$y = 1 - e^{-kt}$$

式中：$y$ 为凋落物年失重率(%)，分解期结束时的残留量与初始重的百分比)；$t$ 为分解时间(a)；$k$ 为凋落物分解指数，$k$ 值越大，分解速度越快。

凋落物分解的半衰期($t_{0.5}$)及完全分解年限：

$$t_{0.5} = \ln 0.5/(-k)$$

$$t_{0.95} = \ln 0.05/(-k)$$

式中，$t_{0.5}$ 为凋落物分解50%时所需年限，即半衰期(a)；$t_{0.95}$ 为凋落物分解95%时所需的年限(a)。

### 2.2.4 土壤层碳库测定

#### 2.2.4.1 土壤总有机碳测定

在不同树种林分内，每个小区沿对角线设置6个取土点，分层取土(0~10 cm、10~20 cm、20~40 cm、40~60 cm、60~80 cm)，将每个小区相同土层的土样混合为一个样品，采集土壤样品的同时，采用容重圈(100 $cm^3$)测定土壤容重。在室内，挑除砂石、根系后，过2 mm筛，分为两部分，一部分储存于4 ℃冰箱，测定土壤微生物生物量和可溶性有机质，一部分在室温下风干，磨碎后过筛(0.149 mm)，以测定土壤碳氮含量。

#### 2.2.4.2 土壤活性有机碳测定

(1)土壤微生物生物量碳　于2015年4月(春季)、7月(夏季)、9月(秋季)、11月(冬季)在不同林分的4个小区中沿对角线选择10个点采集0~10 cm和10~20 cm土壤，土样混合后每层取大约500 g均分成2份带回实验室，一份过筛(2 mm)之后至于4℃保存，用于测定微生物生物量碳、氮，另一份风干后过筛(0.149 mm)后用于测定土壤总有机碳和全氮。采集土壤样品的同时，用数字式瞬时温度计(AM-11T，Avalon公司，美国)测定地下10 cm处的土壤温度(℃)；采用烘干法测定0~10 cm和10~20 cm的土壤含水率。

土壤微生物生物量碳、氮采用氯仿熏蒸硫酸钾浸提法(Brookes et al., 1985)，浸提液中的有机碳浓度采用TOC-VCPH/CPN Analyzer(Shimadzu, Japan)测定，转换系数为0.45(Joergensen and Müller, 1996a)，有机氮浓度采用连续流动分析仪(SAN++, Skalar Analytical B. V.)测定，转换系数为0.54(Joergensen and Müller, 1996b)。

(2)土壤可溶性有机碳　土壤中可溶性有机碳氮分别采用冷水、热水和氯化钾浸提，浸提液中的可溶性有机碳用TOC分析仪(Vario TOC Cube, Elementar, Germany)测定，可溶性有机氮用连续流动分析仪(AA3 Bran+Luebbe, Germany)分别测定。

### 2.2.5 生态系统碳储量计算

采用碳氮元素分析仪(Vario EL Ⅲ, Elementar Analysensysteme GmbH, Hanau,

Germany)测定植物和土壤的碳氮含量，树干、树叶、树枝和树根碳氮储量计算方法如下：

根据已知的生长方程计算木麻黄、尾巨桉和湿地松人工林生物量，然后乘以碳氮含量和对应林分密度，即得到木麻黄、尾巨桉和湿地松人工林植物各器官的碳氮储量。

根据平均木各器官的碳氮储量乘以林分现存密度，林下植被碳氮含量乘以生物量，两者相加即可得到厚荚相思人工林和次生林不同层次植物的碳氮储量。

凋落物年碳氮归还量计算如下：

凋落物年碳氮归还量=年凋落物干质量×凋落物的碳氮含量

土壤层碳氮储量由各土层碳氮储量累计而得，计算公式如下(Sariyildiz et al., 2015)：

$$TX = \sum_{i=1}^{n} (X_i \times L_i \times BD_i \times 0.1)$$

式中，$TX$ 为碳或氮的储量($t \cdot hm^{-2}$)；$X_i$ 为第 $i$ 层土壤有机碳或氮的含量($g \cdot kg^{-1}$)；$L_i$ 为第 $i$ 土层厚度(cm)；$BD_i$ 为第 $i$ 层土壤容重($g \cdot cm^{-3}$)；0.1 为单位转换系数。

### 2.2.6 土壤呼吸测定

2014 年 12 月底分别在 5 种林分中的每个小区中埋设 4 个 PVC 土壤呼吸圈(高 10 cm，内径 20 cm)，插入深度 7 cm，尽量减少对凋落物和表层细根的扰动，整个监测期内保持呼吸圈位置不变。

采用 Li-8100 全自动土壤 $CO_2$ 通量测量系统(Li-Cor Inc., Lincoln, NE, USA)测定土壤呼吸。一般来说，上午中段时间(9:00—11:00)的通量很接近日平均值(Xu and Qi, 2001)，因此，从 2015 年 1 月至 2016 年 4 月，每月中下旬选择晴朗的天气于上午的 9:00—11:00 对不同林分的土壤呼吸进行测定。此外，在 2015 年 4 月(春季)、7 月(夏季)、10 月(秋季)和 2016 年 2 月(冬季)进行了日动态测定(从上午 9:00 至次日早晨 7:00，每 2 h 测定一次)。在测定前一天，清除呼吸基座里的活体植物(尽量不扰动土壤和枯落物)，以确保观测的呼吸速率中无植株呼吸作用。

在测定土壤呼吸的同时，采用手持长杆式温度计(Model SK-250WP, Sato Keiryoki Mfg. Co. Ltd, Tokyo, Japan)测定呼吸圈附近 10 cm 处的土壤温度，采用 TDR300 时域反射仪(Model TDR300, Spectrum Technologies Inc., Plainfield, IL, USA)测定呼吸圈附近地下 10 cm 处土壤体积含水量。

分别采用线性和非线性模型建立不同林分类型土壤呼吸($R_s$)与土壤温度($T$)、土壤湿度($W$)之间的关系模型，模型如下：

$$R_s = ae^{bT}$$

$$R_s = aW + b$$

$$R_s = ae^{bT}W^c$$

式中，$T$ 为 10 cm 深度土壤温度(℃)，$W$ 为 10 cm 深度土壤湿度(%)，$a$、$b$、$c$ 为待定参数，土壤呼吸温度敏感系数 $Q_{10} = e^{10b}$，$b$ 为模型 $R_s = ae^{bT}$ 中的温度系数。

将2015年3月至2016年2月每个样地各月测得的平均土壤呼吸速率作为月均值计算月土壤呼吸通量，并累积计算年通量。

## 2.3 结果与分析

### 2.3.1 不同林分植被层碳氮储量

#### 2.3.1.1 植被层生物量及碳氮储量

由表2-3可见，不同林分植被层生物量最高为湿地松和木麻黄人工林，分别为283.77 t·hm$^{-2}$和275.06 t·hm$^{-2}$，其次为尾巨桉人工林(157.21 t·hm$^{-2}$)，次生林和厚荚相思人工林较小，分别为148.7 t·hm$^{-2}$和145.96 t·hm$^{-2}$；植被层碳储量与生物量规律一致，最高也为湿地松和木麻黄人工林，分别为138.78 t·hm$^{-2}$和129.99 t·hm$^{-2}$，其次为尾巨桉人工林、厚荚相思人工林和次生林，分别为81.97 t·hm$^{-2}$、70.03 t·hm$^{-2}$和67.5 t·hm$^{-2}$；植被层氮储量最高为厚荚相思人工林，为2.03 t·hm$^{-2}$，其次为次生林(1.37 t·hm$^{-2}$)和尾巨桉人工林(1.34 t·hm$^{-2}$)，木麻黄人工林和湿地松人工林较小，分别为1.3 t·hm$^{-2}$和1.29 t·hm$^{-2}$。不同树种的生物量含碳率：尾巨桉最高，为0.52，湿地松为0.49，厚荚相思为0.48，木麻黄为0.47，次生林最小，为0.46。

表2-3 不同林分植被层生物量及碳氮储量 t·hm$^{-2}$

| 林分 | | 乔木层 | | | | 灌木层 | 草本层 | 层外植物 | 合计 |
|---|---|---|---|---|---|---|---|---|---|
| | | 树干 | 树枝 | 树叶 | 树根 | | | | |
| 尾巨桉人工林 | 生物量 | 135.63 | 8.38 | 3.16 | 10.04 | — | — | — | 157.21 |
| | 碳储量 | 71.21 | 3.97 | 1.55 | 5.24 | — | — | — | 81.97 |
| | 氮储量 | 1.13 | 0.06 | 0.07 | 0.08 | — | — | — | 1.34 |
| 湿地松人工林 | 生物量 | 174.75 | 33.44 | 18.25 | 57.34 | — | — | — | 283.77 |
| | 碳储量 | 84.68 | 17.09 | 9.17 | 27.84 | — | — | — | 138.78 |
| | 氮储量 | 0.41 | 0.24 | 0.25 | 0.39 | — | — | — | 1.29 |

（续）

| 林分 | | 乔木层 | | | | 灌木层 | 草本层 | 层外植物 | 合计 |
|---|---|---|---|---|---|---|---|---|---|
| | | 树干 | 树枝 | 树叶 | 树根 | | | | |
| 次生林 | 生物量 | 70 | 32.54 | 9.52 | 21.85 | 7.26 | 2.08 | 5.45 | 148.7 |
| | 碳储量 | 32.52 | 15.12 | 4.28 | 9.48 | 3.03 | 0.80 | 2.27 | 67.5 |
| | 氮储量 | 0.34 | 0.34 | 0.22 | 0.23 | 0.12 | 0.04 | 0.08 | 1.37 |
| 厚荚相思人工林 | 生物量 | 66.77 | 35.44 | 16.43 | 27.32 | — | — | — | 145.96 |
| | 碳储量 | 31.03 | 17.42 | 8.62 | 12.96 | — | — | — | 70.03 |
| | 氮储量 | 0.38 | 0.68 | 0.51 | 0.46 | — | — | — | 2.03 |
| 木麻黄人工林 | 生物量 | 200.82 | 23.28 | 21.35 | 29.61 | — | — | — | 275.06 |
| | 碳储量 | 93.48 | 11.73 | 10.60 | 14.18 | — | — | — | 129.99 |
| | 氮储量 | 0.46 | 0.27 | 0.40 | 0.17 | — | — | — | 1.3 |

#### 2.3.1.2　细根生物量和碳氮储量

由表2-4可见，除0~10 cm土层木麻黄的细根生物量(1.68 t·hm$^{-2}$)显著大于其他林分外，其他土层不同林分的细根生物量均无显著差异，总细根生物量以木麻黄林最高(3.04 t·hm$^{-2}$)，其次为次生林(2.77 t·hm$^{-2}$)，湿地松林最低(1.05 t·hm$^{-2}$)；细根碳储量以次生林最高(1.02 t·hm$^{-2}$)，湿地松林最低(0.38 t·hm$^{-2}$)，其他林分间无显著差异；细根氮储量以次生林最高(48.2 kg·hm$^{-2}$)，其次为木麻黄林(28.58 kg·hm$^{-2}$)，湿地松林最低(6.51 kg·hm$^{-2}$)；不同林分间细根碳氮比均差异显著，以尾巨桉林最高(58.5)，其次为湿地松林(56.7)，最低为次生林(21.2)。

**表2-4　不同林分类型细根生物量和碳氮储量**

| 林分类型 | 土层深度(cm) | 生物量(t·hm$^{-2}$) | 碳储量(t·hm$^{-2}$) | 氮储量(kg·hm$^{-2}$) | 细根碳氮比 |
|---|---|---|---|---|---|
| 尾巨桉人工林 | 0~10 | 0.95b | 0.33ab | 5.61c | 58.5A |
| | 10~20 | 0.55a | 0.19ab | 3.25b | |
| | 20~40 | 0.45a | 0.16a | 2.66b | |
| | 40~60 | 0.21a | 0.07b | 1.24b | |
| | 合计 | 2.16bc | 0.76ab | 12.74bc | |
| 湿地松人工林 | 0~10 | 0.26b | 0.09c | 1.61c | 56.7B |
| | 10~20 | 0.2a | 0.07b | 1.24b | |
| | 20~40 | 0.23a | 0.08a | 1.43b | |
| | 40~60 | 0.36a | 0.13ab | 2.23b | |
| | 合计 | 1.05c | 0.38b | 6.51c | |

（续）

| 林分类型 | 土层深度（cm） | 生物量（$t\cdot hm^{-2}$） | 碳储量（$t\cdot hm^{-2}$） | 氮储量（$kg\cdot hm^{-2}$） | 细根碳氮比 |
|---|---|---|---|---|---|
| 厚荚相思人工林 | 0~10 | 0.74b | 0.23bc | 7.77bc | 29.0D |
| | 10~20 | 0.36a | 0.11ab | 3.78b | |
| | 20~40 | 0.37a | 0.11a | 3.89b | |
| | 40~60 | 0.36a | 0.11ab | 3.78b | |
| | 合计 | 1.84bc | 0.57ab | 19.32bc | |
| 木麻黄人工林 | 0~10 | 1.68a | 0.51a | 15.79a | 32.2C |
| | 10~20 | 0.45a | 0.14ab | 4.23b | |
| | 20~40 | 0.61a | 0.18a | 5.73ab | |
| | 40~60 | 0.3a | 0.09ab | 2.82b | |
| | 合计 | 3.04a | 0.92ab | 28.58b | |
| 次生林 | 0~10 | 0.74b | 0.27bc | 12.88ab | 21.2E |
| | 10~20 | 0.64a | 0.24a | 11.14a | |
| | 20~40 | 0.79a | 0.29a | 13.75a | |
| | 40~60 | 0.6a | 0.22a | 10.44a | |
| | 合计 | 2.77b | 1.02a | 48.2a | |

注：同列相同土层内不同小写字母表示不同树种差异显著，不同大写字母表示细根碳氮比差异显著。

### 2.3.2 不同林分凋落物碳库及动态

#### 2.3.2.1 年凋落物量和碳氮归还量

如图 2-1 所示，监测期间(2015 年 3 月至 2016 年 2 月)，5 种林分的凋落物量月动态均出现两次峰值，分别为 7 月和 10~12 月。湿地松林(13 $t\cdot hm^{-2}\cdot a^{-1}$)和次生林(12.7 $t\cdot hm^{-2}\cdot a^{-1}$)的年凋落物量显著大于木麻黄林(10.1 $t\cdot hm^{-2}\cdot a^{-1}$)和厚荚相思林(10.1 $t\cdot hm^{-2}\cdot a^{-1}$)，而尾巨桉林(12.3 $t\cdot hm^{-2}\cdot a^{-1}$)与其他林分间均无显著差异。

由表 2-5 可见，不同林分间厚荚相思林的凋落物碳含量最高，次生林最低，湿地松林的凋落物碳归还量显著大于厚荚相思和木麻黄人工林，其他林分间均差异不显著；次生林凋落物氮含量最高，其次为厚荚相思林，湿地松林最低，尾巨桉林和木麻黄林的凋落物氮含量无显著差异；湿地松林的凋落物碳归还量最高，其次为次生林，均显著大于其他林分；次生林的凋落物氮归还量最高，其次为厚荚相思林，其他林分间无显著差异；湿地松林的凋落物碳氮比最高，其次为尾巨桉林和木麻黄林，厚荚相思林和次生林最低。

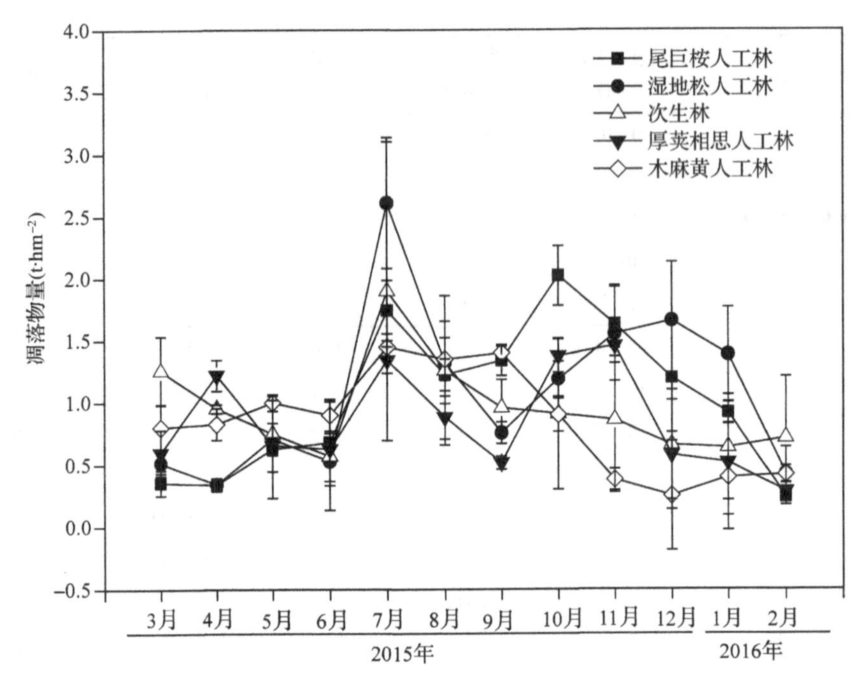


**图 2-1　不同林分凋落物量月动态**

注：图中误差线代表标准误差

**表 2-5　不同林分年凋落物量和碳氮归还量**

| 林分类型 | 年凋落物量 ($t \cdot hm^{-2} \cdot a^{-1}$) | 凋落物碳含量 ($g \cdot kg^{-1}$) | 凋落物碳归还量 ($t \cdot hm^{-2} \cdot a^{-1}$) | 凋落物氮含量 ($g \cdot kg^{-1}$) | 凋落物氮归还量 ($kg \cdot hm^{-2} \cdot a^{-1}$) | 凋落物碳氮比 |
|---|---|---|---|---|---|---|
| 尾巨桉 | 12. 3ab | 473. 4bc | 5. 82ab | 9. 21c | 113. 28c | 51. 4b |
| 湿地松 | 13a | 499. 7ab | 6. 50a | 6. 58d | 85. 54c | 75. 9a |
| 厚荚相思 | 10. 1b | 513. 6a | 5. 19b | 15. 1b | 152. 51b | 34. 0c |
| 木麻黄 | 10. 1b | 497. 7ab | 5. 03b | 8. 83c | 89. 18c | 56. 4b |
| 次生林 | 12. 7a | 459. 8c | 5. 84ab | 16. 41a | 208. 41a | 28. 0c |

注：同列中不同字母代表不同树种差异显著。

#### 2. 3. 2. 2　凋落物分解特征

(1) *凋落物初始质量因子*　由表 2-6 可见，在分解初期，五种林分凋落物碳含量为 473. 43~513. 73 $g \cdot kg^{-1}$，最高为厚荚相思，天然次生林最低；而氮含量为 6. 60~16. 4 $g \cdot kg^{-1}$，最高为天然次生林，其次为厚荚相思，湿地松最低；天然次生林凋落物的碳氮比最低。凋落物磷含量 0. 25~0. 93 $g \cdot kg^{-1}$，氮磷比在 13. 28~39. 1 之间，碳磷比最高为天然次生林，而氮磷比最高为尾巨桉。木麻黄凋落物纤维素含量最高，为 275. 20 g·kg$^{-1}$，其次为湿地松，尾巨桉最低，为 114. 80 g·kg$^{-1}$；厚荚相思凋落叶木质素含量最高为 449. 33 g·kg$^{-1}$，其次为湿地松，尾巨桉最低，为 179. 93 g·kg$^{-1}$。

**表 2-6　凋落物分解样品的初始质量因子**

| 凋落物指标 | 天然次生林 | 尾巨桉 | 湿地松 | 厚荚相思 | 木麻黄 |
| --- | --- | --- | --- | --- | --- |
| 碳含量(g·kg$^{-1}$) | 459. 83c | 473. 43c | 499. 73ab | 513. 73a | 497. 7ab |
| 氮含量(g·kg$^{-1}$) | 16. 4a | 8. 85c | 6. 60d | 15. 1b | 9. 20c |
| 磷含量(mg·kg$^{-1}$) | 0. 93a | 0. 25c | 0. 50b | 0. 43b | 0. 35bc |
| 碳氮比 | 28. 05c | 82. 5a | 77. 10a | 34. 08c | 56. 45b |
| 碳磷比 | 537. 15d | 2027. 28a | 1012. 90c | 1250. 08bc | 1581. 88b |
| 氮磷比 | 19. 45c | 39. 1a | 13. 28c | 36. 73a | 28. 13b |
| 纤维素含量(g·kg$^{-1}$) | 157. 35c | 114. 80d | 217. 9b | 172. 13c | 275. 20a |
| 木质素含量(g·kg$^{-1}$) | 300. 65c | 179. 93e | 365. 9b | 449. 33a | 227. 5d |

注：表中数据为平均值，同行相同字母表示差异不显著($P>0.05$)，不同字母表示差异显著($P<0.05$)。

（2）凋落物分解动态　由表 2-7 可见，五种林分凋落物分解过程中的失重率均符合 Olson 模型规律。从预测分解 50%时间上看，除了天然次生林、尾巨桉 $t_{0.5}$ 低于 1 a 外，其他 3 种林分凋落物 $t_{0.5}$ 均大于 1 a，其中天然次生林最短，为 0. 60 a，湿地松最长，为 2. 29 a，尾巨桉、厚荚相思、木麻黄分别为 0. 95 a、1. 03 a、1. 60 a。实际分解 50%所需时间天然次生林、尾巨桉均较预测时间长，原因可能在于试验所用的尼龙网袋限制了大型土壤动物进入，减缓了分解进程。从预测分解 95%所需的时间上看，与分解 50%所需时间规律一致，最长的是湿地松，为 13. 80 a，最短的为天然次生林，需要 3. 31 a，尾巨桉、厚荚相思、木麻黄分别为 4. 92 a、5. 38 a、8. 18 a。

**表 2-7　凋落物分解失重率 Olson 模型预测结果**

| 林分类型 | 模型公式 | $R$ 检验 | 预测分解 50%所需时长(a) | 预测分解 95%所需时长(a) | 实际分解 50%所用时长(a) |
| --- | --- | --- | --- | --- | --- |
| 尾巨桉 | $y=0.869e^{-0.58t}$ | $R^2=0.972$ | 0. 95 | 4. 92 | 0. 98 |
| 湿地松 | $y=0.790e^{-0.20t}$ | $R^2=0.967$ | 2. 29 | 13. 80 | — |
| 天然次生林 | $y=0.834e^{-0.85t}$ | $R^2=0.981$ | 0. 60 | 3. 31 | 0. 62 |
| 厚荚相思 | $y=0.865e^{-0.53t}$ | $R^2=0.984$ | 1. 03 | 5. 38 | 1. 08 |
| 木麻黄 | $y=0.875e^{-0.35t}$ | $R^2=0.979$ | 1. 60 | 8. 18 | — |

(3)凋落物分解过程中化学计量比的变化　由表2-8可见，随着分解时间的延长，五种林分凋落物碳氮比均呈现一致的指数下降，而不同类型凋落物的碳磷比变化不同，其中尾巨桉、厚荚相思、天然次生林木麻黄呈明显的线性变化，湿地松呈指数变化，而木麻黄呈对数变化规律。

表2-8　五种林分凋落物分解过程碳氮比、碳磷比动态变化

| 林分类型 | 碳氮比 | | 碳磷比 | |
|---|---|---|---|---|
| | 拟合方程 | $R^2$ | 拟合方程 | $R^2$ |
| 尾巨桉 | $y=74.4e^{-0.74x}$ | 0.950 | $y=-295x+566.1$ | 0.827 |
| 湿地松 | $y=25.33e^{-0.54x}$ | 0.870 | $y=545.2e^{-0.49x}$ | 0.692 |
| 天然次生林 | $y=24.55e^{-0.74x}$ | 0.950 | $y=-97.37x+186.8$ | 0.817 |
| 厚荚相思 | $y=33.2e^{-0.38x}$ | 0.961 | $y=-341.5x+737$ | 0.905 |
| 木麻黄 | $y=53.2e^{-0.48x}$ | 0.960 | $y=891.3-194.2\ln(x)$ | 0.857 |

## 2.3.3　不同林分土壤层碳库

### 2.3.3.1　不同林分土壤碳氮含量及储量

如图2-2所示，林分和土层深度均显著影响土壤碳（林分：$F=25.48$，$P=0.000$；土层：$F=72.76$，$P=0.000$）、氮（林分：$F=41.65$，$P=0.000$；土层：$F=56.78$，$P=0.000$）含量。随着土壤深度的增加，不同林分土壤碳氮含量均逐渐下降，平均碳含量以次生林最高（4.58 $g·kg^{-1}$），显著大于4种人工林，而人工林之间无显著差异，平均氮含量以次生林最高（0.51 $g·kg^{-1}$），显著大于4种人工林，其次为尾巨桉人工林（0.33 $g·kg^{-1}$），显著大于木麻黄人工林（0.14 $g·kg^{-1}$），其他林分间土壤氮含量无显著差异。

如图2-3所示，受土壤碳氮含量的综合影响，不同林分土壤碳氮储量也随土层深度增加而逐渐降低（尾巨桉人工林不同土层间氮储量无显著差异），在0～20 cm土层内，次生林土壤氮储量显著大于4种人工林，湿地松和木麻黄人工林显著小于尾巨桉和厚荚相思人工林，其他林分间无显著差异，其他土层内，基本均为尾巨桉和次生林氮储量最高，木麻黄人工林最低；不同土层内土壤碳储量均为次生林最高，且显著大于4种人工林，而不同人工林之间土壤碳储量均无显著差异。

不同林分土壤氮储量最高为次生林（4.12 $t·hm^{-2}$），与尾巨桉人工林（3.57 $t·hm^{-2}$）之间无显著差异，但显著大于其他3种人工林，湿地松和木麻黄人工林土壤氮储量最小，分别为2.25 $t·hm^{-2}$和1.39 $t·hm^{-2}$。不同林分土壤碳储量最高为次生林（35.49 $t·hm^{-2}$），显著大于4种人工林，而不同人工林之间土壤碳储量无显著差异。

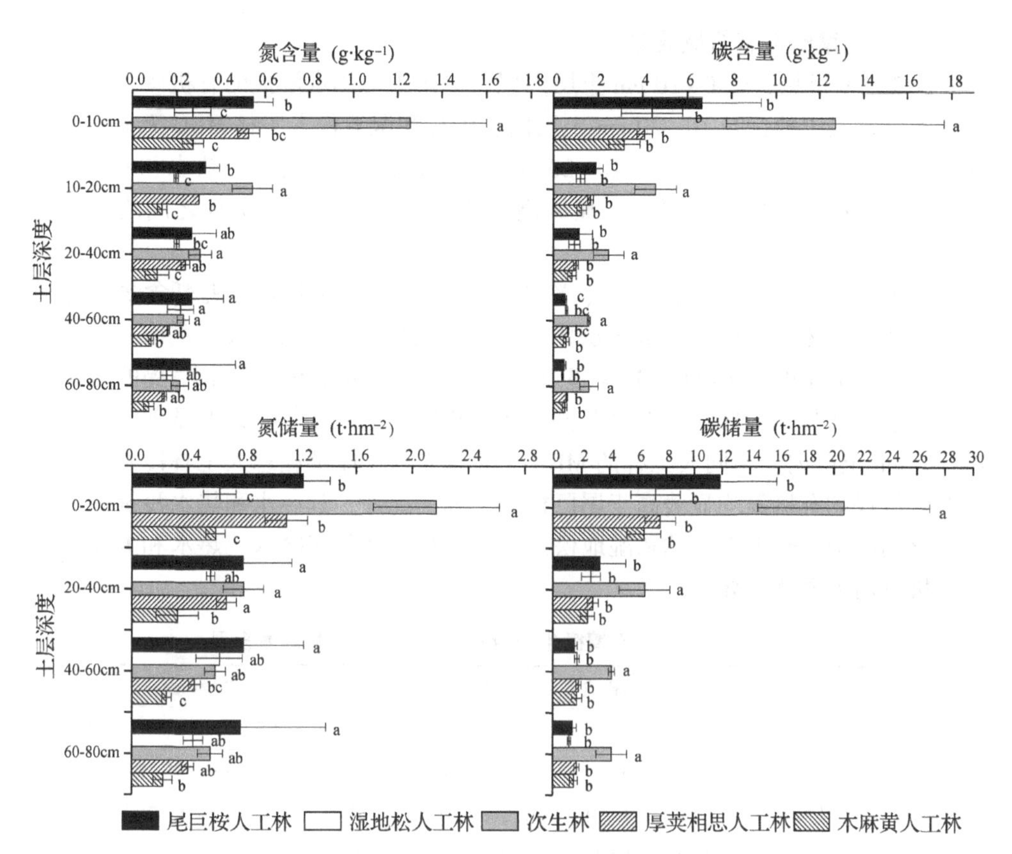


**图 2-2　不同林分各土层碳氮含量及储量**

注：相同土层内不同字母表示不同林分差异显著，图中误差线代表标准误差。

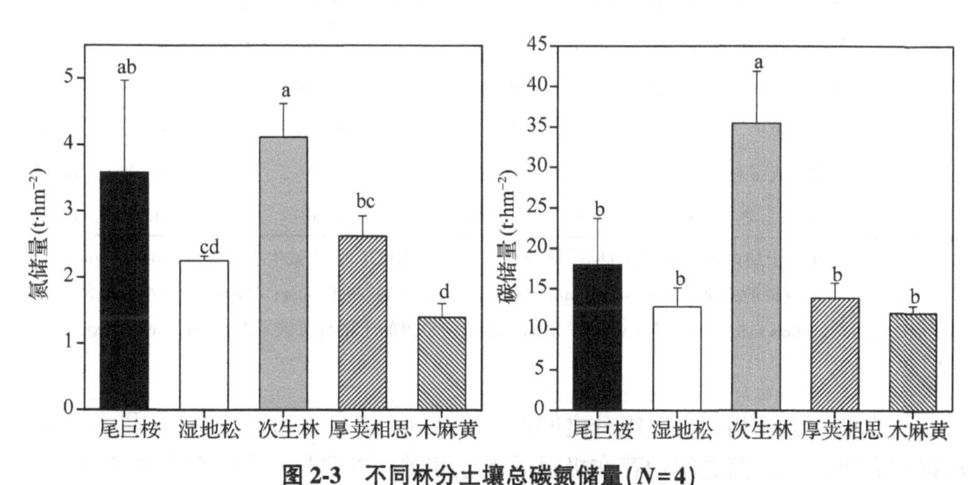


**图 2-3　不同林分土壤总碳氮储量(*N*=4)**

注：图中不同字母表示不同林分差异显著，误差线代表标准误差。

#### 2.3.3.2 土壤活性有机碳含量

由表2-9可见，除0~10 cm土层内尾巨桉人工林热水浸提的有机碳含量显著高于木麻黄人工林，及10~20 cm土层内次生林和湿地松人工林MBC无显著差异外，不同林分土壤0~10 cm和10~20 cm土层内的MBC、冷水、热水和KCl浸提的有机碳含量均为次生林最高，显著高于4种人工林，而人工林之间均无显著差异。

两种土层内，次生林的MBN、冷水、热水和KCl浸提的有机氮含量均显著高于4种人工林。在0~10 cm土层内，不同人工林热水和KCl浸提的有机氮无显著差异，厚荚相思人工林的MBN显著大于其他3种人工林，冷水浸提的有机氮显著大于木麻黄人工林，其他林分间MBN和冷水浸提的有机氮无显著差异。在10~20 cm土层内，不同人工林的MBN无显著差异，厚荚相思人工林冷水、热水和KCl浸提的有机氮均显著高于尾巨桉人工林。此外，其冷水和热水浸提的有机氮还分别高于木麻黄人工林和湿地松人工林，其他林分间冷水、热水和KCl浸提的有机氮均无显著差异。

**表2-9 不同林分土壤微生物量碳氮和可溶性有机碳氮含量**

| 土层(cm) | 林分 | 有机碳含量($mg \cdot kg^{-1}$) | | | | 有机氮含量($mg \cdot kg^{-1}$) | | | |
|---|---|---|---|---|---|---|---|---|---|
| | | MBC | CWOC | HWOC | KOC | MBN | CWON | HWON | KON |
| 0~10 | 尾巨桉人工林 | 54.9b | 56.2b | 472.5b | 48.7b | 4.3c | 2.8bc | 24.3b | 10.1b |
| | 湿地松人工林 | 40.8b | 40.4b | 449.5bc | 29.6b | 3.5c | 3.3bc | 19.3b | 8.5b |
| | 次生林 | 144.5a | 84.8a | 986.2a | 151.2a | 24.7a | 22.5a | 114.1a | 44.6a |
| | 厚荚相思人工林 | 47.3b | 42.2b | 408.5bc | 61.6b | 9.6b | 7.8b | 33.0b | 18.7b |
| | 木麻黄人工林 | 21.8b | 53.3b | 245.6c | 39.1b | 4.8c | 0.6c | 19.3b | 11.8b |
| 10~20 | 尾巨桉人工林 | 32.9b | 30.8b | 154.9b | 33.5b | 1.7b | 1.9c | 8.8c | 3.9c |
| | 湿地松人工林 | 44.2ab | 26.7b | 185.1b | 27.4b | 3.2b | 2.3bc | 9.6c | 7.8bc |
| | 次生林 | 70.6a | 76.6a | 357.6a | 71.6a | 13.8a | 8.7a | 43.1a | 23.5a |
| | 厚荚相思人工林 | 32.3b | 23.4b | 208.3b | 44.0b | 4.1b | 3.8b | 21.0b | 11.5b |
| | 木麻黄人工林 | 36.5b | 21.7b | 136.9b | 28.2b | 2.8b | 1.0c | 14.4bc | 7.3bc |

注：同列中相同土层内不同字母代表不同树种差异显著，MBC：土壤微生物量碳 microbial biomass carbon；CWOC：冷水浸提的土壤有机碳 soil organic carbon extracted by cold water；HWOC：热水浸提的土壤有机碳 soil organic carbon extracted by hot water；KOC：氯化钾浸提的土壤有机碳 soil organic carbon extracted by KCl。

由土壤有机碳和有机氮组分之间的相关性可见(表2-10)，冷水、热水和KCl浸提的有机碳氮两两之间均存在极显著的正相关，并且这三种方法浸提的有机碳氮与土壤全碳、全氮、MBC和MBN也均呈极显著正相关。此外，MBC、MBN与土壤全碳和全氮也成极显著正相关。

**表 2-10 土壤有机碳和有机氮组分之间的相关性**

| | CWOC | HWOC | KOC | CWON | HWON | KON | TN | TC | MBC |
|---|---|---|---|---|---|---|---|---|---|
| HWOC | 0.57** | | | | | | | | |
| KOC | 0.63** | 0.84** | | | | | | | |
| CWON | 0.58** | 0.84** | 0.89** | | | | | | |
| HWON | 0.60** | 0.90** | 0.91** | 0.96** | | | | | |
| KON | 0.61** | 0.83** | 0.93** | 0.95** | 0.94** | | | | |
| TN | 0.58** | 0.85** | 0.83** | 0.90** | 0.90** | 0.88** | | | |
| TC | 0.58** | 0.86** | 0.73** | 0.80** | 0.82** | 0.78** | 0.92** | | |
| MBC | 0.59** | 0.74** | 0.80** | 0.89** | 0.87** | 0.80** | 0.78** | 0.72** | |
| MBN | 0.56** | 0.77** | 0.77** | 0.88** | 0.89** | 0.87** | 0.84** | 0.74** | 0.81** |

注：* * 表示在 $p<0.01$ 水平显著相关。

## 2.3.4 不同林分生态系统总碳储量

由表 2-11 可见，五种林分类型生态系统碳储量最高为湿地松人工林(151.54 t·hm$^{-2}$)，其次为木麻黄人工林(141.99 t·hm$^{-2}$)，厚荚相思人工林最低(83.89 t·hm$^{-2}$)；氮储量最高为天然次生林(5.49 t·hm$^{-2}$)，其次为尾巨桉人工林和厚荚相思人工林(分别为 4.91 t·hm$^{-2}$ 和 4.65 t·hm$^{-2}$)，最低为木麻黄人工林(2.69 t·hm$^{-2}$)。

**表 2-11 不同林分类型生态系统总碳储量** t·hm$^{-2}$

| 林分类型 | 碳储量 | | | 氮储量 | | |
|---|---|---|---|---|---|---|
| | 植被层 | 土壤层 | 合计 | 植被层 | 土壤层 | 合计 |
| 尾巨桉人工林 | 81.97 | 18.02 | 99.99 | 1.34 | 3.57 | 4.91 |
| 湿地松人工林 | 138.78 | 12.76 | 151.54 | 1.29 | 2.25 | 3.54 |
| 天然次生林 | 67.50 | 35.49 | 102.99 | 1.37 | 4.12 | 5.49 |
| 厚荚相思人工林 | 70.03 | 13.86 | 83.89 | 2.03 | 2.62 | 4.65 |
| 木麻黄人工林 | 129.99 | 12.00 | 141.99 | 1.30 | 1.39 | 2.69 |

## 2.3.5 不同林分土壤碳释放

### 2.3.5.1 不同林分类型土壤呼吸日变化

如图 2-4 所示，尾巨桉和湿地松人工林的土壤呼吸日动态分别在秋季和夏季出现显著的昼夜变化($P<0.05$)，基本为单峰曲线，最小值均出现在15:00，最大值分别出现在23:00和次日1:00，夜间的平均土壤呼吸速率高于白天；其他时间不同林分的土壤呼吸日动态均没有显著的昼夜变化($P>0.05$)，但除木麻黄人工林外，其他林分的夜间土壤呼吸速率比白天均有不同程度的升高。

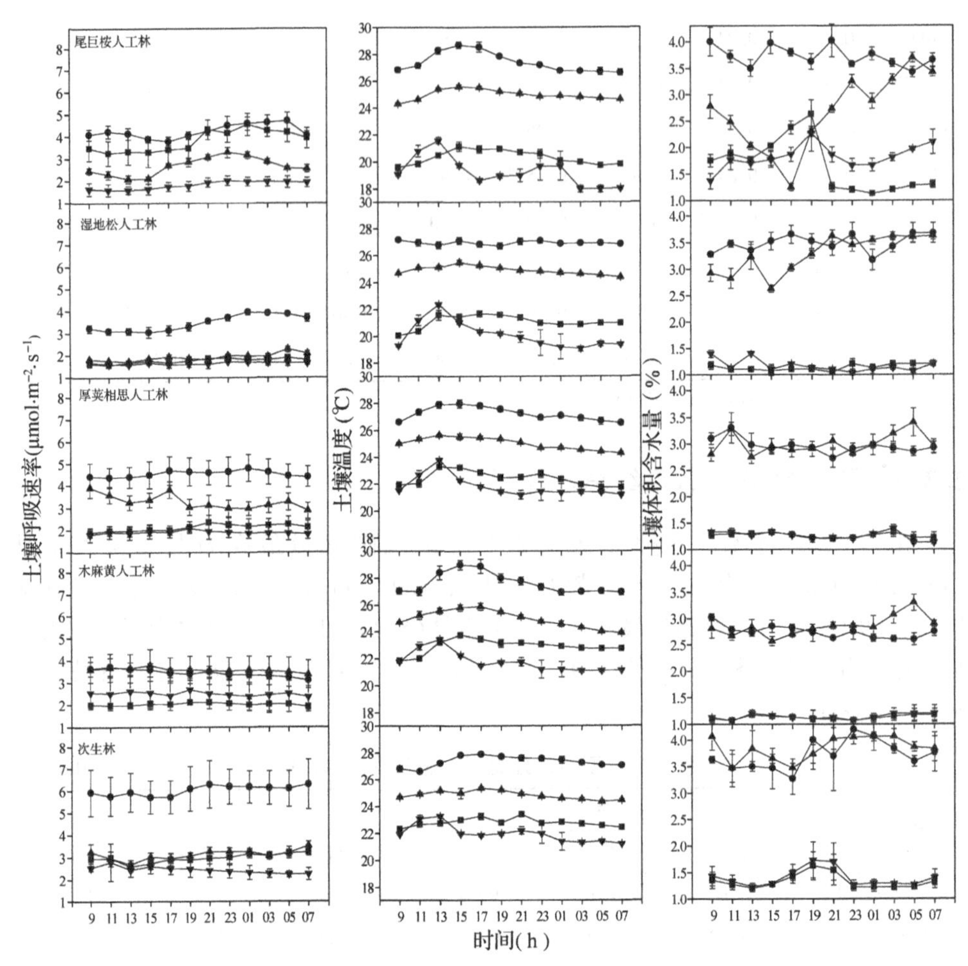


**图 2-4 不同林分类型土壤呼吸日动态**

注：图中误差线代表标准误差；-■-2015年4月；-●-2015年7月；-▲-2015年10月；-▼-2016年2月。

### 2.3.5.2 不同林分类型土壤呼吸月变化

如图2-5所示，不同林分表层土壤温度年变化均为夏高冬低，高温期为5~9月，9月之后，土壤温度逐渐降低，于翌年1月降到最低。尾巨桉、湿地松、厚荚相思、木麻黄和次生林的土壤温度年变异系数依次为23.1%、22.1%、25.2%、26.3%和24.1%。不同林分土壤温度年均值变化范围为21.9~22.2℃，

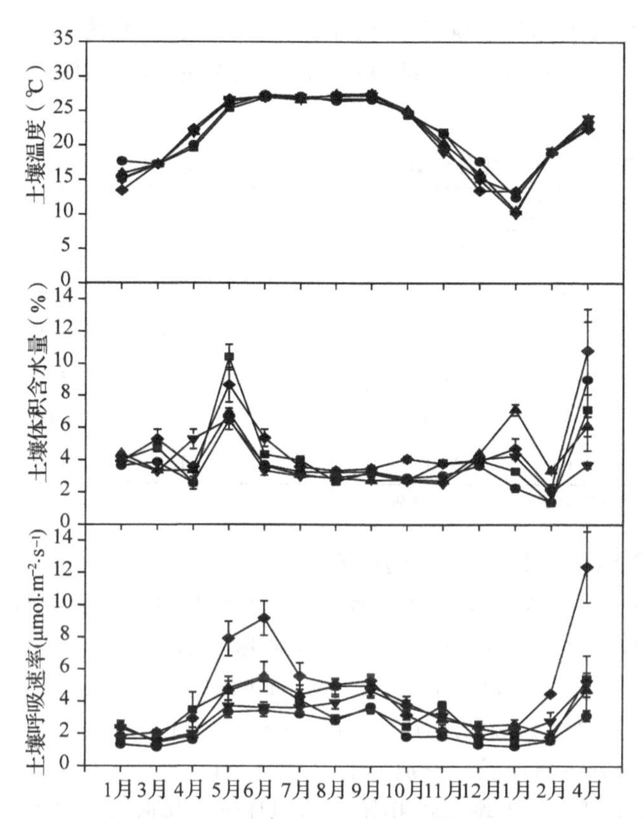


**图2-5 不同林分0~10 cm土壤温度(℃)、土壤含水量(%)和土壤呼吸速率月动态**

注：图中误差线代表标准误差；-■-尾巨桉人工林；-●-湿地松人工林；-▲-厚荚相思人工林；-▼-木麻黄人工林；-◆-次生林。

彼此间无显著差异($P$>0.05)。

不同林分土壤含水率峰值均出现在春夏交接时(4月或5月)，7~11月土壤含水率较低，尾巨桉、湿地松、厚荚相思、木麻黄和次生林的土壤湿度年变异系数依次为56.7%、36.3%、40.0%、35.2%和37.2%。不同林分间土壤湿度年均值变化范围为3.3%~4.4%，彼此间无显著差异($P$>0.05)。

不同林分的土壤呼吸速率存在明显的季节变化。2015中，尾巨桉、厚荚相思和次生林土壤呼吸的峰值出现在夏季(6月)，湿地松和木麻黄人工林土壤呼吸的峰值出现在秋初(9月)，之后逐渐降低，谷值出现在冬季(12月或1月)。2016年4月，因充足降水导致土壤含水量上升，加上春季土壤温度的回升，不同林分的土壤呼吸速率均出现大幅度升高。由表2-12可见，不同林分土壤呼吸速率的年均值最高为次生林(4.34 $\mu mol\cdot m^{-2}\cdot s^{-1}$)，显著大于其他人工林，其变异系数为67.0%，最低为湿地松(2.26 $\mu mol\cdot m^{-2}\cdot s^{-1}$)，变异系数为42.0%，厚荚相思、尾巨桉和木麻黄人工林的土壤呼吸年均值差别不大，分别为 3.49 μmol·$m^{-2}$·$s^{-1}$、3.09 μmol·$m^{-2}$·$s^{-1}$ 和 3.08 μmol·$m^{-2}$·$s^{-1}$，变异系数分别为 39.7%、44.5% 和 33.6%。

**表 2-12　不同林分土壤温度、土壤湿度和土壤呼吸年均值比较**

| 林分类型 | $T_{10}$(℃) | | $W_{10}$(%) | | $R_s$(μmol·$m^{-2}$·$s^{-1}$) | |
|---|---|---|---|---|---|---|
| | Mean | CV(%) | Mean | CV(%) | Mean | CV(%) |
| 尾巨桉人工林 | 22.0a | 23.1 | 3.9a | 56.7 | 3.09bc | 44.5 |
| 湿地松人工林 | 22.2a | 22.1 | 3.3a | 36.3 | 2.26c | 42.0 |
| 厚荚相思人工林 | 22.1a | 25.2 | 3.9a | 40.0 | 3.49b | 39.7 |
| 木麻黄人工林 | 21.9a | 26.3 | 3.6a | 35.2 | 3.08bc | 33.6 |
| 次生林 | 22.0a | 24.1 | 4.4a | 37.2 | 4.34a | 67.0 |

注：同列不同字母代表不同树种差异显著。

### 2.3.5.3　土壤温湿度对土壤呼吸的影响

如图 2-6 所示，不同林分土壤呼吸的季节变化与 10 cm 土壤温度均存在显著的指数关系，10 cm 土壤温度可以解释土壤呼吸动态变化的 43.3%~77.0%，相关系数最高为湿地松、最低为厚荚相思。不同林分土壤呼吸的温度敏感系数 $Q_{10}$ 值以次生林最高，为 2.32，其次为尾巨桉和湿地松林，分别为 2.09 和 2.24，厚荚相思林和木麻黄林较低，分别为 1.86 和 1.64。

由表 2-13 可见，与土壤温度相比，不同林分土壤呼吸与土壤湿度之间的相关系数相对较低，但次生林、尾巨桉和湿地松人工林的土壤呼吸与土壤湿度呈显

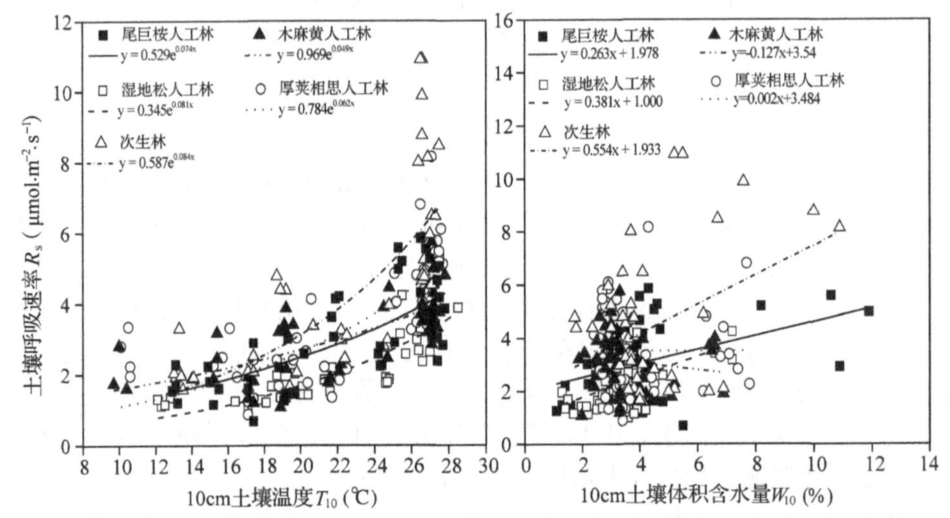


**图 2-6　不同林分土壤呼吸季节变化与 10 cm 土壤温度和土壤湿度的关系**

著正相关，土壤湿度可以解释这些林分土壤呼吸动态变化的 15.0%～22.9%，说明这 3 种林分土壤呼吸的季节变化除受温度影响之外，还受到土壤湿度的显著影响。厚荚相思林和木麻黄土壤呼吸与土壤湿度无显著的相关性；采用双因子复合关系模型提高了拟合精度，可解释土壤呼吸变异的 48.4%～78.1%，不同林分拟合结果均达到了显著水平。

**表 2-13　不同林分土壤呼吸与土壤温度、湿度的回归模型及 $Q_{10}$ 值**

| 林分类型 | $R_s=ae^{bT}$ | | | $R_s=aW+b$ | | | $R_s=ae^{bT}W^c$ | | | | $Q_{10}$ |
|---|---|---|---|---|---|---|---|---|---|---|---|
| | $a$ | $b$ | $R^2$ | $a$ | $b$ | $R^2$ | $a$ | $b$ | $c$ | $R^2$ | |
| 尾巨桉人工林 | 0.529 | 0.074 | 0.533** | 0.263 | 1.978 | 0.182** | 0.408 | 0.070 | 0.282 | 0.603** | 2.09 |
| 湿地松人工林 | 0.345 | 0.081 | 0.770** | 0.381 | 1.000 | 0.229** | 0.326 | 0.076 | 0.136 | 0.781** | 2.24 |
| 厚荚相思人工林 | 0.784 | 0.062 | 0.433** | 0.002 | 3.484 | 0.000 | 0.297 | 0.076 | 0.511 | 0.521** | 1.86 |
| 木麻黄人工林 | 0.969 | 0.050 | 0.472** | -0.127 | 3.540 | 0.022 | 1.156 | 0.049 | 0.138 | 0.484** | 1.64 |
| 次生林 | 0.587 | 0.084 | 0.609** | 0.554 | 1.933 | 0.150** | 0.515 | 0.083 | 0.106 | 0.613** | 2.32 |

### 2.3.5.4　土壤呼吸年通量及其与生物和非生物因子的相关性

由图 2-7 和表 2-14 可见，尾巨桉、湿地松、厚荚相思、木麻黄人工林和次生林的土壤呼吸年通量分别为 1171 $gC\cdot m^{-2}\cdot a^{-1}$、858 $gC\cdot m^{-2}\cdot a^{-1}$、1327 $gC\cdot m^{-2}\cdot a^{-1}$、1170 $gC\cdot m^{-2}\cdot a^{-1}$、1644 $gC\cdot m^{-2}\cdot a^{-1}$，次生林的土壤呼吸年通量显著大于 4 种人工

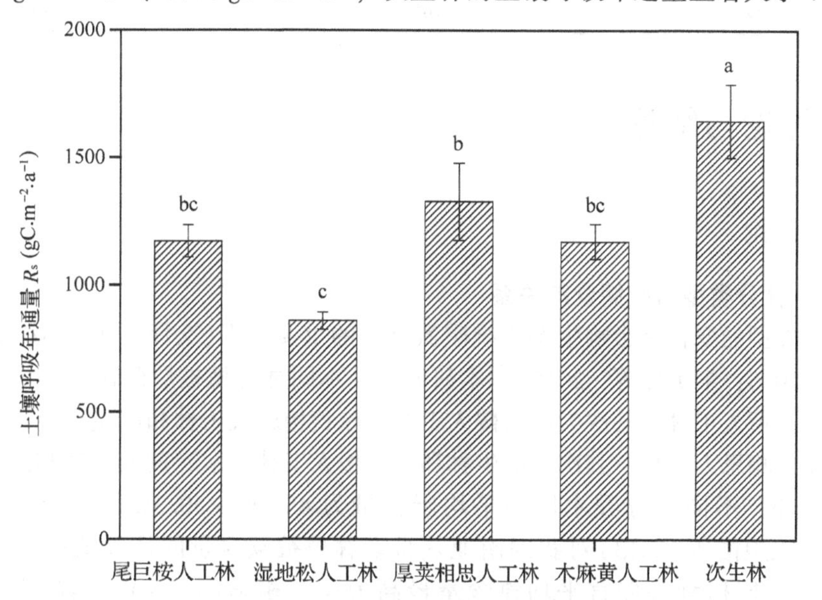


**图 2-7　不同林分土壤呼吸年通量**

注：图中误差线代表标准误差。

林，不同人工林的土壤呼吸年通量以厚荚相思林最大，湿地松林最小，两者差异显著，其他林分间无显著差异；土壤呼吸年通量与0~10 cm土壤pH、全氮、有效磷、交换性镁、有机碳含量和细根生物量呈正相关但不显著，与凋落物氮含量和0~10 cm土壤MBC含量呈显著正相关，与凋落物碳氮比呈显著负相关。

表 2-14　土壤呼吸年通量与生物和非生物因子的关系

| y—x | 拟合方程 | $R^2$ | $P$ |
| --- | --- | --- | --- |
| $R_s$—凋落物碳含量 | $y=1.7639x+359.19$ | 0.008 | 0.886 |
| $R_s$—凋落物氮含量 | $y=61.603x+542.63$ | 0.852 | 0.025 |
| $R_s$—凋落物碳氮比 | $y=-14.059x+1930.6$ | 0.905 | 0.013 |
| $R_s$—细根生物量 | $y=234.36x+725.15$ | 0.418 | 0.239 |
| $R_s$—土壤pH | $y=290.35x-256.19$ | 0.681 | 0.085 |
| $R_s$—土壤有机碳含量 | $y=51.588x+903.55$ | 0.462 | 0.267 |
| $R_s$—土壤氮含量 | $y=584.61x+871.96$ | 0.581 | 0.134 |
| $R_s$—土壤碳氮比 | $y=-61.141x+1877.4$ | 0.138 | 0.528 |
| $R_s$—土壤有效磷 | $y=26.491x+1108$ | 0.665 | 0.092 |
| $R_s$—土壤交换性镁 | $y=1089.8x+819.2$ | 0.512 | 0.172 |
| $R_s$—土壤微生物量 | $y=4.2822x+765.27$ | 0.903 | 0.013 |

## 2.4　讨论与结论

### 2.4.1　讨论

#### 2.4.1.1　林分类型与碳储量的关系

林分类型的变化是影响生态系统碳氮储量的重要因素(艾泽民等，2014；刘冰燕等，2015；朱美玲等，2015)。本研究中，不同林分植被层碳储量最高为湿地松和木麻黄人工林，其次为尾巨桉人工林、厚荚相思人工林和次生林，氮储量最高为厚荚相思人工林，其次为次生林和尾巨桉人工林，木麻黄人工林和湿地松人工林较小。不同林分乔木层的平均碳含量为45.3%~50.3%，低于刘恩等(2012)和王卫霞等(2013)对我国南亚热带森林植被碳含量的估计值(49.7%~57.9%)，不同树种各器官平均氮含量最高为厚荚相思(1.8%)，其次为次生林(1.2%)，最小为湿地松(0.8%)。土壤层碳氮含量为表层最大，具有明显的表层富集现象，随着土层深度的增加而逐渐降低，与众多研究结果一致(刘冰燕和吴旭，2015；刘顺等，2017）。这主要是由于植物根系集中分布在土壤表层，再加上地表枯落物层的分解与腐殖质层的影响。

土壤有机碳氮的含量受动植物残体、凋落物、根系、微生物分解作用以及树种的影响，不同林分通过土壤矿化作用影响植物向土壤的养分释放，进而影响土壤碳氮循环（Mueller et al.，2012），因此，可矿化底物的数量和质量差异可能是影响不同林分土壤碳氮储量的重要原因（Sariyildiz et al.，2015）。本研究中树种不同，其土壤有机碳氮含量也有显著差异，除土壤氮储量与尾巨桉人工林无显著差异外，次生林的土壤碳氮储量显著高于4种人工林，这可能与其凋落物的数量和质量、细根生物量和碳氮储量等有关。首先，次生林群落物种多样性增加（高伟等，2010），具有较高的年凋落物量和细根生物量（仅小于木麻黄），而且其凋落物和细根具有较高的碳氮含量和较低的碳氮比，因此相比人工林，次生林具有更高的凋落物分解速率和细根周转速率，其向土壤输入的碳氮总量更高；其次，次生林具有较高的土壤微生物多样性，具有较强的代谢活性和较为独特的碳源利用方式，凋落物分解能力和调节土壤pH值的功能强（岳新建等，2019）；再次，土壤次生林的林龄比人工林更长，其通过凋落物和细根向土壤输入碳氮的时间更久，这共同导致了其土壤中碳氮含量的升高，本研究结果也说明了次生林中的乡土阔叶树种具有更高的土壤改良潜力。

研究结果显示，除10~20 cm土层内次生林与湿地松人工林的MBC无显著差异外，次生林的土壤MBC和MBN均显著大于人工林。已有研究指出，pH是土壤微生物群落空间分布的主要驱动因素，与微生物活性息息相关，当pH低于7时，随着pH的增加，土壤微生物活性逐渐增强（Feng et al.，2014；Shen et al.，2013）。此外，土壤氮含量可为微生物生长提供所需要的蛋白质来源（Tewary et al.，1982a）。因此，次生林较高的土壤pH和土壤氮含量可能是导致其MBC和MBN较高的主要原因。次生林冷水、热水和KCl浸提的土壤可溶性有机碳氮显著高于人工林。研究表明，土壤中可溶性有机碳氮主要来源于凋落物的养分淋溶和根系的周转及根系分泌物。因此，次生林较高的DOC和DON仍可归因于其较高的凋落物养分归还量和细根周转速率。

本研究中，固氮树种的土壤碳储量与非固氮树种均无显著差异，而土壤氮储量却以固氮树种木麻黄最小，厚荚相思与非固氮树种无显著差异。研究表明，固氮树种的固氮能力主要受环境因子（如温度、水分和光照等）的变化和矿质养分输入的影响，其中磷是限制结瘤植物生长及固氮的主要原因（Pearson and Vitousek，2001），因为磷参与固氮菌细胞膜合成、酶的活化及信号的传导，是固氮菌能源物质ATP的主要成分（Alberty，2005），其含量的高低直接关系到固氮菌的生长和繁殖。因此，海岸沙地土壤中较低的有效磷含量可能限制了固氮菌的生长，从而影响了固氮树种(尤其是非豆科固氮植物)的固氮能力。缺失了从大气中固定氮素的能力，固氮树种向土壤输入的碳氮可能比非固氮树种更少(Hoogmoed et al.，2014)。此外，凋落物的数量和质量也是影响固氮树种土壤碳氮储量的重要原因，两种固氮树种的年凋落物量均小于非固氮树种，且木麻黄凋落物中氮含量较低而纤维素含量较高，厚荚相思凋落物虽然具有较高的氮含量，但其木质素含量也显著高于其他树种，这些较难分解的物质阻碍了固氮树种向土壤的碳氮输入；此外木麻黄凋落物中较高的单宁含量也进一步降低了其分解速率(Zhang et al.，2012；Zhang et al.，2013a)。固氮树种的土壤MBC和DOC含量与非固氮树种无显著差异，厚荚相思的MBN和DON含量均高于非固氮树种，其中MBN含量在0~10土层差异显著，而木麻黄的MBN和DON与非固氮植物均无显著差异。本研究结果表明，不同树种土壤的MBN和DON主要受凋落物氮归还量的影响。因此，厚荚相思凋落物中较高的氮归还量是导致其MBN和DON较高的主要原因。

本研究表明，除厚荚相思人工林表层土壤中的MBN含量显著高于湿地松人工林之外，湿地松和其他阔叶人工林之间土壤碳储量、MBC、可溶性有机碳氮均无显著差异，在10~20 cm土层内，湿地松人工林的MBC含量甚至高于其他人工林(尽管不显著)，土壤总碳储量甚至高于木麻黄人工林。如果木麻黄连栽可能加剧土壤养分流失，导致土壤养分的贫乏。

#### 2.4.1.2 林分类型与土壤碳释放的关系

已有研究表明，在不同的植被类型中，土壤呼吸的日动态往往呈现不同的变化模式。Kosugi等(2008)发现在一个热带雨林中土壤呼吸没有显著的日变化，Dios等(2012)则发现一个硬杂木温带森林的土壤呼吸日变化明显，而一个针叶温带森林和一个热带森林的土壤呼吸则没有明显的日变化。在多数研究中，土壤呼吸的日变化与土壤温度具有较强的相关性(Chen et al.，2014；Wang et al.，2014；Xu and Qi，2001)，但在干旱生态系统中，由于夜间相对湿度的增加，有利于土壤微生物的活动，夜间的土壤呼吸速率可能高于白天(Hanpattanakit，2009；Medina and Zelwer，1972)。本研究中，海岸沙地上的5种林分郁闭度均较高，不同季节土壤温度的日变化幅度较小，因而土壤呼吸的日变化对温度的敏感性不强，仅秋季尾巨桉林和夏季湿地松林的土壤呼吸出现显著的昼夜变化，其他时间5种林分土壤呼吸均没有显著的日变化。但海岸沙地土壤持水性能差，不同林分土壤湿度年均值仅为3.3%~4.4%，水分亏缺是限制本区土壤呼吸的重要因子，因此，土壤呼吸的日变化与土壤水分条件关系密切，夜间随着相对湿度的增强，土壤微生物活性得到提高。除木麻黄人工林外，不同林分土壤呼吸速率自傍晚至夜间开始均逐渐升高，夜间的平均土壤呼吸速率高于白天。

5 种林分的土壤呼吸均呈现明显的季节变化，与不同生态系统中的相关研究结果一致(Chen et al.，2014；Liu et al.，2011；Sheng et al.，2010；Zeng et al.，2014；Zhang et al.，2013b)。土壤呼吸的季节变化是生态系统水平上土壤温度和土壤水分共同驱动的结果。土壤温度通过影响土壤微生物的活性、根系的生长、凋落物的分解等，对土壤呼吸的季节变化具有重要影响。本研究中，土壤温度与土壤呼吸季节变化具有显著的指数关系，表明土壤温度可较好地预测这几种林分土壤呼吸的季节变化，与众多研究结果一致(Raich and Schlesinger，1992；Sheng et al.，2010；Song et al.，2013)，土壤温度可以解释海岸沙地土壤呼吸季节变异的 43.3%(厚荚相思林)~77%(湿地松林)，不同林分中土壤温度对土壤呼吸影响的差异可能与根系的生长、底物的质量和土壤微生物的活性等因素有关，而这些因素也受控于温度的季节变化(Chen et al.，2010)。

$Q_{10}$ 值反映了土壤呼吸对温度的敏感性，本研究中，不同林分的土壤呼吸 $Q_{10}$ 值变化范围为 1.64~2.32，平均值为 2.03，低于全球土壤呼吸 $Q_{10}$ 的平均值 2.4(Raich and Schlesinger，1992)，这可能与海岸沙地较低的土壤含水量限制了土壤微生物的活性和根的呼吸以及可溶性有机质的扩散，使根呼吸和微生物呼吸对土壤温度的变化不太敏感有关，相似的结果在其他研究中也有发现(Zeng et al.，2014)，较低的 $Q_{10}$ 值意味着与高 $Q_{10}$ 值的区域相比，随着全球气候变暖，本区释放的 $CO_2$ 可能更少。不同林分的 $Q_{10}$ 值以次生林最高，表明其土壤呼吸对温度具有较高的敏感性。有研究表明，$Q_{10}$ 值的空间变化受土壤温度、土壤湿度、SOC 含量和生态系统类型等诸多因素的影响，其中 SOC 作为土壤呼吸的重要底物，其含量与 $Q_{10}$ 值呈显著正相关(Zheng et al.，2009)。因此，SOC 含量高的生态系统，其潜在的土壤 $CO_2$ 通量一般更高。本研究中，不同林分的土壤温度和土壤湿度年均值均没有显著差异。因此，SOC 含量可能是影响不同林分 $Q_{10}$ 值的主要因子，次生林的高 $Q_{10}$ 值可能主要与其 SOC 含量高、土壤微生物活性强有关。

土壤温度、土壤湿度与土壤呼吸的关系常因树种和研究区域的不同而差异较大。本研究中，不同林分土壤呼吸季节变化与土壤温度具有一致的指数关系，而与土壤湿度的关系则并不一致，表现为正相关(次生林、尾巨桉和湿地松林)或无显著的相关性(厚荚相思林和木麻黄林)。采用温湿度双因子模型对土壤呼吸的季节变化进行拟合，获得了比温度单因子模型更高的拟合精度，说明尽管海岸沙地上土壤温度为土壤呼吸的主要影响因子，但土壤呼吸也受到土壤湿度的调控，虽然 7~9 月是一年中温度较高和降水较多的季节，但由于期间较高的蒸发量和较低的土壤持水能力，土壤含水量却低于其他月份。研究期间，土壤呼吸的峰值多出现在土壤温度和土壤湿度均较高的季节(2015 年 5、6 月和 2016 年 4 月)，这与低土壤含水量限制土壤碳排放的相关研究结果吻合(Xu and Qi,

2001）。

降水会引起土壤含水量的变化，从而影响土壤呼吸通量，适度的降水可使土壤微生物的数量和活性升高，对土壤呼吸具有激发作用（Lee et al.，2002；Xu and Qi，2001）。本研究中，2016 年 4 月的总降水量达到了 282.2 mm，是 2015 年 4 月的 6.29 倍，丰沛的降水改善了土壤的水分条件，伴随着春季土壤温度的回升，不同林分的土壤呼吸速率在 2016 年 4 月均出现显著的升高。

海岸沙地上 5 种林分的土壤呼吸年通量变化范围为 858.12~1644.18 $gC \cdot m^{-2} \cdot a^{-1}$，平均土壤呼吸年通量为 1234 $gC \cdot m^{-2} \cdot a^{-1}$，不同林分年通量以次生林最大，湿地松林最小，尾巨桉、厚荚相思、木麻黄人工林和次生林的土壤呼吸年通量分别比湿地松人工林高出 26.7%、35.3%、26.7%和 47.8%，表明在相同立地上，阔叶树种的土壤呼吸速率高于针叶树种，与已有研究结果一致（Huang et al.，2014；Raich and Schlesinger，1992；Sheng et al.，2010；Song et al.，2013）。

土壤呼吸主要包括根系的自养呼吸和土壤微生物的异养呼吸，其中根呼吸占了土壤总呼吸的 10%~90%（Hanson et al.，2000），大量研究表明土壤呼吸与细根生物量具有良好的相关性（Huang et al.，2014；Wang et al.，2015）。本研究中，湿地松林的细根生物量显著小于其他林分，因此，其根呼吸可能比其他林分小，这可能是湿地松林土壤总呼吸年通量较小的重要原因之一。此外，凋落物的数量和质量也会影响土壤有机碳的积累和土壤呼吸，本研究中，不同林分凋落物 C/N 比差异显著，湿地松、尾巨桉和木麻黄人工林凋落物的 C/N 显著大于次生林和厚荚相思人工林。研究结果显示，土壤呼吸年通量与凋落物氮含量呈显著正相关，与凋落物 C/N 比呈显著负相关，这意味着海岸沙地上凋落物质量对土壤呼吸具有重要影响。此外，已有研究表明，与阔叶树种相比，针叶树种凋落物的分解速率较慢（Zhang et al.，2008），而木麻黄小枝中较高的单宁含量也会限制其分解（Ye et al.，2012）。由此可见，凋落物分解速率极大地限制了这两种林分碳底物的有效性。因此，细根生物量和凋落物质量及周转速率的差异，是影响海岸沙地不同林分土壤呼吸年通量的首要原因。

有研究表明，树种改变会引起土壤性质的一系列变化（Lu et al.，2014；Yao et al.，2010），而土壤性质对土壤微生物的整体构成又具有强烈影响（Fierer，2006；Griffiths et al.，2011；Landesman et al.，2014；Lauber et al.，2009；Uffen et al.，2010）。其中，pH 是土壤微生物群落空间分布的主要驱动因素（Feng et al.，2014；Landesman et al.，2014；Shen et al.，2013），与微生物活性息息相关，当 pH 低于 7 时，随着 pH 的增加，土壤微生物活性增强，$CO_2$ 的产生量也逐渐增加（Kowalenko et al.，1978）。此外，土壤总氮除影响植物的生长和根系的活性之外（Chen et al.，2014），还为微生物生长提供了所需要的蛋白质来源（Tewary et al., 1982b)，而土壤有效磷(Gallardo and Schlesinger, 1994)和镁的含量(Xu and Qi, 2001)也可影响土壤微生物生物量，进而影响土壤呼吸。本研究中，次生林和尾巨桉人工林具有较高的土壤 pH，次生林的全氮、有效磷、交换性镁等均显著大于其他林分。此外，次生林的 MBC 也高于其他林分，说明与其他林分相比，次生林可能具有较高的土壤微生物量和微生物活性。本研究结果表明，海岸沙地上土壤呼吸年通量与 MBC 具有良好的相关性。因此，土壤化学性质的不同，极大影响了土壤的微生物量和微生物活性，也是影响海岸沙地不同林分土壤呼吸年通量的重要原因。

### 2.4.2 结论

以海岸带木麻黄、厚荚相思、湿地松、尾巨桉人工林和天然次生林等为对象，从多树种的角度开展不同林分生物量、森林生态系统各组分碳储存和土壤呼吸等碳循环关键过程与稳定性固持机制研究，阐明不同林分地上/地下碳积累的动态变化规律，揭示不同林分生态系统的固碳特征，探明海岸沙地天然林和人工林的固碳差异。

(1)以潺槁木姜子和朴树为优势树种的天然次生林具有独特的固碳特征。天然次生林的生物多样性增加，群落结构复杂，除乔木层外还有灌木层、草本层和层外植物，植被层碳储量虽小，但细根生物量和周转速率增加，凋落物碳储量和土壤层碳储量最大，年凋落物量和凋落物碳归还量仅次于湿地松人工林，显著高于木麻黄、厚荚相思人工林，土壤层的有机碳含量也显著大于 4 种人工林。表明次生林群落中物种多样性强，细根生产力增加，提升了森林地下固碳能力，其机制主要为次生林凋落物分解速率和细根周转速率高，土壤微生物具有较强的代谢活性和较为独特的碳源利用方式。采用人工促进天然更新方式，促进海岸带次生阔叶林天然恢复和维持植物多样性，能更好地发挥细根周转对森林地下固碳的贡献，是提高海岸防护林生态系统固碳潜力的重要途径。

(2)海岸带不同树种人工林的生物量和碳储量均有较大差异。湿地松、木麻黄人工林生物量和植被层及生态系统碳储量较高，表现出较强的对滨海沙地生境的适应性，但土壤碳固持能力较弱。湿地松、木麻黄人工林植被层碳储量分别为 138.78 $t \cdot hm^{-2}$、129.99 $t \cdot hm^{-2}$，高于尾巨桉人工林的 81.97 $t \cdot hm^{-2}$、厚荚相思人工林的 70.03 $t \cdot hm^{-2}$；土壤碳储量尾巨桉人工林为 18.02 $t \cdot hm^{-2}$，厚荚相思人工林 13.86 $t \cdot hm^{-2}$，湿地松人工林 12.76 $t \cdot hm^{-2}$，木麻黄人工林最小，为 12.0 $t \cdot hm^{-2}$。生态系统碳储量最高为湿地松人工林的 151.54 $t \cdot hm^{-2}$，其次为木麻黄人工林的 141.99 $t \cdot hm^{-2}$，尾巨桉人工林为 99.99 $t \cdot hm^{-2}$，厚荚相思人工林最低，为 83.89 $t \cdot hm^{-2}$。在沿海防护林营建过程中，既要充分利用木麻黄等树种较强的抗逆性和固碳性能，又要选择适宜的阔叶树进行人工林树种结构调整，改善土壤碳固持和林地肥力。

(3)阔叶林生态系统的土壤呼吸速率高于针叶林。5种林分的土壤呼吸年通量变化范围为858.12~1644.18 $gC \cdot m^{-2} \cdot a^{-1}$，平均土壤呼吸年通量为1234 $gC \cdot m^{-2} \cdot a^{-1}$，其中天然次生林土壤呼吸年通量最大，湿地松林最小。5种林分的土壤呼吸$Q_{10}$值平均为2.03，低于全球土壤呼吸$Q_{10}$的平均值，以天然次生林的温度敏感性较强。不同林分的土壤呼吸均呈现明显的季节变化，与10 cm土壤温度均存在显著的指数关系。尾巨桉和湿地松人工林的土壤呼吸日动态分别在秋季和夏季出现显著的昼夜变化，其他时间各种林分土壤呼吸均没有显著的日变化。

# 第3章 碳输入对海岸防护林土壤碳过程的影响

当前，气候问题尤其是全球气候变暖关系到整个国家的政治、经济和生态安全的长期可持续发展，许多发达国家已将其列为国家战略(王清奎，2011)。温室气体排放导致的气候变化问题是目前及将来很长一段时间内全球科学家关注的热点之一(邓祥征等，2010)。自工业革命以来，由于人口剧增、土地大面积开发利用、经济迅速发展、矿物燃料大量使用以及资源环境的肆意破坏等人类活动向大气释放大量的 $CO_2$ 气体，破坏了原生态系统碳的动态平衡，引起了全球性气候变暖和环境变化。$CO_2$ 作为最重要的温室气体，是导致全球气候变暖的主要因素，2014 年大气中的 $CO_2$ 浓度已经上升到 399 μL/L，2013 年 $CO_2$ 排放速率也达 10.7 $PgC\cdot a^{-1}$，其贡献率约为 60%(Le Quéré C，2014)，由其可能引发的全球气候变化已经引起了世界性的关注(Chen et al.，2014)。在全球 2500 Gt 的土壤碳库中，有 1550 Gt 为土壤有机碳(SOC)，950 Gt 为土壤无机碳(SIC)，土壤碳库是大气碳库(760 Gt)的 3.3 倍和植物碳库(560 Gt)的 4.5 倍(Lal，2004)。土壤有机碳可在土壤中停留的时间超过 1000 年，因此土壤可提供巨大的碳汇以抵消化石燃料燃烧而导致的 $CO_2$ 排放。森林作为陆地生态系统的主体，在全球碳平衡中起着不可代替的作用，造林和再造林是增加植被层和土壤层碳封存的有效措施(Huang et al.，2011)。

造林树种通过影响有机碳输入的数量和质量以及有机质分解来影响生态系统碳库及其动态变化(万晓华等，2013)。已有研究表明，树种凋落物和根系分泌物输入是森林生态系统养分的主要来源(Fisk and Fahey，2001)，可满足植物生长所需养分总量的 69%~87%，森林每年通过凋落物分解归还土壤的总氮量占森林生长所需总氮量的 70%~80%，总磷量的 65%~80%，总钾量的 30%~40%(秦源，2013)。在土壤养分贫瘠、生物初级生产力低下、外来养分输入匮乏的生态系统，凋落物分解在维持生态系统物质平衡、改善土壤肥力等方面意义重大(张雪梅等，2017)。而通过细根周转对土壤碳库和有效养分的输入可能超过地上凋落物的归还量，如果忽略细根的作用，有机质和养分归还可能会被低估20%~80%(张立华，2006)。此外，根系可分泌有机酸，通过溶解和根系的挤压作用破坏矿物晶格，改变矿物性质，促进土壤的形成，并通过根系活动促进土壤结构的改善。

土壤有机碳是陆地生态系统长期积累的结果，但因其总量巨大，短期内很难监测到比较明显的变化(Bolinder et al.，1999)。研究发现，人为改变有机物质的输入可以增强或降低土壤有机碳转化速率，能够在短期内观察到土壤碳库和碳循环的变化(Crow et al.，2009)。因此，凋落物和根系等碳输入变化可能改变土壤碳的积累或流失状况(Boone and Nadelhoffer，1998)，植物残体的添加和去除试验(detritus input and removal treatment，DIRT)，通过改变凋落物和根系向土壤输入的数量来研究植物和土壤有机质动态之间的反馈(Nadelhoffer et al.，2004)。目前，关于改变地上、地下碳输入对海岸沙地防护林土壤固碳效应的研究尚鲜见报道。鉴于此，本章以福建海岸沙地相同立地条件的湿地松、尾巨桉、厚荚相思、木麻黄人工林和次生林为研究对象，通过设置凋落物添加和根系去除处理来分析碳输入方式改变对土壤固碳效应的影响，以加深对森林土壤碳循环及其机制的理解，为碳汇树种的优化选择和营林措施的科学制定提供参考依据。

## 3.1 试验区概况

试验区位于福建省东山赤山国有防护林场，基本概况同第2章。

## 3.2 材料与方法

### 3.2.1 样地设置

样地设置与基本概况同第2章。

### 3.2.2 试验设计

2014年12月，在5种林分的每个小区中各设置4个2 m×2 m的次小区进行4种试验处理。处理1(去除根系)：采用挖壕沟法切断根系，壕沟深度≥1 m，并在壕沟内垂直铺设2层100目的尼龙网阻断外围根系向次小区内生长；处理2(去除凋落物)：将次小区内的地上凋落物全部移走，并在次小区上方30~50 cm处铺设一张面积为2 m×2 m，孔径为1 mm的尼龙网，阻隔凋落物；处理3(加倍凋落物)：将处理2中移走的凋落物均匀地撒在本次小区内，之后每月同样处理；处理4(对照)：不做处理。在每个次小区中间位置埋设1个内径20.0 cm、高6 cm的PVC土壤环，平放压入土中3 cm，整个测量期内土壤环位置保持不变。

### 3.2.3 土壤可溶性有机碳测定

处理0.5 a后，于夏(2015年6月)、秋(2015年9月)、冬(2016年1月)、春(2016年4月)4次采集0~10 cm土壤，分别采用冷水、热水和氯化钾浸提测定土壤可溶性有机碳，采用氯仿熏蒸硫酸钾浸提法测定土壤微生物量碳。

### 3.2.4 土壤呼吸测定

从2015年3月开始(切断根系3个月后)，采用LI-8100土壤碳通量测量系统(Li-Cor Inc.，Lincoln，NE，USA)进行土壤呼吸速率的监测，每个月下旬选择晴朗无雨的天气测量土壤呼吸，测定时间为8:30—11:30(高伟等，2017)，每个土壤环测量时间为2min，在测定土壤呼吸的同时，采用数字瞬时温度计和时域反射仪(TDR)测定土壤环附近10 cm土壤温度和0~10 cm土壤体积含水量，并用烘干法对土壤含水率进行校正，试验于2016年2月结束，共测量12次，在测定土壤呼吸的同时同步测定土壤的MBC含量和冷水浸提的土壤可溶性有机碳含量。

土壤呼吸的变化幅度=(不同处理土壤呼吸速率-对照土壤呼吸速率)/对照土壤呼吸速率×100

$$R_r = R_4 - R_1;\ R_L = R_4 - R_2;\ R_m = R_1 + R_2 - R_4$$

式中，$R_r$为根系呼吸速率；$R_L$为凋落物呼吸速率；$R_m$为矿质土壤呼吸速率(包括微生物呼吸和土壤有机质分解)；$R_1$为去除根系处理的土壤呼吸速率；$R_2$为去除凋落物处理的土壤呼吸速率；$R_4$为对照处理土壤呼吸速率；单位均为$\mu mol \cdot m^{-2} \cdot s^{-1}$。

分别采用线性和非线性回归分析建立土壤呼吸($R_s$)与土壤温度($T$)、土壤湿度(W)之间的关系模型，回归模型如下：

$$R_s = aW + b;\ R_s = ae^{bT};\ R_s = a(T \times W) + b;\ R_s = a + bT + cW;\ R_s = aT^b W^c;\ R_s = ae^{bT} W^c$$

式中，$T$为10 cm土壤温度,℃；$W$为10 cm土壤湿度,%；$a$、$b$、$c$为待定参数；土壤呼吸温度敏感系数$Q_{10} = e^{10b}$，$b$为模型$R_s = ae^{bT}$中的温度系数。

# 3.3 结果与分析

## 3.3.1 碳输入对土壤可溶性有机碳的影响

### 3.3.1.1 冷水浸提的土壤可溶性有机碳含量

如图3-1所示，与对照相比，去除根系对5种林分土壤的CDOC含量均无显著影响，除春季外，加倍凋落物显著提高了尾巨桉林土壤中的CDOC含量，但去除凋落物使土壤中的CDOC含量随着时间延长持续降低；加倍凋落物使木麻黄林土壤CDOC含量在夏秋季节得到显著提高，其他处理与对照均无显著差异；而不同的碳输入方式对湿地松林的CDOC含量均没有显著影响；厚荚相思林土壤CDOC在秋冬季节对凋落物输入方式变化敏感，表现出加倍凋落物显著高于去除凋落物；加倍凋落物处理提高了次生林的CDOC含量，而去除凋落物使次生林的CDOC含量显著降低，尤其在夏季较为显著。

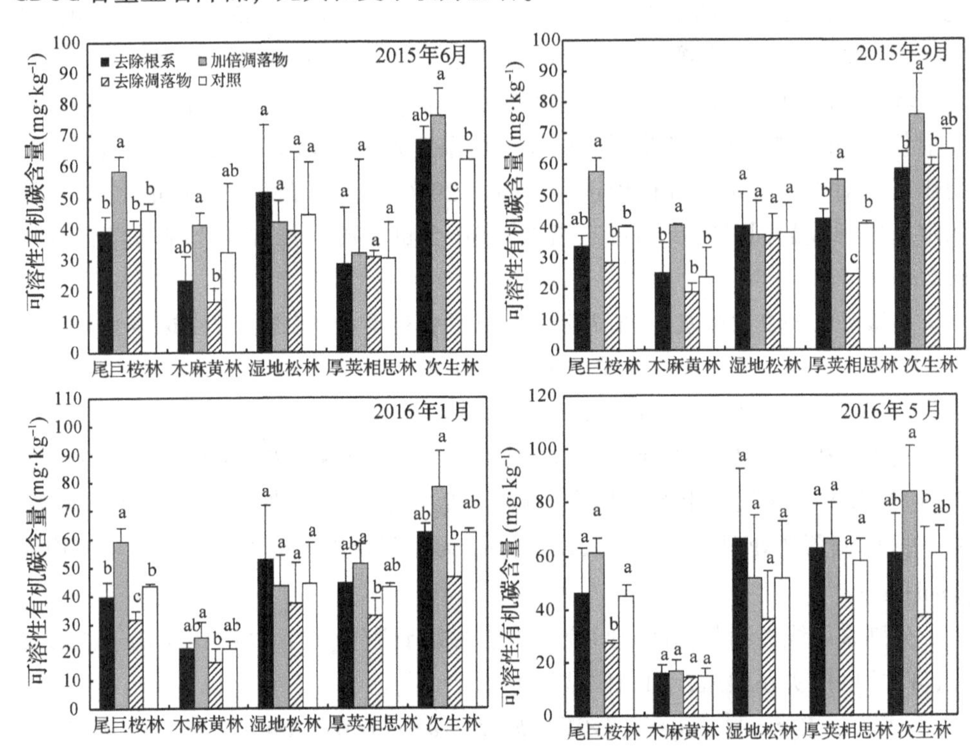


图3-1 碳输入对冷水浸提土壤可溶性有机碳(CDOC)含量的影响

### 3.3.1.2 热水浸提的土壤可溶性有机碳含量

如图 3-2 所示，热水浸提的土壤可溶性有机碳含量显著高于冷水。与对照相比，加倍凋落物不同程度提高了尾巨桉和次生林的 HDOC 含量，去除根系和凋落物则使 HDOC 含量呈不同程度的降低。与其他处理相比，去除根系对木麻黄和厚荚相思林土壤的 HDOC 含量影响更为显著，尤其在夏秋季节。春季改变凋落物输入引起了湿地松林 HDOC 的显著变化，其他季节改变碳输入对湿地松 HDOC 均没有显著影响。

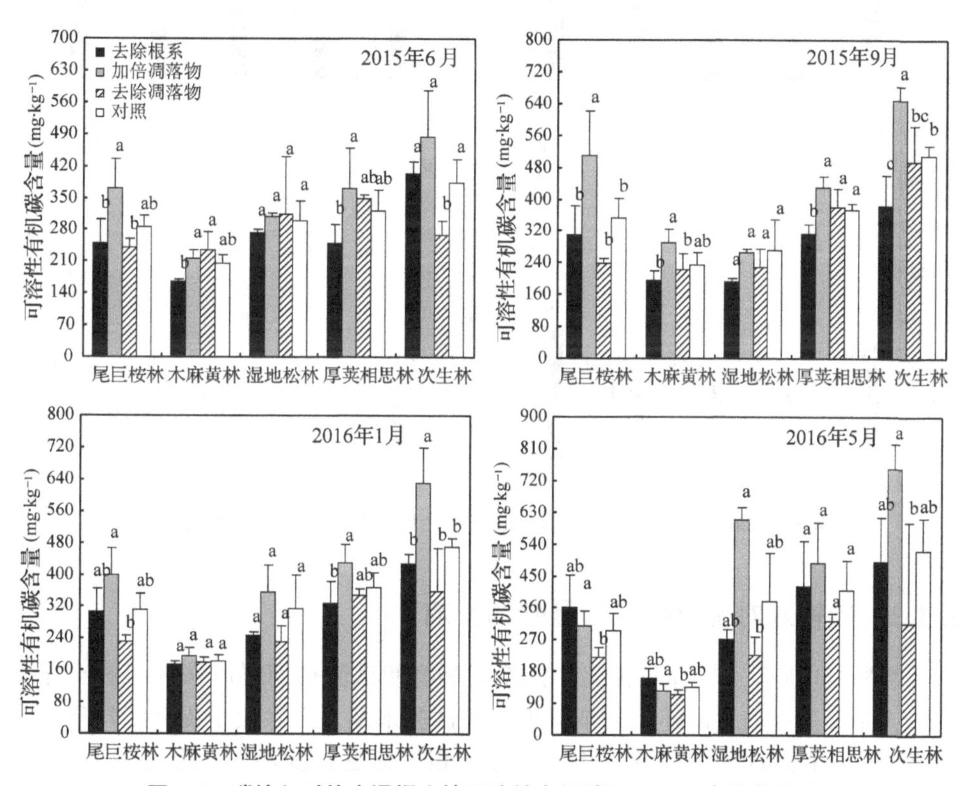


**图 3-2 碳输入对热水浸提土壤可溶性有机碳(HDOC)含量的影响**

### 3.3.1.3 氯化钾浸提的土壤可溶性有机碳含量

如图 3-3 所示，与对照相比，除秋季外，改变碳输入对 4 种人工林土壤的 KDOC 含量均无显著影响，改变凋落物输入使尾巨桉和厚荚相思林秋季土壤 KDOC 含量发生了显著改变，而改变根系输入对土壤 KDOC 含量无显著影响。在试验初期，去除凋落物使次生林的 KDOC 含量快速提高，但随着时间延长，去除凋落物的影响程度逐渐降低，去除根系后次生林土壤的 KDOC 含量均显著低于对照。

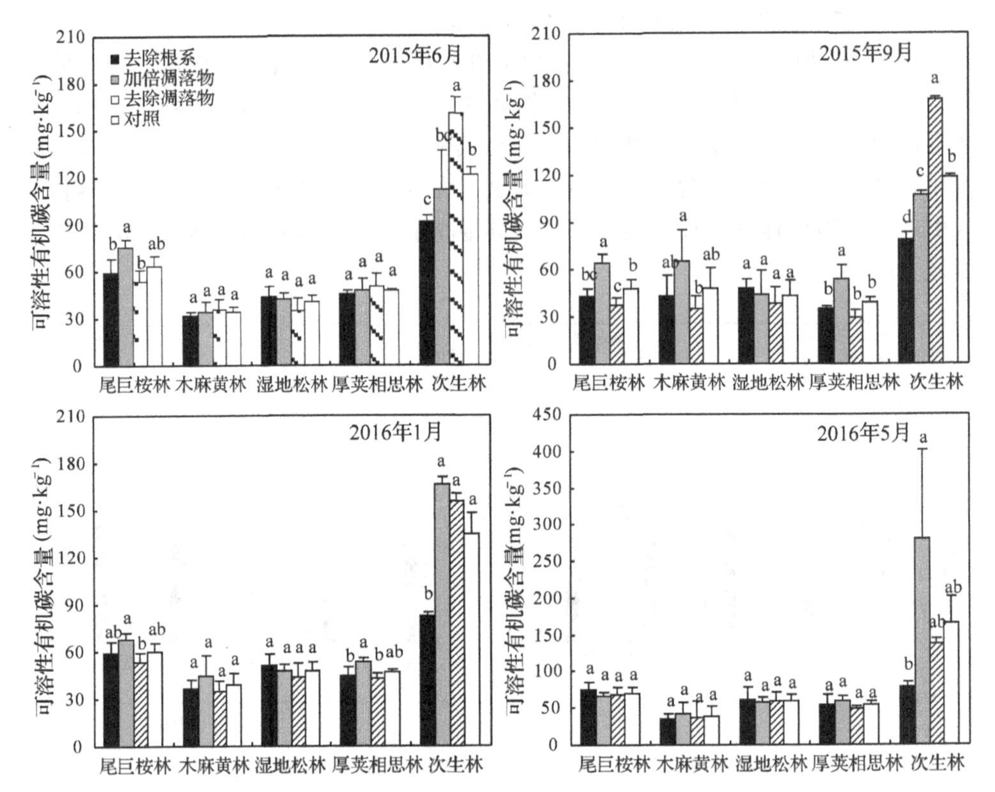


**图 3-3　碳输入对氯化钾浸提土壤可溶性有机碳(KDOC)含量的影响**

## 3.3.2　碳输入对土壤微生物量碳的影响

如图 3-4 所示，与对照相比，去除凋落物使试验初期尾巨桉人工林土壤的 MBC 含量显著提高，但随后逐渐降低，在试验末期，去除根系提高了尾巨桉和厚荚相思人工林的 MBC 含量，尤其以厚荚相思林更为显著，除此之外，改变碳输入对 4 种人工林的 MBC 含量均无显著影响。试验期内，去除根系提高了次生林的土壤 MBC 含量，尤其在春、夏、冬季，显著高于对照，加倍凋落物提高了次生林秋冬季节的土壤 MBC 含量，其他季节反而低于对照，去除凋落物的土壤 MBC 含量在不同季节均低于对照。

## 3.3.3　碳输入对土壤呼吸的影响

### 3.3.3.1　碳输入对次生林土壤呼吸的影响

(1)土壤温度、湿度的变化特征　观测期内，不同处理间表层土壤温度均为夏高冬低，存在显著的季节变化，高温期为 5~9 月，9 月之后，土壤温度逐渐降

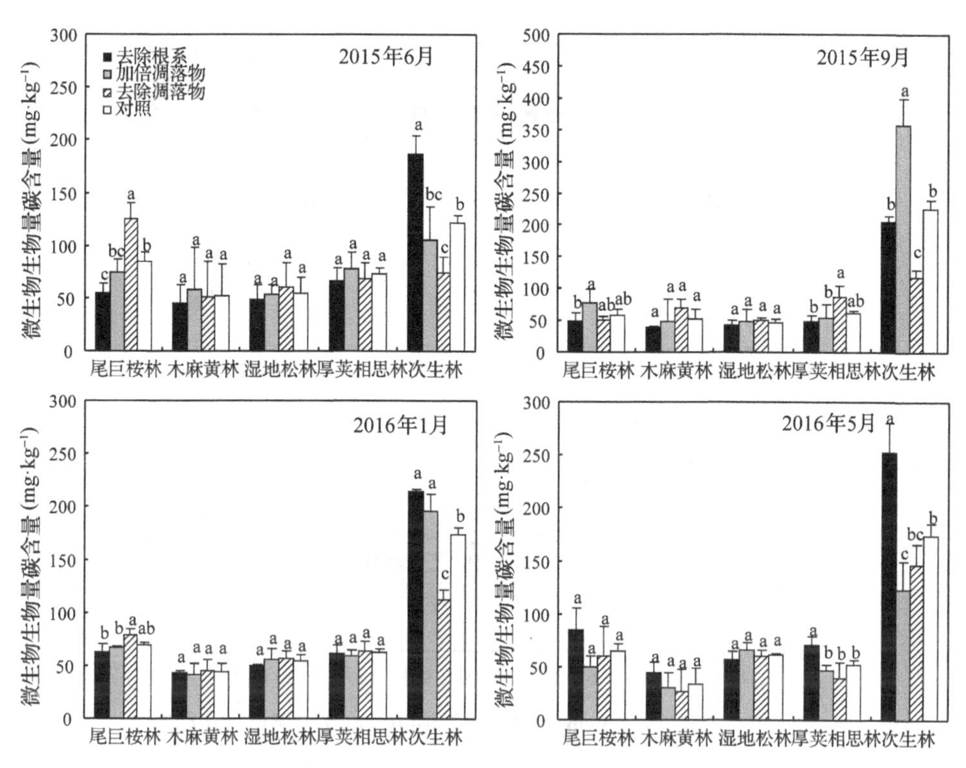


**图 3-4　碳输入对土壤微生物量碳(MBC)含量的影响**

低，于翌年2月降到最低，之后逐渐回升。一年中，不同处理间10 cm土壤温度的平均值均为21.3 ℃左右，不同处理间土壤温度无显著差异($P>0.05$，表3-1和图3-5a)。

**表 3-1　不同处理 10 cm 土壤温度、10 cm 土壤湿度及土壤呼吸速率年均值多重比较**

| 处理 | 土壤呼吸速率 | | 10 cm 土壤温度 | | 10 cm 土壤湿度 | |
|---|---|---|---|---|---|---|
| | 平均值 | 标准差 | 平均值 | 标准差 | 平均值 | 标准差 |
| 去除根系 | 3.94ab | 1.89 | 21.58a | 6.01 | 5.24a | 2.14 |
| 去除凋落物 | 2.64a | 0.97 | 21.37a | 5.99 | 4.85a | 1.42 |
| 加倍凋落物 | 5.72b | 2.68 | 21.48a | 5.94 | 5.41a | 1.54 |
| 对照 | 4.66b | 2.63 | 21.5a | 5.88 | 5a | 1.89 |

注：表中不同字母表示在 $\alpha=0.05$ 水平差异显著。

不同处理间表层土壤湿度也存在显著的季节变化，干湿季明显。一年中，不同处理土壤含水率峰期为4~6月，最高值均出现在5月，7~11月土壤含水率较低。不同处理土壤含水率的年均值均在5%左右，不同处理间无显著差异($P>0.05$，表3-1和图3-5b)。

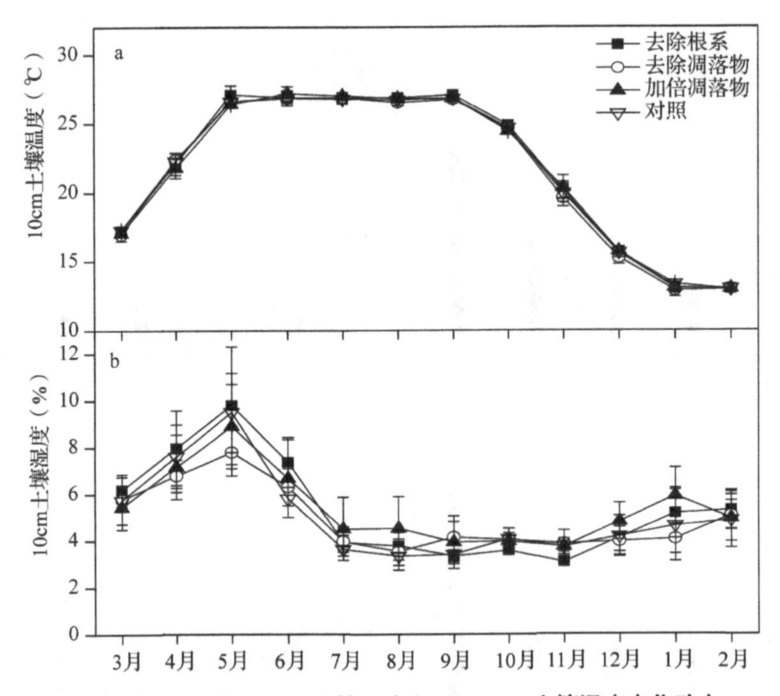


**图 3-5　不同处理 10 cm 土壤温度和 0~10 cm 土壤湿度变化动态**

(2) 次生林土壤呼吸速率的变化特征　次生林不同处理的土壤呼吸速率存在显著的季节变化，基本规律为夏季高、冬季低。一年中，土壤呼吸的峰值出现在 5 月或者 6 月，谷值出现在 11 月或 12 月。不同处理土壤呼吸速率的年均值为加倍凋落物($5.72\pm2.68$ $\mu mol\cdot m^{-2}\cdot s^{-1}$)>对照($4.66\pm2.63$ $\mu mol\cdot m^{-2}\cdot s^{-1}$)>去除根系($3.94\pm1.89$ $\mu mol\cdot m^{-2}\cdot s^{-1}$)>去除凋落物($2.64\pm0.97$ $\mu mol\cdot m^{-2}\cdot s^{-1}$)，去除凋落物的土壤呼吸速率显著小于其他处理($P<0.05$，表 3-1，图 3-6)。

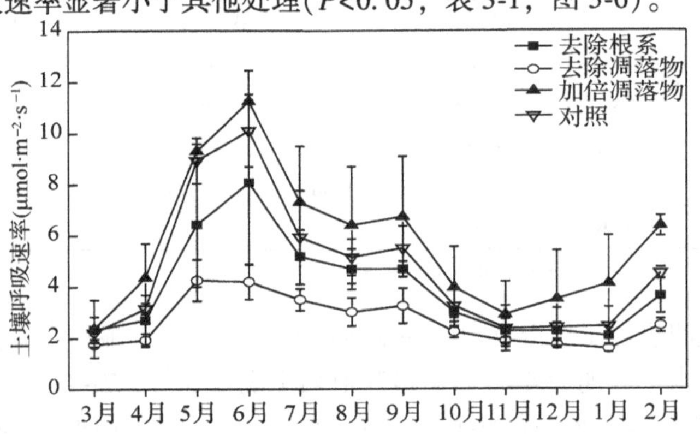


**图 3-6　天然次生林不同处理土壤呼吸速率变化动态**

(3)次生林不同处理土壤呼吸速率变化幅度　改变碳输入显著影响次生林土壤呼吸速率(图 3-7)。去除根系处理的土壤呼吸速率比对照年平均降低了12.27%，除首次测量土壤呼吸高于对照外，其他月份土壤呼吸速率均低于对照，变化幅度最大值出现在5月，比对照降低27.79%，最小值出现在11月，比对照降低4.24%；去除凋落物处理的土壤呼吸速率比对照年平均降低38.05%，最大值出现在6月，比对照降低58.47%，最小值出现在11月，比对照降低20.79%；加倍凋落物处理的土壤呼吸速率比对照年平均增加27.64%，最大值出现在翌年1月，比对照增加67.62%，最小值出现在5月，比对照增加4.22%。

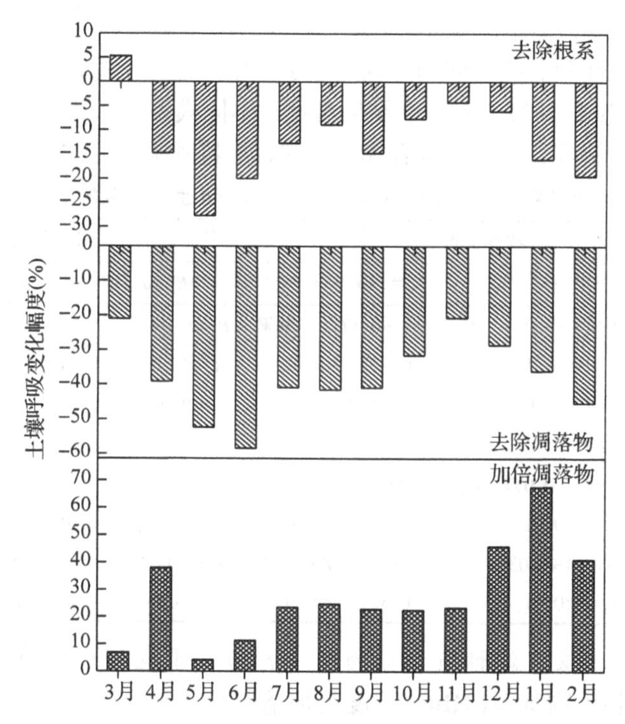


**图 3-7　次生林不同处理土壤呼吸速率变化幅度**

监测期内，天然次生林矿质土壤呼吸速率、凋落物呼吸速率和根系呼吸速率的平均值分别为 1.92±0.47 $\mu mol \cdot m^{-2} \cdot s^{-1}$、2.02±1.7 $\mu mol \cdot m^{-2} \cdot s^{-1}$ 和 0.72±0.78 $\mu mol \cdot m^{-2} \cdot s^{-1}$，三者对土壤总呼吸的贡献率分别为 41.24%、43.29%和15.45%。

(4)土壤呼吸速率与温湿度的关系　回归分析表明(表 3-2)，不同处理的土壤呼吸速率与10 cm土壤温度之间存在显著的指数相关关系，且与土壤湿度存在显著的正相关($P<0.01$)。10 cm土壤湿度可解释土壤呼吸变异的19%~33%，10 cm土壤温度可解释土壤呼吸变异的20%~52%，不同处理均降低了土壤呼吸

的温度敏感性($Q_{10}$)，去除根系、去除凋落物、加倍凋落物和对照的 $Q_{10}$ 值分别为1.58、1.55、1.52和1.77。

表 3-2　土壤呼吸速率与 10 cm 土壤温度、土壤湿度的一元回归模型

| 处理 | $R_s=aW+b$ | | | | $R_s=ae^{bT}$ | | | | |
|---|---|---|---|---|---|---|---|---|---|
| | $a$ | $b$ | $R^2$ | $P$ | $a$ | $b$ | $R^2$ | $P$ | $Q_{10}$ |
| 去除根系 | 0.54 | 1.43 | 0.32 | <0.01 | 1.33 | 0.046 | 0.34 | <0.01 | 1.58 |
| 去除凋落物 | 0.30 | 1.27 | 0.24 | <0.01 | 0.96 | 0.044 | 0.52 | <0.01 | 1.55 |
| 加倍凋落物 | 0.86 | 1.56 | 0.33 | <0.01 | 2.07 | 0.042 | 0.20 | <0.01 | 1.52 |
| 对照 | 0.57 | 2.09 | 0.19 | <0.01 | 1.19 | 0.057 | 0.39 | <0.01 | 1.77 |

采用多元线性和非线性回归方程建立了土壤呼吸与土壤温度、土壤湿度之间的复合关系模型(表3-3)，由拟合结果可见，不同模型与单因子模型相比均不同程度提高了拟合精度，双因子复合模型可解释土壤呼吸变异的45%~69%。

表 3-3　土壤呼吸速率与 10 cm 土壤温度、10 cm 土壤湿度的复合关系模型

| 处理 | 线性关系 | | 非线性关系 | |
|---|---|---|---|---|
| | $R_s=a(T\times W)+b$ | $R_s=a+bT+cW$ | $R_s=aT^bW^c$ | $R_s=ae^{bT}W^c$ |
| 去除根系 | $R_s=1.59(T\times W)+0.024$ <br> $R^2=0.52$，$P<0.01$ | $R_s=-2.1+0.17T+0.51W$ <br> $R^2=0.52$，$P<0.01$ | $R_s=0.094T^{0.95}W^{0.55}$ <br> $R^2=0.55$，$P<0.01$ | $R_s=0.57e^{0.051T}W^{054}$ <br> $R^2=0.58$，$P<0.01$ |
| 去除凋落物 | $R_s=1.16(T\times W)+0.015$ <br> $R^2=0.59$，$P<0.01$ | $R_s=-0.89+0.11T+0.27W$ <br> $R^2=0.64$，$P<0.01$ | $R_s=0.092T^{0.92}W^{0.38}$ <br> $R^2=0.65$，$P<0.01$ | $R_s=0.52e^{0.05T}W^{0.36}$ <br> $R^2=0.69$，$P<0.01$ |
| 加倍凋落物 | $R_s=1.89(T\times W)+0.037$ <br> $R^2=0.56$，$P<0.01$ | $R_s=-2.96+0.22T+0.82W$ <br> $R^2=0.52$，$P<0.01$ | $R_s=0.148T^{0.87}W^{0.64}$ <br> $R^2=0.55$，$P<0.01$ | $R_s=0.742e^{0.049T}W^{0.62}$ <br> $R^2=0.59$，$P<0.01$ |
| 对照 | $R_s=1.72(T\times W)+0.03$ <br> $R^2=0.45$，$P<0.01$ | $R_s=-3.26+0.26T+0.54W$ <br> $R^2=0.50$，$P<0.01$ | $R_s=0.025T^{1.47}W^{0.47}$ <br> $R^2=0.56$，$P<0.01$ | $R_s=0.43e^{0.076T}W^{0.45}$ <br> $R^2=0.60$，$P<0.01$ |

(5)次生林土壤可溶性有机碳的变化特征　不同处理土壤可溶性有机碳(DOC)和微生物生物量碳(MBC)浓度为加倍凋落物>对照>去除根系>去除凋落物，改变碳输入均不同程度提高或降低了DOC和MBC，不同处理间DOC浓度无显著差异($P>0.05$)，而加倍凋落物的MBC浓度显著高于其他处理($P<0.05$)。回归分析可见，不同处理的土壤呼吸速率与可溶性有机碳和微生物生物量碳均呈显著的正相关(表3-4，图3-8)。

表 3-4　不同处理土壤可溶性有机碳和微生物生物量碳

| 处理 | 可溶性有机碳 | | 微生物生物量碳 | |
|---|---|---|---|---|
| | 平均值 | 标准差 | 平均值 | 标准差 |
| 去除根系 | 126.68a | 12.97 | 141.84a | 62.51 |
| 去除凋落物 | 127.44a | 11.82 | 82.69a | 51.23 |

（续）

| 处理 | 可溶性有机碳 | | 微生物生物量碳 | |
|---|---|---|---|---|
| | 平均值 | 标准差 | 平均值 | 标准差 |
| 加倍凋落物 | 167.63a | 25.88 | 385.33b | 130.09 |
| 对照 | 134.01a | 29.63 | 165.49a | 42.94 |

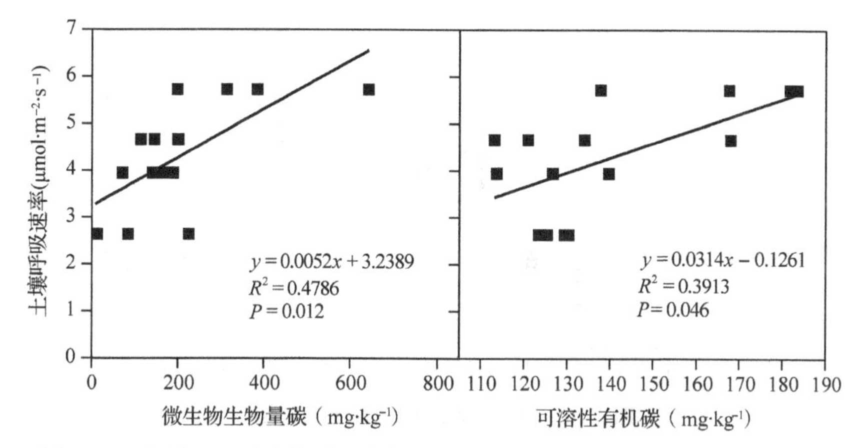


**图 3-8 不同处理平均土壤呼吸速率与微生物生物量碳和可溶性有机碳的关系**

### 3.3.3.2 碳输入对尾巨桉和湿地松人工林土壤呼吸的影响

（1）尾巨桉土壤呼吸的变化　3 种不同处理的尾巨桉土壤呼吸速率存在显著的季节变化（表 3-9），基本规律为夏季高、冬季低。一年中，土壤呼吸的峰值出现在 5 月或者 6 月，谷值出现在 2 月或 3 月。不同处理土壤呼吸速率的年均值为加倍凋落物（3.49 $\mu mol \cdot m^{-2} \cdot s^{-1}$）>对照（2.90 $\mu mol \cdot m^{-2} \cdot s^{-1}$）>去除凋落物（2.13 $\mu mol \cdot m^{-2} \cdot s^{-1}$）>去除根系（2.03 $\mu mol \cdot m^{-2} \cdot s^{-1}$）。

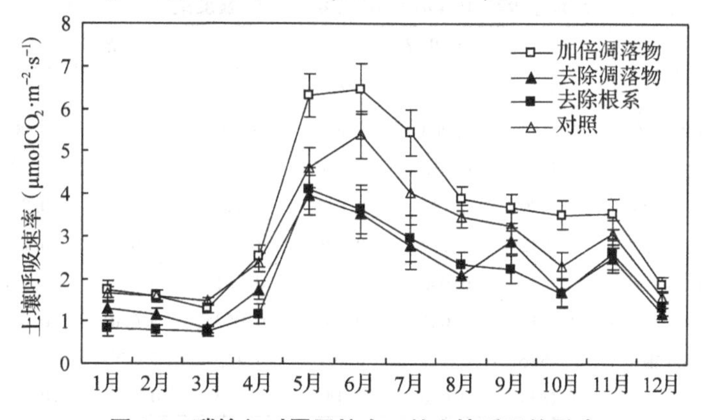


**图 3-9 碳输入对尾巨桉人工林土壤呼吸的影响**

(2)湿地松土壤呼吸的变化　不同处理的湿地松土壤呼吸速率存在显著的季节变化(图3-10)，基本规律为夏秋高、冬春低。一年中，土壤呼吸的峰值出现在5~9月，谷值出现在2月或3月。不同处理土壤呼吸速率的年均值为加倍凋落物(2.38 μmol·m$^{-2}$·s$^{-1}$)>对照(2.20 μmol·m$^{-2}$·s$^{-1}$)>去除凋落物(2.09 μmol·m$^{-2}$·s$^{-1}$)>去除根系(2.05 μmol·m$^{-2}$·s$^{-1}$)。

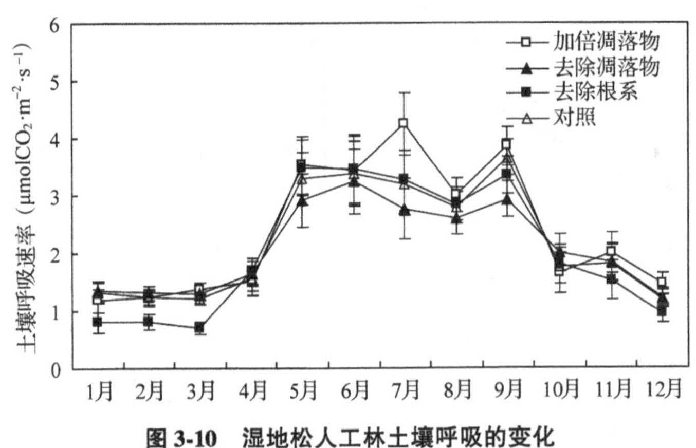


**图3-10　湿地松人工林土壤呼吸的变化**

(3)土壤呼吸速率与温湿度的关系　回归分析表明，尾巨桉和湿地松人工林不同处理的土壤呼吸速率与10 cm土壤温度之间存在极显著的指数相关关系($P$<0.001，表3-5)，尾巨桉人工林的去除根系和对照处理以及湿地松人工林的加倍凋落物处理和去除根系处理分别与土壤湿度存在显著的正相关($P$<0.05，表3-5)。10 cm土壤温度可分别解释尾巨桉和湿地松人工林土壤呼吸变异的52.43%~70.75%和60.01%~80.03%。去除凋落物均降低了两种人工林土壤呼吸的敏感性($Q_{10}$)，而加倍凋落物和去除根系使土壤呼吸敏感性增强。

**表3-5　土壤呼吸与10 cm土壤温度、土壤湿度的一元回归模型**

| 林分类型 | 处理 | $R_s=aW+b$ | | | $R_s=ae^{bT}$ | | | |
|---|---|---|---|---|---|---|---|---|
| | | $b$ | $R^2$ | $P$ | $b$ | $R^2$ | $P$ | $Q_{10}$ |
| 尾巨桉人工林 | 加倍凋落物 | 3.2113 | 0.004 | 0.680 | 0.09 | 0.7075 | <0.0001 | 2.46 |
| | 去除凋落物 | 1.8294 | 0.016 | 0.390 | 0.0691 | 0.5243 | <0.0001 | 2.0 |
| | 去除根系 | 1.2379 | 0.122 | 0.015 | 0.0907 | 0.5813 | <0.0001 | 2.48 |
| | 对照 | 1.9942 | 0.112 | 0.020 | 0.075 | 0.6421 | <0.0001 | 2.12 |
| 湿地松人工林 | 加倍凋落物 | 1.2813 | 0.096 | 0.032 | 0.0811 | 0.6689 | <0.0001 | 2.25 |
| | 去除凋落物 | 2.2315 | 0.002 | 0.784 | 0.0634 | 0.6001 | <0.0001 | 1.89 |
| | 去除根系 | 0.4586 | 0.112 | 0.020 | 0.1152 | 0.7894 | <0.0001 | 3.16 |
| | 对照 | 1.4834 | 0.046 | 0.145 | 0.079 | 0.8003 | <0.0001 | 2.20 |

采用多元非线性回归方程建立了两种人工林土壤呼吸与土壤温度($T$)、土壤湿度($W$)之间的复合关系模型(表3-6)，由拟合结果可见，复合关系模型与单因子模型相比均不同程度提高了拟合精度，双因子复合模型可解释巨尾桉人工林土壤呼吸变异的52.29%~70.8%，可解释湿地松人工林土壤呼吸变异的65.1%~80.1%。

**表3-6　土壤呼吸与10 cm土壤温度、10 cm土壤湿度的复合关系模型**

| 森林类型 | 不同处理方式 | 交互作用关系式 | $R^2$ | $P$ |
|---|---|---|---|---|
| 巨尾桉人工林 | 去除根系 | $R_s=0.17e^{0.087t}w^{0.241}$ | 0.607 | <0.0001 |
| | 去除凋落物 | $R_s=0.36e^{0.068t}w^{0.106}$ | 0.529 | <0.0001 |
| | 加倍凋落物 | $R_s=0.46e^{0.091t}w^{-0.056}$ | 0.708 | <0.0001 |
| | 对照 | $R_s=0.44e^{0.074t}w^{0.14}$ | 0.645 | <0.0001 |
| 湿地松人工林 | 去除根系 | $R_s=0.13e^{0.113t}w^{0.064}$ | 0.795 | <0.0001 |
| | 去除凋落物 | $R_s=0.692e^{0.068t}w^{-0.367}$ | 0.651 | <0.0001 |
| | 加倍凋落物 | $R_s=0.35e^{0.08t}w^{0.041}$ | 0.671 | <0.0001 |
| | 对照 | $R_s=0.37e^{0.08t}w^{-0.034}$ | 0.801 | <0.0001 |

(4)土壤呼吸速率的变化幅度　将去除根系、去除凋落物、加倍凋落物等三种不同处理方式观测得到的土壤呼吸速率的数据，与对照的土壤呼吸速率相减，进而求出土壤呼吸的变化幅度。如图3-11所示，与对照相比，尾巨桉人工林去除根系使土壤呼吸速率平均降低了34.6%，降低范围为11.8%~52%；去除凋落物使土壤呼吸速率平均降低了28.6%，降低范围为13.4%~42.4%；加倍凋落物使土壤呼吸速率平均增加了15.2%，增加范围为0.4%~44.2%。湿地松人工林同一种处理不同月份表现出不一致的变化规律，与对照相比，去除根系使湿地松人工林土壤呼吸速率平均降低了13.2%，其中4~8月小幅度增加了土壤呼吸速率；去除凋落物使土壤呼吸速率平均降低了3.2%，其中10~12月增加了土壤呼吸速率；加倍凋落物使土壤呼吸速率平均增加了6.4%，1月、4月、10~11月均使土壤呼吸速率降低。研究表明，尾巨桉人工林土壤呼吸对改变碳输入的敏感性高于湿地松人工林。

#### 3.3.3.3　碳输入对土壤呼吸年通量的影响

由表3-7可见，去除根系、去除凋落物、加倍凋落物、对照处理下次生林土壤呼吸年通量分别为1529.8 $gC\cdot m^{-2}\cdot a^{-1}$、1002.2 $gC\cdot m^{-2}\cdot a^{-1}$、2164.8 $gC\cdot m^{-2}\cdot a^{-1}$和1765.8 $gC\cdot m^{-2}\cdot a^{-1}$，湿地松人工林对应处理的土壤呼吸年通量分别为753 $gC\cdot m^{-2}\cdot a^{-1}$、771 $gC\cdot m^{-2}\cdot a^{-1}$、880 $gC\cdot m^{-2}\cdot a^{-1}$和820 $gC\cdot m^{-2}\cdot a^{-1}$，尾巨桉人工林对应处理的土壤呼吸年通量分别为746 $gC\cdot m^{-2}\cdot a^{-1}$、782 $gC\cdot m^{-2}\cdot a^{-1}$、1291 $gC\cdot m^{-2}\cdot a^{-1}$和1086 $gC\cdot m^{-2}\cdot a^{-1}$。

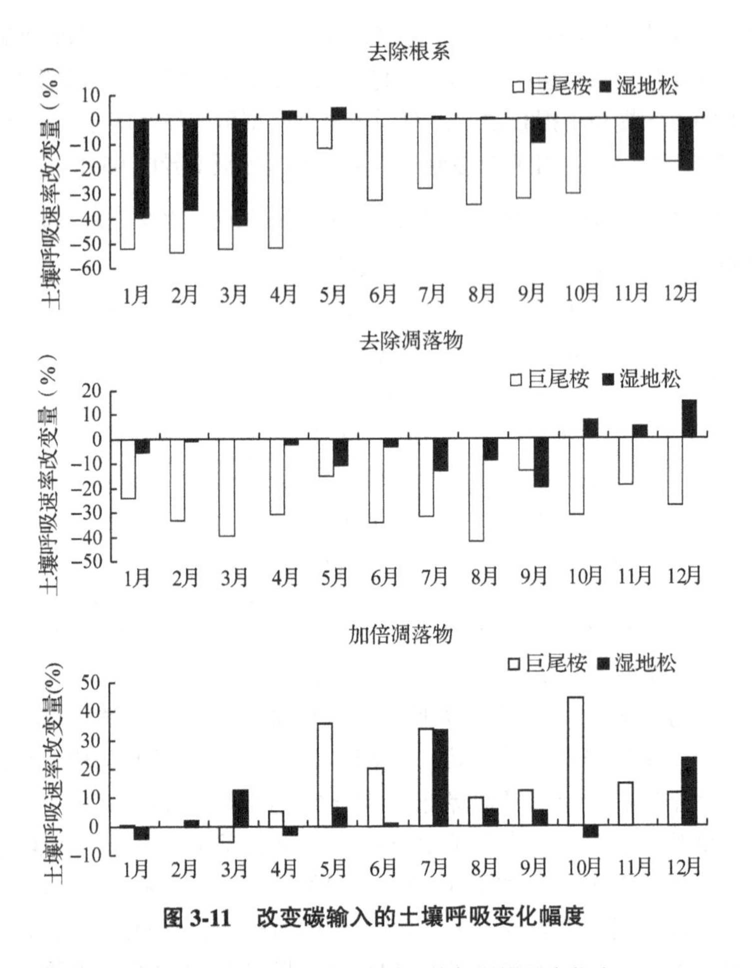


**图 3-11　改变碳输入的土壤呼吸变化幅度**

**表 3-7　不同处理下土壤呼吸的年通量及变化率**

| 林分 | 年通量($gC\cdot m^{-2}\cdot a^{-1}$) | | | | 变化率(%) | | |
|---|---|---|---|---|---|---|---|
| | 去除根系 | 去除凋落物 | 加倍凋落物 | 对照 | 去除根系 | 去除凋落物 | 加倍凋落物 |
| 次生林 | 1529.8 | 1002.2 | 2164.8 | 1765.8 | −13.37 | −43.24 | 22.60 |
| 湿地松人工林 | 753 | 771 | 880 | 820 | −8.2 | −6.0 | 7.3 |
| 尾巨桉人工林 | 746 | 782 | 1291 | 1086 | −31.3 | −27.1 | 18.9 |

改变碳输入影响了土壤呼吸年通量，其中去除根系和去除凋落物均使三种林分土壤呼吸年通量降低，三种林分土壤呼吸对去除根系最敏感的是尾巨桉人工林，对去除凋落物最敏感的是次生林。加倍凋落物后三种林分的土壤呼吸年通量均呈明显升高，其中次生林升高幅度较高，达到了 22.6%，其次为尾巨桉(18.9%)，湿地松人工林土壤呼吸年通量对改变碳输入的反应较弱。

3.3.3.4　**不同组分的土壤呼吸年通量**

由表3-8可知，次生林根系呼吸、凋落物呼吸和矿质土壤呼吸年通量分别为236 $gC \cdot m^{-2} \cdot a^{-1}$、763.6 $gC \cdot m^{-2} \cdot a^{-1}$和766.2 $gC \cdot m^{-2} \cdot a^{-1}$，占土壤总呼吸的比例为13.27%~43.39%，湿地松人工林对应的土壤呼吸年通量分别为67 $gC \cdot m^{-2} \cdot a^{-1}$、49 $gC \cdot m^{-2} \cdot a^{-1}$和704 $gC \cdot m^{-2} \cdot a^{-1}$，占土壤总呼吸的比例为5.98%~85.85%，尾巨桉人工林对应的土壤呼吸年通量分别为340 $gC \cdot m^{-2} \cdot a^{-1}$、304 $gC \cdot m^{-2} \cdot a^{-1}$和442 $gC \cdot m^{-2} \cdot a^{-1}$，占土壤总呼吸的比例为27.99%~40.70%。可见矿质土壤呼吸是三种林分土壤呼吸的主要组分。

**表3-8　不同组分土壤呼吸的年通量及占比**

| 林分 | 土壤呼吸年通量($gC \cdot m^{-2} \cdot a^{-1}$) | | | 占比(%) | | |
|---|---|---|---|---|---|---|
| | 根系呼吸 | 凋落物呼吸 | 矿质土壤呼吸 | 根系呼吸 | 凋落物呼吸 | 矿质土壤呼吸 |
| 次生林 | 236 | 763.6 | 766.2 | 13.37 | 43.24 | 43.39 |
| 湿地松人工林 | 67 | 49 | 704 | 8.17 | 5.98 | 85.85 |
| 尾巨桉人工林 | 340 | 304 | 442 | 31.31 | 27.99 | 40.70 |

# 3.4　讨论与结论

## 3.4.1　讨论

3.4.1.1　**碳输入与土壤可溶性有机碳的关系**

土壤活性有机碳库仅占总有机碳的7%~32%，但对环境因子、土地利用方式、植被类型等变化较敏感，可以在土壤碳库变化之前反映土壤质量的微小变化，同时又直接参与土壤生物化学转化过程，是土壤微生物活动能源和土壤养分的驱动力，对土壤碳库平衡和土壤肥力保持等方面均具有重大意义(沈宏等，1999)。不同方法浸提的水溶性有机碳可用于指示土壤有机碳库的大小和可利用性，其中冷水浸提主要针对游离于土壤溶液和土壤大孔隙中极不稳定可被微生物直接利用的有机碳，热水主要浸提的是土壤微生物、根系分泌物及溶解产物中的大部分易变性有机碳，是土壤团聚体的重要胶结剂，盐溶液主要浸提的是黏土矿物及有机质中可被吸附和可交换部分。

本研究中，5种林分不同方法浸提的可溶性有机碳含量大小顺序基本均为热水>KCl>冷水，次生林三种方法浸提的可溶性有机碳和微生物生物量碳含量普遍高于人工林，木麻黄人工林和湿地松人工林的可溶性有机碳和微生物生物量普遍小于尾巨桉人工林和厚荚相思人工林。王清奎(Wang et al.，2005)等研究表明，采用针叶树种替代阔叶树种后，土壤的可溶性有机碳含量大幅度下降，本研究结果与其相似。树种主要通过地上凋落物、地下根系分泌物和根系周转来影响土壤可溶性有机质库的大小(Kalbitz et al., 2000)。5种林分中，木麻黄和湿地松人工林的凋落物碳氮比显著高于其他林分类型，可能是导致其凋落物分解缓慢，有机碳氮组分淋溶到土壤中较少的原因。

3.4.1.2 **凋落物与土壤呼吸的关系**

在森林生态系统中，添加或去除凋落物可以改变根系和微生物生长所需要的有机碳供应，从而显著增加或降低土壤呼吸(Feng et al., 2009; García-Oliva and Oliva, 2003; Hooker and Stark, 2008)。大量研究认为，由于激发效应的存在，加倍凋落物所引起的土壤呼吸增加幅度大于去除凋落物而引起的土壤呼吸减小幅度(Sulzman et al., 2005)。但也有研究显示，去除和添加凋落物对土壤呼吸速率的影响并不是等同或成比例的(汪金松等，2012)，新有机碳的添加可以补偿由于激发效应而引起的固有有机碳的损耗(Leff et al., 2012)。汪金松等(2012)研究发现，去除凋落物使油松人工林土壤呼吸速率降低的幅度为36.03%，而添加凋落物使土壤呼吸速率增加的幅度为21.01%。高强等(2015)研究发现，加倍凋落物使木荷林土壤呼吸速率提高了17.86%，而去除凋落物使土壤呼吸速率降低了25.32%。本研究中，湿地松人工林加倍凋落物和去除凋落物后土壤呼吸年通量的变化幅度基本相同，去除凋落物分别使次生林和尾巨桉人工林土壤呼吸年通量降低了43.24%和27.1%，加倍凋落物使两种林分土壤呼吸年通量分别增加了22.60%和18.9%，即去除凋落物土壤呼吸的降低幅度大于添加凋落物土壤呼吸的增加幅度，除补偿作用外，这也可能与新添加的凋落物尚处于分解初期，土壤呼吸的激发效应尚未充分体现有关。

土壤的异氧呼吸和有机质的分解与土壤微生物的活性有重要关系，土壤微生物生长除受环境因子影响外，还受到碳源有效性的制约(Wardle, 2008)。作为微生物生长的重要底物，凋落物数量决定了土壤微生物生物量(Zak and Martin, 1994)，凋落物分解释放的易变碳使土壤微生物活性提高(Garc et al., 2003)，去除凋落物将减少微生物生长所需要的可溶性有机碳和养分，并改变土壤微环境，引起微生物生物量和活性的降低。Hooker和Stark(2008)研究发现，添加凋落物使土壤微生物生物量碳增加了13%。Feng等(2009)研究发现，去除凋落物使土壤微生物量碳减少了19%。本研究中，添加或去除凋落物分别使次生林土壤DOC和MBC发生了不同程度的升高或降低，且添加凋落物处理的MBC显著高于其他处理，说明改变凋落物输入影响了可溶性有机碳向土壤的淋溶和土壤微生物的生长，进而影响了土壤呼吸。

3.4.1.3 **根系与土壤呼吸的关系**

作为土壤呼吸的自养呼吸组分，根系呼吸在森林生态系统中占有重要地位，去除根系将导致土壤呼吸降低。左强等(2015)研究发现，去除根系使红松阔叶混交林土壤呼吸降低了36.49%。汪金松等(2012)研究显示，去除根系使油松人工林土壤呼吸降低了10.76%。在南亚热带海岸沙地上，去除根系使木麻黄幼龄林、中龄林和成熟林土壤呼吸分别降低了28.11%、28.98%和26.47%(Xiao et al. 2009)。本研究中，去除根系使海岸沙地天然次生林土壤呼吸年通量降低了13.37%，湿地松人工林降低了8.2%，两种林分降低幅度低于木麻黄人工林，尾巨桉人工林土壤呼吸年通量降低了31.3%，降低幅度高于木麻黄人工林，这种差异可能主要与森林类型的不同有关。

根系是植物光合产物向地下输送的唯一途径，切断根系使植物地上部分光合产物向地下部分分配并通过根系分泌向土壤的碳输入受阻，可能导致根系活性和分泌物降低，从而影响土壤微生物量，进而影响土壤呼吸。Hart 和 Sollins (1998)研究发现，采用挖壕沟去除根系13a后，土壤微生物量碳降低了25%~75%。Li等(2004)研究发现，去除根系7a后，土壤微生物量碳降低了45.4%。也有研究认为，根系去除对土壤微生物的影响存在树种与区域差异，去除根系不一定影响土壤的微生物量(Brant et al., 2006)。本研究中，去除根系分别使次生林土壤DOC和MBC降低了5.47%和14.29%，但与对照尚无显著差异，这可能与林分类型和研究区域的不同，或与上述研究相比本研究去根处理时间尚较短有关。

凋落物和根系对土壤呼吸的影响是一个复杂的生物学过程，其贡献存在明显的空间变异。此外，还随植被类型的不同而变化。陈光水等(2008)报道的中国森林土壤呼吸模式中矿质土壤呼吸占土壤呼吸的比例变化范围为25.1%~69.7%，枯枝落叶层呼吸占土壤呼吸的比例变化范围为1.7%~49%，根系呼吸占土壤呼吸的比例变化范围为10%~65%。本研究中，次生林和尾巨桉人工林矿质土壤呼吸速率、凋落物呼吸速率和根系呼吸速率对土壤总呼吸的贡献率均在此范围之内，符合中国森林土壤呼吸的一般模式，湿地松人工林矿质土壤呼吸占比为85.85%，超出了中国森林土壤呼吸模式报道的变化范围，而根系呼吸占比为8.17%，低于中国森林土壤呼吸模式报道的变化范围。这可能与海岸沙地立地贫瘠、土壤淋溶作用强、养分保持能力差，加之湿地松人工林凋落物分解缓慢、向土壤输送养分的速率较慢，导致湿地松人工林土壤呼吸速率以矿质土壤呼吸为主，根系呼吸和凋落物呼吸占比较小有关。

#### 3.4.1.4 土壤环境因子对土壤呼吸的影响

土壤温度和湿度是影响土壤呼吸的重要环境因子，大量研究认为，土壤呼吸与表层土壤温度具有良好的相关性(汪金松等，2012)，但与土壤湿度的相关性却因树种和区域的不同而差异较大，表现为正相关(促进)(Xiao et al. 2009)、负相关(抑制)(余再鹏等，2014)，或无显著相关性(肖胜生等，2015)。Xiao 等(2009)研究指出，在南亚热带海岸沙地上，土壤温度变异不大，但水分亏缺严重，土壤水分是土壤呼吸的重要限制因子。本研究中，因为林分郁闭度较高，不同处理的土壤温度和湿度并没有显著的差异，三种林分不同处理土壤呼吸速率与表层土壤温度均呈显著的指数相关关系，次生林不同处理土壤呼吸速率与土壤湿度呈显著的正相关，尾巨桉人工林的去除根系和对照处理以及湿地松人工林的加倍凋落物和去除根系处理分别与土壤湿度存在显著的正相关。随着土壤温度和含水量的增加，微生物活性和根系代谢增强，土壤呼吸的峰值出现在一年中温度和水分均较高的季节，土壤温度和湿度的升高对土壤呼吸的促进具有明显的交互作用，采用温度和湿度两因子进行模型拟合均比单因子模型提高了拟合精度，双因子复合模型可解释次生林土壤呼吸变异的45%~69%，可解释巨尾桉人工林土壤呼吸变异的52.29%~70.8%，可解释湿地松人工林土壤呼吸变异的65.1%~80.1%。

$Q_{10}$值反映了土壤呼吸速率对温度的敏感性，其受土壤生物和底物质量等多种因素的调控。改变碳输入对$Q_{10}$值的影响也存在明显树种和区域差异，表现为升高(王光军等，2009)或降低(余再鹏等，2014)。Boone 等(1998)研究发现，在 Harvad 森林中进行加倍凋落物、去除凋落物和去除根系处理后，其土壤呼吸的$Q_{10}$值分别为3.4、3.1和2.5，均低于对照处理的$Q_{10}$值3.5。本研究中，次生林去除根系、去除凋落物、加倍凋落物的$Q_{10}$值分别为1.58、1.55、1.52，低于对照的$Q_{10}$值1.77，与 Boone 等研究结果一致，即不同改变碳输入方式均降低了土壤呼吸的$Q_{10}$值。尾巨桉人工林去除根系和加倍凋落物、湿地松人工林加倍凋落物的$Q_{10}$值均高于对照，说明土壤呼吸的温度敏感性增强。已有研究显示，在不同森林生态系统或者气候条件下，土壤呼吸的$Q_{10}$值差异很大(Peng et al., 2009)，陈光水等(2008)报道的中国森林土壤呼吸$Q_{10}$值变化范围为1.33~5.33，本研究结果在此范围之内。

### 3.4.2 结论

植物残体是土壤有机碳的初始来源，既可以通过连续分解促进新的土壤有机碳积累，也可以加快微生物周转而促进原有土壤有机碳分解，但在不同森林中对土壤有机碳含量和土壤呼吸速率的贡献仍不清晰。在海岸带木麻黄、厚荚相思、湿地松、尾巨桉人工林和天然次生林中通过设置加倍凋落物、去除凋落物、去除根系和对照处理，定位观测地上、地下部分植物残体输入对海岸带防护林土壤有机碳固定和碳排放过程的影响，从而揭示海岸带防护林的土壤固碳机制。

(1)植物残体输入对海岸防护林土壤有机碳的固定和维持有显著的调控效

应。增加凋落物显著提高了尾巨桉、木麻黄、厚荚相思林和次生林的土壤有机碳含量，而减少凋落物和去除根系则显著降低了木麻黄和厚荚相思林热水浸提的土壤有机碳含量，说明这两种林分中土壤微生物、根系分泌物和溶菌产物中易分解的有机碳组分对植物残体数量变化较为敏感。在海岸防护林的经营过程中，保留林下凋落物的同时增加植物细根生物量可有效促进森林土壤中新有机碳的积累。

(2)植物残体输入通过影响土壤易变碳的变化进而影响土壤碳排放。去除根系、去除凋落物、加倍凋落物、对照处理下次生林土壤呼吸年通量分别为1529.8 $gC \cdot m^{-2} \cdot a^{-1}$、1002.2 $gC \cdot m^{-2} \cdot a^{-1}$、2164.8 $gC \cdot m^{-2} \cdot a^{-1}$和1765.8 $gC \cdot m^{-2} \cdot a^{-1}$，湿地松人工林对应处理的土壤呼吸年通量分别为753 $gC \cdot m^{-2} \cdot a^{-1}$、771 $gC \cdot m^{-2} \cdot a^{-1}$、880 $gC \cdot m^{-2} \cdot a^{-1}$和820 $gC \cdot m^{-2} \cdot a^{-1}$，尾巨桉人工林对应处理的土壤呼吸年通量分别为746 $gC \cdot m^{-2} \cdot a^{-1}$、782 $gC \cdot m^{-2} \cdot a^{-1}$、1291 $gC \cdot m^{-2} \cdot a^{-1}$和1086 $gC \cdot m^{-2} \cdot a^{-1}$。碳输入处理后土壤呼吸速率存在夏高冬低的季节变化，林分土壤呼吸速率与表层土壤温度均呈显著的指数相关关系，次生林不同处理土壤呼吸速率与土壤湿度呈显著的正相关。

# 第4章 海岸不同防护林带的碳吸存动态

沿海防护林具有消浪促淤、防风固沙、减灾增产、保护基础设施以及保护农田、村庄免受灾害等诸多功能，防灾减灾能力明显，是维系海岸带生态安全的绿色屏障。沿海防护林体系主要由海岸基干林带和纵深防护林组成，重点任务是构建森林生态防护网络和提升生态连通性，增强抵御风灾及海潮等功能。海岸基干林带为第一道防线，是沿海防护林体系的核心，是沿海防护林中最基础、最主要的骨干林带，是抵御自然灾害的骨干屏障和生态防护线(叶功富等，2013b)。以红树林为主的消浪林主要位于海岸线以下的浅海水域、潮间带和近海滩涂，由红树林、芦苇等植被和湿地构成，起到减缓海浪对海岸的侵蚀及消浪护堤保滩的作用(范航清，2018)。海岸基干防护林带建设，包括对已有基干林带加宽、断带处填空补缺、低效林带的改造修复等内容。沿海纵深防护林为第二层次，即从海岸基干林带后侧延伸到工程规划范围内的广大区域，按照“以面为主、点线结合、因害设防”的原则布局，共同构建点、线、面相结合的海岸带森林生态网络体系(高智慧，2015)。即以沿海乡(镇)、村屯为“点”进行绿化美化；以道路为“线”建设护路林，平原农区建设高标准农田防护林；以广大工程区域为“面”，对宜林荒山荒地进行造林绿化。农田防护林带是纵深防护林的主要组分，与基干林带一起成为海岸生态防护网络构架。

我国海岛众多且区位特殊，生态环境较为恶劣，是沿海防护林建设的重要区域，由于常年风力大、淡水资源缺乏，植被修复和沿海防护林营建难度很大。通过持续种植红树林、灌草和木麻黄防风固沙林等，对受损海岛岸线和植被进行整治与修复，南方海岛加大植被修复力度，形成由基干林带-农田防护林-片林的植物群落纵向结构，开展基于生产-生态功能协同提升的林农复合生态系统经营，取得了非常显著的生态和经济效益(任海等，2004)。随着沿海区位与海岸距离的梯度变化，各种环境因子会发生相应变化，对不同环境梯度下海岸防护林生态过程产生不同程度的影响(钟春柳等，2017)。有关不同环境梯度下海岸防护林生态系统固碳过程的研究尚未见报道，因此对于揭示不同环境条件下人工林碳积累机理及对环境变化的响应机制具有重要意义。基于此，本章选择福建省平潭岛和东山岛两个沿海防护林重点区的19a生不同木麻黄防护林带类型，开展生物量和净初级生产力测定，及海岸防护林生态系统碳储量观测，以期探明沿海基干林带与农田防护林带的固碳功能差异，揭示防护林初级生产力、固碳作用与理化环境梯度变化之间的关系，为滨海退化地带植被修复和防护林优化配置，提升森林生态系统碳汇能力提供理论依据。

## 4.1 试验区概况

试验区位于福建省两个海岛县，即漳州市东山县和福州市平潭县。东山岛位于福建南端，北纬23°33′~23°47′，东经117°17′~117°35′，由东山本岛和30个小岛屿、39个岩礁组成，位于西太平洋边缘构造带。东山岛海拔高度较小，地貌结构相对简单。地貌类型主要有低丘、台地、滨海小平原和滩涂。岛上西北高，东南低，地势从西北向东南倾斜，西北部低丘与台地交错。东山岛属南亚热带海洋性季风气候，气候温暖，热量丰富，光照充足，雨量较少，冬无严寒，夏无酷暑。年平均气温为20.8 ℃，极端最高气温为36.6 ℃，极端最低气温为3.8 ℃。终年无霜冻，多年平均降水1103.8 mm。主要自然灾害为台风和干旱，台风多发生在7~8月，年平均5.1次。土壤类型主要可分为砖红壤性红壤(赤红壤)、水稻土、风沙土和盐土。

平潭岛是福建省第一大岛，位于福建省东部，地理位置为北纬25°16′~25°44′，东经119°32′~120°10′，东临台湾海峡，由126个岛屿组成，属亚热带海洋性季风气候，以夏长冬短、风大、雨少、蒸发强为特色。雨热同季，旱雨季节分明，7~9月高温干旱。年均降水量1172 mm，年均气温19.5℃，最冷日平均气温10.2℃，最热日平均气温27.9℃。平潭陆地面积392 $km^2$，境内地势低平，地貌类型以丘陵为主，其次为平原和台地。地形以海积平原为主；平潭岛是福建省强风区之一，全年大风7级以上日数为125d，季风明显，夏季以偏南风为主，其余季节多为东北风，年平均风速6.9 $m\cdot s^{-1}$。岛上土壤以砖红壤性红壤、风沙土、盐土为主，植被稀疏，水土流失严重，土层薄，有机质含量和养分含量低。

## 4.2 材料与方法

### 4.2.1 样地设置

2010年沿平潭岛和东山岛垂直于海岸线方向，按照离海洋由近到远的顺序向内陆每隔大约300 m设置1个试验梯度，共计3个，分别记为梯度一(基干林带)、二(木麻黄片林)至梯度三(农田防护林)。所选林带为滨海沙地19 a生木麻黄成熟林，造林密度相近，雨天造林，为防止病虫害，造林后及时进行卫生伐，清除病株。选择平潭岛长江澳和龙王头沙地上的木麻黄基干防护林带、芦洋乡和钟楼乡的农田防护林带、东山县马銮湾和海滨乌礁湾的沿海基干防护林、陈城镇白城村和康美乡农田防护林为研究对象。在每个防护林带中选择有代表性的地段分别设置5个400 $m^2$ 的标准地，调查不同防护林带的生长量，具体见表4-1。

表4-1 海岛木麻黄防护林带的生长情况

| 序号 | 防护林带类型 | 面积($m^2$) | 标准地数量(个) | 平均胸径(cm) | 平均树高(m) | 地点 |
|---|---|---|---|---|---|---|
| 1 | 农田防护林 | 400 | 5 | 15.7 | 13.4 | 平潭芦洋乡 |
| 2 | 农田防护林 | 400 | 5 | 16.5 | 13.9 | 平潭钟楼乡 |
| 3 | 农田防护林 | 400 | 5 | 16.9 | 14.5 | 东山陈城镇 |
| 4 | 农田防护林 | 400 | 5 | 15.9 | 13.8 | 东山康美乡 |
| 5 | 基干防护林 | 400 | 5 | 12.8 | 11.6 | 平潭长江澳 |
| 6 | 基干防护林 | 400 | 5 | 14.6 | 13.7 | 平潭龙王头 |
| 7 | 基干防护林 | 400 | 5 | 13.6 | 12.2 | 平潭流水乡 |
| 8 | 基干防护林 | 400 | 5 | 15.5 | 13.4 | 东山乌礁湾 |
| 9 | 基干防护林 | 400 | 5 | 14.7 | 12.8 | 东山马銮湾 |

### 4.2.2 植被层和凋落物碳储量测定

在不同海岸梯度的木麻黄防护林带标准地内测定每木的树高和胸径，并统计径级分布。在每个径级各选择3株标准木，测定标准木的各器官鲜重。采用干掘法挖取标准木根系，采各器官样品1000 g，在实验室105 ℃烘箱中烘4 h，然后计算干鲜比，将标准木各器官鲜重换算成干重。

采用相对生长量法来评价各海岸梯度的木麻黄防护林带生物生产力。根据林木生物量($W$)与胸径($D$)、树高($H$)的相对生长关系，即 $W=a(D^2H)^b$，利用不同径级每株林木生物量及其对应的胸径和树高数据，采用统计分析软件求出回归

方程的系数 $a$ 和 $b$。然后按照样地每木调查数据，求算每株林木相对应的生物量，接着可求得样地或单位面积的生物量。采用干掘法挖取标准木根系，采集各器官样品 1 kg，在实验室 105 ℃烘箱中烘 4 h，然后计算干鲜比，将木麻黄标准木各器官鲜重换算成干重。

生产力测定方法则是选取 1 株标准木进行解析，以 0.5 m 区分段，取树干圆盘，查年轮数，划分龄级，量测各龄级的树干直径。绘制树高生长过程曲线图和树干纵断面图，并用区分求积法计算各龄级的材积，以及材积连年生长量的生长率，绘制各种生长曲线图。年间净初级生产力($ZW$)采用树干解析法查出不同年龄阶段样木的 $D$ 和 $H$ 值，代入相应的生长方程式，推算树干净初级生产力，而小枝、枝、根的净初级生产力，依据其与树干比例随年龄变化关系而求得的。

在不同海岸梯度的木麻黄防护林带标准地内随机布设 15 个 1.0 m×1.0 m×0.2 m 木箱，木箱底部用孔径为 0.25 mm 的尼龙网做成，离地面 25 cm 高水平置放，每月收集凋落物，共收集一年。凋落物分为小枝、枝、皮、果，称鲜重后对各组分取样测定含水率，并换算为干重。

植被层碳储量根据单位面积林分干物质质量(生物量)乘转换系数(含碳率)而求得。不同防护林类型的转换系数是根据在进行生物量测定时所取得的样品而实测所得的有机碳含量值(雷丕锋等，2004；鲁如坤，1999；马炜等，2010；马钦彦等，1999；马明东等，2008)。在测定生物量时候对样品的碳含量进行测定，并计算转换系数和变异系数。

### 4.2.3 土壤层碳库测定

在每种海岸梯度的木麻黄防护林带树干基部距离 80 cm 位置挖取 3 个土壤剖面，按 0~10、10~30、30~60 和 60~100 cm 4 个土层采集土壤样品，用环刀取土样测定土壤容重，并取 500 g 土样装入样品袋，用于土壤有机碳测定，共采集 240 个土壤样品。在 105 ℃烘干 24 h 后，称量并计算土壤容重。土壤碳储量则是土壤有机碳含量、土壤容重及土壤厚度三者的乘积(勇军等，2013)，计算公式为(肖寒等，2000)：

$$S_d = \sum_{1}^{5} D_i C_i H_i$$

式中，$S_d$ 代表土壤 $d$ 深度内单位面积土壤碳储量($t \cdot hm^{-2}$)；$D_i$ 代表第 $i$ 土层的容重($t \cdot m^{-3}$)；$C_i$ 代表第 $i$ 土层的含碳率(%)；$H_i$ 代表第 $i$ 土层的厚度(cm)。

# 4.3 结果与分析

## 4.3.1 不同防护林带的生物量和生产力

由于木麻黄防护林灌木和草本层种类、个体极少，灌木和草本层生物量不做计算，乔木层生物量可以代表木麻黄防护林生物量总体情况。不同海岸梯度下木麻黄农田防护林和基干林带的生物量和净初级生产力结果见表4-2。4种木麻黄防护林按生物量和生产力高低排序为：东山木麻黄农田防护林>平潭木麻黄农田防护林>东山基干林带>平潭基干林带。东山岛木麻黄农田防护林生物量和净初级生产力最高，分别达到了462.21 $t \cdot hm^{-2}$和22.01 $t \cdot hm^{-2} \cdot a^{-1}$。东山岛和平潭岛农田防护林生物生产力均高于两地沿海基干林带。东山岛农田防护林生物量比基干林带高出22.0%；平潭岛农田防护林生物量比基干林带增加26.06%。这表明农田木麻黄防护林带具有更高的生物生产力。农田防护林带位居海岸第3梯度，种植于农地附近，经过长期耕作，土壤肥力、土壤质地和水分条件均较好，为林木生长发育创造了良好环境。而木麻黄基干林带位于第1梯度，营造在海岸海积平原沙地上，立地条件较差，同时受到强风等环境因子的严重胁迫，小枝存在水肿、叶绿素失绿和提早衰老现象，光合色素代谢合成受到明显抑制(叶功富等，2013a)，进而影响生物量积累。

**表4-2 木麻黄防护林生物量和净初级生产力**

| 防护林带类型 | 标准木年生长量 ($kg \cdot a^{-1}$) | 防护林生物量 ($t \cdot hm^{-2}$) | 凋落物量 ($t \cdot hm^{-2} \cdot a^{-1}$) | 枯损量 ($t \cdot hm^{-2} \cdot a^{-1}$) | 净初级生产力 ($t \cdot hm^{-2} \cdot a^{-1}$) |
|---|---|---|---|---|---|
| 平潭农田防护林 | 2.36 | 412.67 | 4.88 | 1.87 | 20.60 |
| 平潭基干防护林 | 1.98 | 274.16 | 2.63 | 1.35 | 15.23 |
| 东山农田防护林 | 2.41 | 462.21 | 4.92 | 1.92 | 22.01 |
| 东山基干防护林 | 2.06 | 326.23 | 3.41 | 1.52 | 17.17 |

在防护林带类型和林龄相同的情况下，东山岛木麻黄防护林比平潭岛具有更高的生物生产力，这与其典型的南亚热带气候有关。东山岛年平均气温要高出平潭岛2℃左右，年均风速也比平潭县小1.8 $m \cdot s^{-1}$，日照条件比平潭岛好，更为优越的水热条件有助于木麻黄更快生长，提高人工林生产力。而平潭岛位于南亚热带北部，水热条件不如东山岛，加上“狭管效应”的影响岛上风害严重，使得木麻黄人工林的生产能力稍弱。但即便如此，两地的木麻黄防护林生物生产力均超福建山地相近年龄的杉木林、马尾松林和火力楠林(周琦全，2012；郭久江，2003；苏宜洲，2007)，表现出较高的生物生产力水平。

## 4.3.2 不同防护林带的碳吸存及其分布

### 4.3.2.1 植被层和凋落物碳吸存及其分布

不同海岸梯度下木麻黄防护林乔木层不同器官及凋落物含碳率见表4-3，东山岛农田防护林含碳率为0.48~0.55，东山岛基干林带为0.47~0.54，平潭岛农田防护林为0.47~0.55，平潭岛基干林带为0.47~0.52。东山岛农田防护林含碳率总体较高，乔木层平均达到0.51，其次为平潭岛农田防护林的0.50，基干林带含碳率稍低。无论是木麻黄农田防护林还是基干林带，东山岛含碳率都较平潭岛高。

表4-3 木麻黄防护林植被层各器官含碳率

| 器官 | 东山农田防护林带 | | 东山基干防护林带 | | 平潭农田防护林带 | | 平潭基干防护林带 | |
|---|---|---|---|---|---|---|---|---|
| | 含碳率(%) | 变异系数(%) | 含碳率(%) | 变异系数(%) | 含碳率(%) | 变异系数(%) | 含碳率(%) | 变异系数(%) |
| 树干 | 0.52 | 12.68 | 0.50 | 13.64 | 0.51 | 11.48 | 0.49 | 12.62 |
| 树枝 | 0.55 | 12.41 | 0.54 | 11.74 | 0.55 | 12.1 | 0.52 | 12.41 |
| 小枝 | 0.48 | 21.72 | 0.48 | 22.15 | 0.47 | 20.91 | 0.47 | 23.21 |
| 树根 | 0.49 | 9.53 | 0.47 | 10.25 | 0.48 | 10.65 | 0.47 | 10.19 |
| 乔木平均 | 0.51 | | 0.50 | | 0.50 | | 0.49 | |
| 凋落物 | 0.44 | 26.54 | 0.4218 | 27.18 | 0.44 | 26.94 | 0.42 | 27.53 |

木麻黄防护林植被层和凋落物层的碳储量见表4-4，不同海岸梯度木麻黄防护林植被层碳储量差别较大，基本表现为木麻黄农田防护林高于基干林带，其中东山岛要高出31.1%，平潭岛高出34.4%，这与不同海岸梯度下木麻黄小枝叶绿素含量和净光合速率大小有关(叶功富等，2013a)，位于海岸后沿的农田防护林光合固碳速率更高；东山岛与平潭岛两地相比，东山岛农田防护林和基干林带碳储量也要高出平潭岛，分别高出12.24%和17.53%，该结果与不同防护林带的生物量表现相一致。

根据木麻黄防护林的年净生产力和响应的含碳率，计算出不同海岸梯度下植

表4-4 木麻黄防护林植被层碳储量 $t\cdot hm^{-2}$

| 层次 | 东山农田防护林带 | | 东山沿海基干林带 | | 平潭农田防护林带 | | 平潭沿海基干林带 | |
|---|---|---|---|---|---|---|---|---|
| | 生物量 | 碳储量 | 生物量 | 碳储量 | 生物量 | 碳储量 | 生物量 | 碳储量 |
| 乔木层 | 457.29 | 233.17 | 322.82 | 160.60 | 408.49 | 204.86 | 271.53 | 132.53 |
| 凋落物层 | 4.92 | 2.16 | 3.41 | 1.44 | 4.18 | 1.84 | 2.63 | 1.11 |
| 合计 | 462.21 | 235.33 | 326.23 | 162.04 | 412.67 | 206.7 | 274.16 | 133.64 |

被层的年净固碳量(表 4-5)。从地域上看，东山岛防护林的年净固碳量高出平潭岛，农田防护林的年净固碳量大于基干林带，这种差异主要体现在乔木层，凋落物层年净固碳量所占的比重相对较小。东山农田防护林的年净固碳量最大，达 12.33 $t\cdot hm^{-2}$，折合成 $CO_2$ 量为 45.21 $t\cdot hm^{-2}$，平潭基干林带的年净固碳量最小，为 8.00 $t\cdot hm^{-2}$，折合成 $CO_2$ 量为 29.34 $t\cdot hm^{-2}$。森林生态系统的净固碳量反映了同化 $CO_2$ 能力的大小，农田防护林的碳吸存能力要强于基干林带。

**表 4-5　木麻黄防护林植被层年净固碳量**　　$t\cdot hm^{-2}$

| 层次 | 东山农田防护林带 | | 东山沿海基干林带 | | 平潭农田防护林带 | | 平潭沿海基干林带 | |
|---|---|---|---|---|---|---|---|---|
| | 净固定量 | 折合 $CO_2$ 量 | 净固定量 | 折合 $CO_2$ 量 | 净固定量 | 折合 $CO_2$ 量 | 净固定量 | 折合 $CO_2$ 量 |
| 乔木层 | 11.23 | 41.18 | 8.59 | 31.49 | 10.30 | 37.77 | 7.46 | 27.36 |
| 凋落物层 | 1.10 | 4.03 | 0.72 | 2.64 | 0.92 | 3.37 | 0.54 | 1.98 |
| 合计 | 12.33 | 45.21 | 9.31 | 34.13 | 11.22 | 41.14 | 8.00 | 29.34 |

#### 4.3.2.2　土壤碳储量

根据土壤剖面含碳率和土壤剖面容重，计算了东山岛木麻黄防护林土壤碳储量(表 4-6)和平潭岛木麻黄防护林土壤碳储量(表 4-7)。不同海岸梯度下防护林土壤碳储量都呈现随土壤深度增加，碳储量明显减少态势，农田防护林比基干林带碳储量更大；东山岛木麻黄防护林碳储量要高于平潭岛，其趋势完全与碳含量趋势一致，碳储量在空间分布方面的差异将在后文述及，在此不再进一步说明。

**表 4-6　东山岛木麻黄防护林土壤层碳储量**

| 土层(cm) | 东山农田防护林带 | | | | 东山基干防护林带 | | | |
|---|---|---|---|---|---|---|---|---|
| | 含碳率($gC\cdot kg^{-1}$) | 土壤容重($g\cdot cm^{-3}$) | 土壤碳储量($t\cdot hm^{-2}$) | 占比(%) | 含碳率($gC\cdot kg^{-1}$) | 土壤容重($g\cdot cm^{-3}$) | 土壤碳储量($t\cdot hm^{-2}$) | 占比(%) |
| 0~10 | 11.57 | 1.23 | 14.23 | 33.59 | 7.63 | 1.25 | 9.54 | 40.94 |
| 10~30 | 8.71 | 1.53 | 13.32 | 31.43 | 5.09 | 1.51 | 7.69 | 33.01 |
| 30~60 | 5.54 | 1.72 | 9.52 | 22.47 | 2.14 | 1.69 | 3.62 | 15.54 |
| 60~100 | 3.16 | 1.68 | 5.3 | 12.5 | 1.46 | 1.68 | 2.45 | 10.52 |
| 合计 | | | 42.37 | 100 | | | 23.3 | 100 |
| 平均 | 7.22 | 1.54 | 11.12 | | 4.08 | 1.53 | | |

不同海岸梯度木麻黄防护林植被层和土壤层碳储量高低排列顺序为：东山农田防护林(277.70 $t\cdot hm^{-2}$)>平潭农田防护林(246.14 $t\cdot hm^{-2}$)>东山基干林带(185.34 $t\cdot hm^{-2}$)>平潭基干林带(153.54 $t\cdot hm^{-2}$)。表现出农田防护林高于基干林带、东山岛防护林高于平潭岛防护林，碳含量分布规律一致。说明不同的滨海木

表4-7 平潭岛木麻黄防护林土壤层碳储量

| 土层 | 平潭农田防护林带 | | | | 平潭基干防护林带 | | | |
|---|---|---|---|---|---|---|---|---|
| | 含碳率 ($gC\cdot kg^{-1}$) | 土壤容重 ($g\cdot cm^{-3}$) | 碳储量 ($t\cdot hm^{-2}$) | 占比 (%) | 含碳率 ($gC\cdot kg^{-1}$) | 土壤容重 ($g\cdot cm^{-3}$) | 碳储量 ($t\cdot hm^{-2}$) | 占比 (%) |
| 0~10 cm | 10.86 | 1.25 | 13.58 | 34.43 | 6.36 | 1.26 | 8.01 | 40.25 |
| 10~30 cm | 8.62 | 1.52 | 13.1 | 33.22 | 4.67 | 1.5 | 7.01 | 35.23 |
| 30~60 cm | 4.53 | 1.68 | 7.61 | 19.3 | 1.98 | 1.67 | 3.31 | 16.63 |
| 60~100 cm | 3.01 | 1.71 | 5.15 | 13.06 | 0.97 | 1.62 | 1.57 | 7.89 |
| 合计 | | | 39.44 | 100 | | | 19.9 | 100 |
| 平均 | 6.76 | 1.54 | | | 3.5 | 1.51 | | |

麻黄防护林类型之间碳储量差异还是很明显的。

周玉荣等(2000)估算了中国森林生态系统(植被、凋落物和土壤)碳储量，其估算的森林生态系统碳储量平均值为258.83 $t\cdot hm^{-2}$，其中森林植被层碳储量为57.07 $t\cdot hm^{-2}$、土壤层为193.55 $t\cdot hm^{-2}$。与这一结果进行比较，木麻黄农田防护林带高于或接近于这一平均值，但基干林带均低于这一平均值。若分层次比较，则差异较大。不同海岸梯度下木麻黄防护林植被层碳储量均明显高出中国森林生态系统植被层的平均值2.69~4.87倍，但土壤层则明显低于中国森林生态系统土壤层4.6~9.7倍。这与木麻黄人工林及所处沿海区位有关。乔木层碳储量高于全国平均水平，表明木麻黄防护林生产力更高，说明木麻黄生长较快，生物量碳储量积累速度更快。土壤层碳储量明显偏低，是因为沿海沙地土壤较为贫瘠，凋落物分解速率高，植物对土壤养分再吸收比率很高(Hunter，2001)。另外，不容忽视的是不少沿海居民生活用柴薪来源为木麻黄枯枝落叶，这无疑人为地减少了土壤碳的积累，使得生态系统的碳平衡失调。再者，基干防护林位于海岸第一梯度，大风影响也是一个因素，风力大导致枯枝落叶被吹散，土壤表层有机质颗粒被吹蚀。基干林带土壤碳储量比例要低于木麻黄农田防护林，也说明了这个问题。

#### 4.3.2.3 木麻黄防护林碳储量的空间分布

从不同海岸梯度木麻黄防护林碳储量的空间分布来看，由表4-8和图4-1可知，其空间分布为植被层>土壤层>凋落物层。植被层碳储量贡献量为83.22%~86.65%，土壤层0~100 cm碳储量贡献为12.58%~16.02%，凋落物层为0.73%~0.78%。可见植被层碳储量对维持整个木麻黄防护林生态系统具有关键作用，是最大的碳储存库。凋落物层的贡献率虽然较小，但它是土壤和植被层碳循环的连接库，对森林生态系统的碳循环起到重要作用。土壤含碳率明显低于植被层及枯落物层，且土壤碳储量随土壤深度增加而减少，0~10 cm土层土壤碳储量占比为5.12%~5.52%；10~30 cm占比为4.15%~5.32%；30~60 cm占比为1.95%~3.43%；60~100 cm占比只有1.02%~2.09%。此外，碳储量在0~30 cm土层间变化显著，其中东山岛农田防护林占65.02%、东山岛基干林带占73.94%，平潭岛农田防护林占67.64%、基干林带占75.48%。

Baties(1996)对全球土壤碳储量的研究表明，在0~100 cm的土壤碳储量中，0~30 cm和0~50 cm所占比例平均为49%和67%。在福建沿海木麻黄防护林中，土壤0~30 cm和0~50 cm的碳储量占比均超过了全球平均水平。

**表4-8　木麻黄防护林碳储量的空间分布**

| 空间分布 | | 东山农田防护林带 | | 东山沿海基干林带 | | 平潭农田防护林带 | | 平潭沿海基干林带 | |
|---|---|---|---|---|---|---|---|---|---|
| | | 碳储量($t\cdot hm^{-2}$) | 占比(%) | 碳储量($t\cdot hm^{-2}$) | 占比(%) | 碳储量($t\cdot hm^{-2}$) | 占比(%) | 碳储量($t\cdot hm^{-2}$) | 占比(%) |
| 地上 | 乔木层 | 233.17 | 83.96 | 160.6 | 86.65 | 204.86 | 83.22 | 132.53 | 86.32 |
| | 凋落物层 | 2.16 | 0.78 | 1.44 | 0.78 | 1.84 | 0.75 | 1.11 | 0.73 |
| | 小计 | 235.33 | 84.74 | 162.04 | 87.43 | 206.7 | 83.98 | 133.64 | 87.04 |
| 土壤 | 0~10 cm | 14.23 | 5.12 | 9.54 | 5.15 | 13.58 | 5.52 | 8.01 | 5.21 |
| | 10~30 cm | 13.32 | 4.8 | 7.69 | 4.15 | 13.1 | 5.32 | 7.01 | 4.57 |
| | 30~60 cm | 9.52 | 3.43 | 3.62 | 1.95 | 7.61 | 3.09 | 3.31 | 2.16 |
| | 60~100 cm | 5.3 | 1.91 | 2.45 | 1.32 | 5.15 | 2.09 | 1.57 | 1.02 |
| | 小计 | 42.37 | 15.26 | 23.3 | 12.58 | 39.44 | 16.02 | 19.9 | 12.96 |
| 合计 | | 277.7 | 100 | 185.34 | 100 | 246.14 | 100 | 153.54 | 100 |

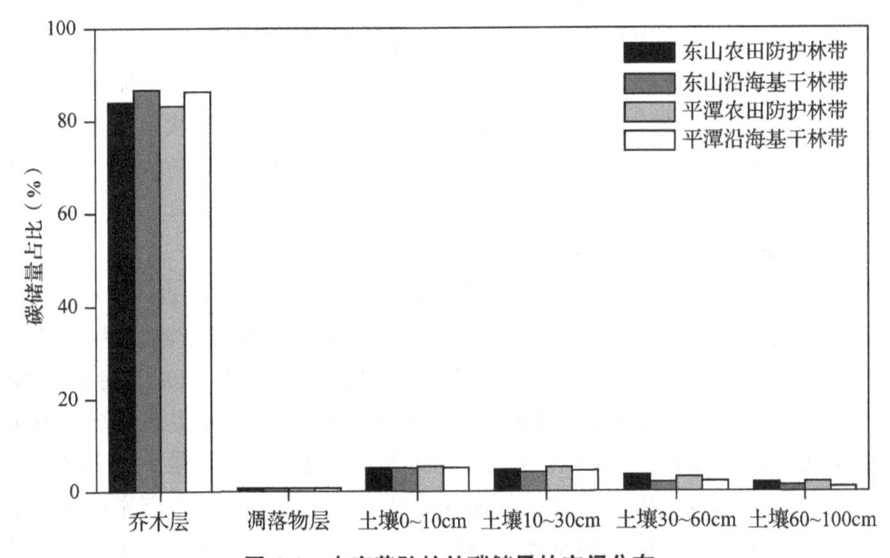


**图4-1　木麻黄防护林碳储量的空间分布**

## 4.4 主要结论

以福建省平潭岛和东山岛木麻黄基干林带、农田防护林带为对象，从海岸带自然环境梯度上开展不同防护林带生物生产力、森林生态系统各组分碳储量、碳吸存及其分布状况研究，揭示不同环境梯度下生态系统的固碳功能差异，探明海岸环境梯度变化与碳吸存过程的关系，及不同防护林带的响应与适应机制，为沿海防护林的结构配置提供科学依据。

(1)从区域尺度看，东山岛木麻黄防护林的生产力和碳吸存能力高于平潭岛。在林龄相近的情况下，海岸木麻黄防护林的生物生产力优于福建山地马尾松林、杉木林和楠木人工林，且东山岛木麻黄基干林带和农田防护林的生产力，植被层、凋落物层的碳储量与净碳固定量，土壤层及生态系统的碳储量均高于平潭岛。表明东山岛木麻黄防护林带固碳能力更强，这与东山岛地处福建沿海南部、水热等生态环境条件更好，木麻黄防护林净光合速率更高有密切关系。

(2)在不同海岸梯度下，海岛农田防护林带的生产力和固碳能力优于沿海基干林带。农田防护林带生物量及植被层、凋落物层的碳储量与净碳固定量，土壤层及生态系统的碳储量均高于基干林带。东山岛、平潭岛 19 a 生农田防护林带的碳储量分别为 277.70 $t \cdot hm^{-2}$、246.14 $t \cdot hm^{-2}$，基干林带的碳储量依次为 185.34 $t \cdot hm^{-2}$、153.54 $t \cdot hm^{-2}$，分别增加 49.8%和 60.3%。农田防护林位于海岸第三梯度，立地条件优于海岸第一梯度的基干林带，受台风、风暴潮等的影响相对较小，林木生长快，木麻黄小枝叶绿素含量和净光合速率更高，光合固碳速率更强。

(3)木麻黄防护林碳储量呈现植被层>土壤层>凋落物层的垂直分布规律。防护林植被层对碳库的贡献值最高，达 83.22%~86.65%，是维持整个木麻黄防护林生态系统的碳循环功能的关键因素；其次土壤层碳库占 12.58%~16.02%，碳储量随土壤深度增加而减少，以表层土壤(0~10 cm)所占比重最大。凋落物层占比最小，为 0.73%~0.78%，作为土壤和植被层碳循环的连接库，凋落物在维系生态系统碳平衡中的功能不可忽视，加强木麻黄林下凋落物的保护至关重要。

# 第5章 树种混交对海岸防护林碳储量的影响

森林生态系统作为吸收二氧化碳释放氧气的一大碳汇，在碳循环中起着非常重要的作用。准确估算碳蓄积是全球碳循环研究的重要课题(Dixon et al., 1994)。全球碳计划(Global Carbon Project, GCP)的科学主题就是研究碳储量和通量的时空分布(王效科等，2000；周玉荣等，2000)。碳储量是碳蓄积的现存量，是比较森林生态系统结构和功能特征、评价林地经济产量和立地质量的重要指标。近年来，随着天然林资源的减少，人工林面积不断增加，人工林在森林生态系统中占有越来越重要的地位，研究人工林在碳循环中的作用具有重要意义。木麻黄是沿海防护林的优良造林树种，具有耐干旱、耐瘠薄、不怕盐碱沙埋、生长迅速等特点。20世纪50年代以来，我国东南沿海地区营造了大面积的木麻黄防护林，改变了该地区的生态环境。但是由于树种单一，木麻黄纯林的弊端日益显现，长期的单一树种造林，造成木麻黄生长减弱、结构退化，林分质量和防护功能下降，林地生产力降低。

20世纪70年代起，在海岸沙地上陆续筛选出湿地松(*Pinus elliottii*)、厚荚相思(*Acasia crassicarpa*)等优良树种，与木麻黄进行混交试验，改善了沿海沙地造林树种单一的局面，取得了显著效果(谭芳林，2003；叶功富等，1994；叶功富等，1996c)。为揭示不同树种组成对海岸防护林生态系统碳吸存的影响，本章选择15a生的湿地松+木麻黄混交林和木麻黄纯林，10a生的木麻黄+厚荚相思混交林和木麻黄纯林，通过测定不同树种组成的防护林植被层、凋落物层和土壤层含碳率，结合各组分生物量，估算生态系统碳储量。研究结果不但能为准确评估我国南亚热带人工林生态系统的碳汇能力提供科学依据，还可比较海岸沙地上纯林与混交造林对生态系统固碳能力的影响，为海岸防护林经营过程中的混交树种选择和结构配置提供参考。

# 5.1 试验区概况

试验区位于福建省东山赤山国有防护林场，具体概况见第2章。

# 5.2 材料与方法

## 5.2.1 样地设置

在东山赤山国有防护林场采用行带混交方式，营建木麻黄与湿地松、厚荚相思混交试验林，开展混交林种间关系与生长等效果观测。2006年选择15 a生湿地松+木麻黄混交林和同年生木麻黄纯林，10 a生的木麻黄+厚荚相思混交林和同年生木麻黄纯林，每种林分中分别建立3个20 m×20 m标准地，共建立12个标准地，进行不同树种组成林分的土壤特性测定，具体见表5-1。

表5-1 不同树种组成林分的土壤特性

| 林分类型 | 有机质 $(g \cdot kg^{-1})$ | 全氮 $(g \cdot kg^{-1})$ | 水解氮 $(mg \cdot kg^{-1})$ | 全磷 $(g \cdot kg^{-1})$ | 有效磷 $(mg \cdot kg^{-1})$ | 全钾 $(g \cdot kg^{-1})$ | 速效钾 $(mg \cdot g^{-1})$ |
|---|---|---|---|---|---|---|---|
| 木麻黄+湿地松混交林 | 2.248 | 0.173 | 11.97 | 0.042 | 3.41 | 8.24 | 10.06 |
| 10a生木麻黄纯林 | 2.178 | 0.192 | 12.56 | 0.048 | 4.47 | 8.38 | 8.03 |
| 木麻黄+厚荚相思混交林 | 1.742 | 0.162 | 10.56 | 0.035 | 3.38 | 6.33 | 5.03 |
| 15a生木麻黄纯林 | 3.084 | 0.228 | 14.08 | 0.056 | 3.49 | 6.27 | 5.05 |

定期测定不同混交林的生长情况，从表5-2可知混交造林在调节林分结构的同时，有利于提高木麻黄的树高和胸径生长量。

表5-2 不同树种组成林分的生长情况

| 林分类型 | 树种组成 | 混交方式 | 林龄 (a) | 林分密度 $(株 \cdot hm^{-2})$ | 平均树高 (m) | 平均胸径 (cm) |
|---|---|---|---|---|---|---|
| 混交林 | 木麻黄 | 行带3：1 | 10 | 1500 | 8.44 | 7.38 |
| | 厚荚相思 | | 10 | 750 | 11.01 | 13.02 |
| 纯林 | 木麻黄 | | 10 | 2525 | 7.01 | 6.42 |
| 混交林 | 湿地松 | 行带2：1 | 15 | 1605 | 8.28 | 11.43 |
| | 木麻黄 | | 15 | 540 | 18.01 | 20.27 |
| 纯林 | 木麻黄 | | 15 | 2100 | 13.55 | 12.05 |

### 5.2.2 植被层生物量测定

对10a生和15a生的木麻黄纯林样地林木进行每木调查，根据木麻黄生物量模型$\ln W = a + b\ln(D^2H)$计算生物量，系数$a$和$b$见第二章。15a生木麻黄+湿地松混交林和10a生木麻黄+厚荚相思混交林采用平均木法进行生物量计算。同时根据林分平均胸径和树高，选取平均木1~2株，要求所选平均木胸径、树高和林分平均值误差不超过5%。伐到后，分层次分干、叶(分当年生叶和老叶)、枝(分当年生枝和老枝)、根(分为根径<0.2 cm，0.2~0.5 cm，>0.5 cm和根头)采集标准木乔木层的分析样品。对东山的混交林样地林木进行每木调查，选取平均木，按用Monsi分层切割法即2m区分段，分别称取树干、树皮、树枝和树叶鲜重，并用挖掘法测定根系生物量(陈光水等，2001；杨玉盛等，2002a)，随机抽取30%样品带回室内，烘干测定后换算成为干重，然后计算乔木层的生物量。

### 5.2.3 现存凋落物量测定

在木麻黄+厚荚相思混交林和湿地松+木麻黄混交林样地内设置5个1m×1m的小样方，采用样方收获法测定凋落物现存量(陈光水等，2001；杨玉盛等，2001；杨玉盛等，2002b)。先按未分解、半分解2层次分别取样，在按未分解、半分解把每个样地的5个小样方分别混和，取混合样进行测定。东山木麻黄纯林的凋落物被当地群众扒走，而且木麻黄林下植被稀少，本研究亦未对其进行研究。

### 5.2.4 样品含碳率测定

#### 5.2.4.1 植物样品含碳率测定

进行生物量调查的同时采集乔木层不同器官和凋落物层样品，经烘干、粉碎、过筛后，用全自动碳氮分析仪测定含碳率。乔木层平均含碳率是各器官含碳率的加权平均值。

#### 5.2.4.2 土壤样品含碳率测定

在样地内按S形随机设定取样点5个，按0~20 cm、20~40 cm、40~60 cm、60~100 cm分层取样。土样在室内风干后过0.149mm筛，采用重铬酸钾加热法测定土壤含碳率，同时用环刀取原状土，带回室内测定不同层次土壤的容重(陈光水等，2001)。

### 5.2.5 植被层碳储量及年净固碳量计算

乔木层碳当年净固定量是指乔木层的生物量碳当年积累量和碳当年归还量之

和(阮宏华等，1997)。根据乔木层各器官(干、枝、叶、皮、果、根)凋落物层的生物量乘各组分转换系数，求得碳储量。不同组分的转换系数是根据在进行生物量测定时所取得的样品而实测得到有机碳数值。乔木层的碳储量为乔木层各器官碳储量之和。乔木层年净固碳量是各器官年净生产力与对应含碳率乘积的累和。凋落物年净固碳量是年凋落量与其含碳率的乘积。

### 5.2.6 土壤层碳储量计算

在木麻黄混交林和纯林中各挖取3个土壤剖面，按0~20 cm、20~40 cm、40~60 cm和60~100 cm 4个土层采集土壤样品，用环刀取土样测定土壤容重。土壤层碳储量计算方法同第4章。

## 5.3 结果与分析

### 5.3.1 木麻黄+厚荚相思混交林的碳储量

#### 5.3.1.1 生态系统各组分碳含量

(1)*植被层碳含量* 由表5-3可见，两种林分中木麻黄与厚荚相思的树干、树皮和树叶含碳量差异显著，树枝和树根差异不显著，木麻黄各器官含碳量均无显著差异。厚荚相思叶、皮、根和枝的碳含量分别为54.68%、50.6%、49.97%、49.91%，树干碳含量较低，变化幅度为46.77%~54.68%。木麻黄根、叶、枝的碳含量分别为50.95%、50.01%、49.18%，树干和树皮碳含量较低。厚荚相思平均碳含量为50.38%，略高于木麻黄。

**表5-3 木麻黄+厚荚相思混交林及木麻黄纯林不同器官碳含量** %

| 林分 | 树种 | 树干 | 树皮 | 树枝 | 树叶(小枝) | 树根 | 平均值 |
|---|---|---|---|---|---|---|---|
| 混交林 | 厚荚相思 | 46.77±0.31 (0.66) | 50.6±0.36 (0.71) | 49.97±0.22 (0.44) | 54.68±0.31 (0.57) | 49.91±0.16 (1.22) | 50.38±2.83 (5.61) |
| | 木麻黄 | 48.93±0.52 (1.06) | 47.7±0.26 (0.55) | 49.18±0.53 (1.08) | 50.01±0.44 (0.88) | 50.95±0.23 (0.45) | 49.35±1.22 (2.47) |
| 纯林 | 木麻黄 | 48.99±0.21 (0.43) | 47.92±0.58 (1.21) | 49.29±0.41 (0.83) | 49.92±0.34 (0.68) | 50.01±0.38 (0.76) | 49.23±0.85 (1.73) |

注：括号内数字为变异系数/%。

(2)*土壤层碳含量* 由表5-4可见，随着土层深度增加，两种林分的土壤容重均逐渐增大，4个层次混交林土壤的容重分别为1.297、1.371、1.419和1.476 g·cm$^{-3}$，纯林分别为1.361、1.371、1.489和1.502 g·cm$^{-3}$。同一土层，纯林和混交林间土壤容重无显著差异。

土壤碳含量随着土层加深而降低。木麻黄+厚荚相思混交林 20~40 cm、40~60 cm 和 60~100 cm 土层的土壤含碳率分别是 0~20 cm 土层的 45.45%、31.28%、27.27%；木麻黄纯林相应土层的土壤含碳率分别是 0~20 cm 土层的 43.48%、28.26%、21.74%。相同土层混交林土壤碳含量高于纯林。其中，混交林 0~20 cm、20~40 cm、40~60 cm 和 60~100 cm 含碳率分别为 0.66%、0.3%、0.21%和 0.18%，平均含碳率是 0.38%，是木麻黄纯林的 1.52 倍。木麻黄+厚荚相思混交林土壤碳含量高于同林龄木麻黄纯林。

**表 5-4 木麻黄+厚荚相思混交林及木麻黄纯林土壤容重和碳素含量**

| 林分 | 指标 | 土层 | | | | 平均值 |
|---|---|---|---|---|---|---|
| | | 0~20 cm | 20~40 cm | 40~60 cm | 60~100 cm | |
| 木麻黄+厚荚相思混交林 | 容重($g \cdot cm^{-3}$) | 1.297 | 1.371 | 1.419 | 1.476 | 1.391 |
| | 含碳率(%) | 0.66 | 0.30 | 0.21 | 0.18 | 0.338 |
| 木麻黄纯林 | 容重($g \cdot cm^{-3}$) | 1.361 | 1.371 | 1.489 | 1.502 | 1.431 |
| | 含碳率(%) | 0.46 | 0.20 | 0.13 | 0.10 | 0.223 |

### 5.3.1.2 生态系统各组分碳储量

(1)*植被层碳储量* 由表 5-5 可见，木麻黄+厚荚相思混交林的植被层碳储量高于同林龄木麻黄纯林，其中混交林植被层碳储量为 74.34 $t \cdot hm^{-2}$(木麻黄占 70.20%，厚荚相思占 29.80%)，而木麻黄纯林植被层碳储量为 72.22 $t \cdot hm^{-2}$，混交林比纯林高 2.39%。

在碳储量空间分配上，木麻黄+厚荚相思混交林地上部分和地下部分的碳储量分别占林分总碳储量的 84.12%和 15.88%，而木麻黄纯林地上部分和地下部分的碳储量分别占林分总碳储量的 84.03%和 15.97%。

**表 5-5 东山木麻黄、厚荚相思混交林及纯林乔木层各器官碳储量分配** $t \cdot hm^{-2}$

| 组分 | 木麻黄+厚荚相思混交林 | | | | 木麻黄纯林 | |
|---|---|---|---|---|---|---|
| | 木麻黄碳储量 | 厚荚相思碳储量 | 小计 | 占比(%) | 碳储量 | 占比(%) |
| 树干 | 27.82 | 8.89 | 36.72 | 49.39 | 36.56 | 50.61 |
| 树皮 | 3.13 | 1.78 | 4.90 | 6.59 | 3.81 | 5.27 |
| 树枝 | 6.06 | 5.04 | 11.10 | 14.93 | 9.02 | 12.48 |
| 树叶 | 7.26 | 2.56 | 9.82 | 13.20 | 11.31 | 15.66 |
| 地上合计 | 44.26 | 18.27 | 62.53 | 84.12 | 60.69 | 84.03 |
| 地下部分 | 7.92 | 3.88 | 11.81 | 15.88 | 11.54 | 15.97 |
| 总计 | 52.19 | 22.15 | 74.34 | 100.00 | 72.22 | 100.00 |

(2) *土壤层碳储量* 如图 5-1 所示，木麻黄+厚荚相思混交林土壤碳储量高于同林龄木麻黄纯林。其中，混交林土壤总碳储量为 41.93 t·hm$^{-2}$，折合 $CO_2$ 量为 153.74 t·hm$^{-2}$，比同林龄木麻黄纯林增加 50.69%。混交林和纯林土壤碳储量均随深度的增加而减少。0~40 cm 土层内混交林的土壤碳储量显著大于纯林，其中混交林 0~40 cm 土层碳储量占总土壤碳储量的 60.45%，而木麻黄纯林 0~40 cm 土层碳储量占总土壤碳储量的 64.57%。

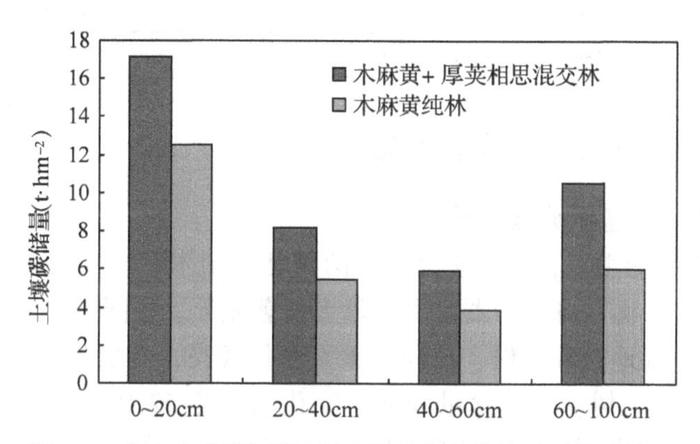


**图 5-1 木麻黄+厚荚相思混交林及木麻黄纯林土壤碳储量**

### 5.3.1.3 生态系统总碳储量

由表 5-6 可见，木麻黄+厚荚相思混交林总碳储量为 118.79 t·hm$^{-2}$，木麻黄纯林碳储量为 100.11 t·hm$^{-2}$，混交林是纯林的 1.19 倍。混交林生态系统碳储量分配为植被层>土壤层>凋落物层。植被层的碳储量为 74.34 t·hm$^{-2}$，占总碳储量的 62.58%，凋落物层的碳储量为 2.52 t·hm$^{-2}$，仅占 2.12%，土壤层碳储量为 41.93 t·hm$^{-2}$，占 35.30%。纯林中植被层和土壤层碳储量分别占 72.15% 和 27.85%。

混交林中植被和土壤碳储量比为 1.77，低于鼎湖山马尾松林(2.2)和季风常绿阔叶林(2.1)的研究结果(方运霆等，2002；方运霆等，2003)，也低于尖峰岭热带山地雨林的研究结果(2.25)(吴仲民等，1998)，但显著高于全球低纬度地区森林植被和土壤碳储量比值的平均水平(0.98)(雷丕锋等，2004)，也高于我国针叶、针阔混交林的平均水平(0.36)(周玉荣等，2000)。可见木麻黄+厚荚相思混交林生态系统碳储量中植被碳库占比较大，这可能与木麻黄较高的植被生物量和滨海沙地较低的立地质量(较低的土壤含碳率)有关。混交林中植被层碳储量占 62.58%，凋落物层和土壤层碳储量合计占比为 37.42%，木麻黄纯林中植被层碳储量占 72.15%，土壤层碳储量占比为 27.85%。

表 5-6　木麻黄+厚荚相思混交林与木麻黄纯林总碳储量及分配　$t \cdot hm^{-2}$

| 林分类型 | 植被层 | | 凋落物层 | 土壤层 | 总碳储量 |
|---|---|---|---|---|---|
| | 地上部分 | 地下部分 | | | |
| 木麻黄+厚荚相思混交林 | 62.53<br>(52.64) | 11.81<br>(9.94) | 2.52<br>(2.12) | 41.93<br>(35.30) | 118.79<br>(100) |
| 木麻黄纯林 | 60.69<br>(60.62) | 11.54<br>(11.53) | | 27.88<br>(27.85) | 100.11<br>(100) |

注：括号内数字为各组分碳储量占总碳储量的百分比(%)。

## 5.3.2　湿地松+木麻黄混交林的碳储量

### 5.3.2.1　生态系统各组分碳含量

(1)*植被层碳含量*　由表 5-7 可见，两种林分中木麻黄与湿地松各器官的含碳量均差异显著，而木麻黄各器官含碳量无显著差异。相同树种不同器官的碳素含量不同，其中湿地松叶、根、枝和干碳素含量较高，分别为 58.10%、56.2%、55.29%、54.74%，树皮中碳含量较低，变化幅度为 52.04%～58.10%，此值小于方晰等(2003)在广西禄峰山对湿地松含碳率的研究结果。木麻黄与湿地松混交林中木麻黄的根、叶、枝碳素含量较高，分别为 50.19%、49.72%、49.18%，碳素含量从高到低依次为根>叶>枝>干>皮，纯林中木麻黄各器官的碳素含量与混交林规律一致。湿地松碳素平均含量显著高于木麻黄。

表 5-7　木麻黄+湿地松混交林及纯林乔木层不同器官碳含量　%

| 林分 | 树种 | 树干 | 树皮 | 树枝 | 树叶(小枝) | 树根 | 平均值 |
|---|---|---|---|---|---|---|---|
| 混交林 | 湿地松 | 54.74±0.19<br>(0.35) | 52.04±0.37<br>(0.71) | 55.29±0.38<br>(0.69) | 58.10±0.26<br>(0.45) | 56.2±0.37<br>(0.66) | 55.27±2.21<br>(3.99) |
| | 木麻黄 | 48.25±0.23<br>(0.48) | 47.11±0.28<br>(0.59) | 49.18±0.36<br>(0.73) | 49.72±0.20<br>(0.40) | 50.19±0.43<br>(0.86) | 48.89±1.23<br>(2.52) |
| 纯林 | 木麻黄 | 48.86±0.43<br>(0.88) | 46.69±0.43<br>(0.92) | 48.89±0.51<br>(1.04) | 49.44±0.49<br>(0.99) | 50.75±0.29<br>(0.57) | 48.93±1.46<br>(2.98) |

注：括号内数字为变异系数(%)。

(2)*土壤层碳含量*　由表 5-8 可见，木麻黄与湿地松混交林和木麻黄纯林土壤容重都随土壤深度的增加而增大，从表层至深层木麻黄与湿地松混交林的土壤容重分别为 1.426 $g \cdot cm^{-3}$、1.639 $g \cdot cm^{-3}$、1.674 $g \cdot cm^{-3}$ 和 1.784 $g \cdot cm^{-3}$，均值为 1.631 $g \cdot cm^{-3}$，木麻黄纯林的土壤容重分别为 1.297 $g \cdot cm^{-3}$、1.508 $g \cdot cm^{-3}$、1.691 $g \cdot cm^{-3}$、1.696 $g \cdot cm^{-3}$，均值为 1.548 $g \cdot cm^{-3}$。同一土层，纯林和混交林间土壤容重无显著差异。

由表5-8可见，土壤各层次碳含量随着土层加深而显著降低，其中木麻黄+湿地松混交林20~40 cm、40~60 cm和60~100 cm土层的土壤含碳率分别是表层土壤(0~20 cm)的71.46%、41.98%、32.10%。木麻黄纯林相应土层的土壤含碳率分别是表层土壤的57.97%、46.38%、31.88%。这与上部土层较下部土层的生物归还量大，有机碳较多积累在上部土层有关，与已有研究结果一致(方运霆等，2004；田大伦等，2004)。

相同土层混交林的土壤碳含量显著高于纯林，其中混交林0~20 cm、20~40 cm、40~60 cm和60~100 cm土层土壤含碳率分别为0.41%、0.29%、0.17%、0.13%，分别是纯林相应土层土壤含碳率的1.17倍、1.45倍，1.06倍、1.18倍，混交林总的平均含碳率为0.25%，是纯林的1.19倍。总的来看，木麻黄与湿地松混交林生态系统土壤的碳素含量高于同林龄木麻黄纯林。

**表5-8 木麻黄+湿地松混交林及纯林土壤容重和碳素含量**

| 林分 | 指标 | 土层 | | | | 平均值 |
|---|---|---|---|---|---|---|
| | | 0~20 cm | 20~40 cm | 40~60 cm | 60~100 cm | |
| 混交林 | 容重($g·cm^{-3}$) | 1.427 | 1.639 | 1.674 | 1.784 | 1.631 |
| | 含碳率(%) | 0.41 | 0.29 | 0.17 | 0.13 | 0.25 |
| 纯林 | 容重($g·cm^{-3}$) | 1.297 | 1.508 | 1.691 | 1.696 | 1.548 |
| | 含碳率(%) | 0.35 | 0.20 | 0.16 | 0.11 | 0.21 |

### 5.3.2.2 生态系统各组分碳储量

(1)*植被层碳储量* 根据两种林分各器官碳含量计算出各器官碳储量。由表5-9可见，木麻黄+湿地松混交林乔木层碳储量为122.33 $t·hm^{-2}$(其中木麻黄占51.18%，湿地松占48.82%)，而木麻黄纯林为134.18 $t·hm^{-2}$，混交林比纯林低11.4%。在碳储量空间分配上，混交林中地上部分占85.3%，地下部分占14.7%，纯林中地上部分占88.14%，地下部分占11.86%。不同器官中，树干碳储量占比最大，其中混交林中树干碳储量占56.4%，纯林中树干碳储量占9.57%，混交林碳储量空间分配为：树干>根系>树皮>树枝>树叶，纯林为树干>根系>树叶>树枝>树皮。

**表5-9 木麻黄+湿地松混交林与木麻黄纯林碳储量及分配** $t·hm^{-2}$

| 组分 | 木麻黄+湿地松混交林 | | | | 木麻黄纯林 | |
|---|---|---|---|---|---|---|
| | 木麻黄碳储量 | 湿地松碳储量 | 小计 | 占比(%) | 碳储量 | 占比(%) |
| 树干 | 41.32 | 27.68 | 68.99 | 56.40 | 82.25 | 59.57 |
| 树皮 | 7.46 | 5.64 | 13.09 | 10.70 | 11.60 | 8.40 |
| 树枝 | 4.34 | 7.99 | 12.33 | 10.08 | 12.09 | 8.76 |

（续）

| 组分 | 木麻黄+湿地松混交林 | | | | 木麻黄纯林 | |
|---|---|---|---|---|---|---|
| | 木麻黄碳储量 | 湿地松碳储量 | 小计 | 占比(%) | 碳储量 | 占比(%) |
| 树叶 | 3.84 | 6.09 | 9.93 | 8.12 | 12.33 | 8.93 |
| 合计 | 56.96 | 47.39 | 104.35 | 85.30 | 118.26 | 88.14 |
| 地下部分 | 5.64 | 12.34 | 17.98 | 14.70 | 15.92 | 11.86 |
| 总计 | 62.60 | 59.73 | 122.33 | 100.00 | 134.18 | 100.00 |

(2)*土壤层碳储量* 根据土壤碳含量和土壤容重计算林地土壤碳储量。如图 5-2 所示，木麻黄+湿地松混交林的土壤碳储量高于同林龄木麻黄纯林。木麻黄+湿地松混交林 0～100 cm 土壤碳储量为 36.03 $t\cdot hm^{-2}$，木麻黄纯林 0～100 cm 土壤碳储量为 27.86 $t\cdot hm^{-2}$，混交林比木麻黄纯林增加了 22.66%。在空间分配上，混交林 0～20 cm 和 20～40 cm 土壤碳储量分别占林分土壤总碳储量的 31.71%和 20.07%，合计占比 51.78%，纯林 0～20 cm 和 20～40 cm 土壤碳储量分别占林分土壤总碳储量 32.13%和 21.66%，合计占比 53.79%。在 0～40 cm 土层内，同林龄混交林和纯林间碳储量存在显著差异，在 40 cm 以下土层这种差异逐渐变小。

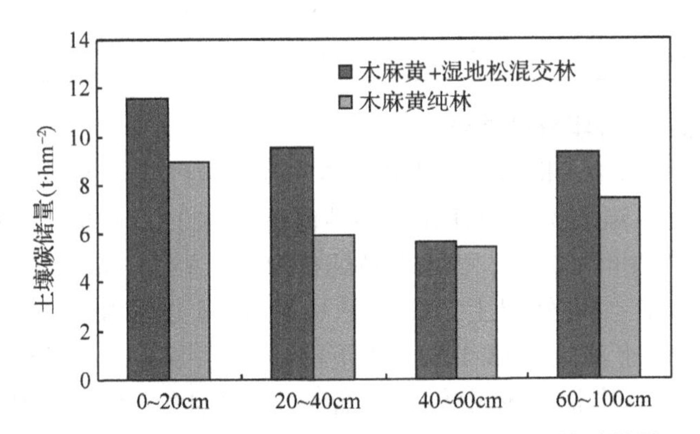


**图 5-2 木麻黄+湿地松混交林及木麻黄纯林土壤碳储量**

#### 5.3.2.3 生态系统总碳储量

木麻黄+湿地松混交林生态系统中碳库分为植被层、凋落物层和土壤层 3 部分，而木麻黄纯林主要为植被层和土壤层（表 5-10），混交林的总碳储量为 158.77 $t\cdot hm^{-2}$，木麻黄纯林为 162.04 $t\cdot hm^{-2}$，纯林为混交林的 1.02 倍，与植被层碳储量的规律一致。

生态系统碳储量的空间分布序列为乔木层>土壤层>凋落物层。混交林植被层的碳储量为 122.33 $t\cdot hm^{-2}$，占总储量的 77.05%，凋落物层为 0.41 $t\cdot hm^{-2}$，占比较小，凋落物层碳储量虽最小，但在土壤-植物系统碳循环中具有重要作用，土壤层碳储量为 36.03 t·hm$^{-2}$，占 22.69%。纯林植被层和土壤层碳储量分别为 134.18 t·hm$^{-2}$ 和 27.86 t·hm$^{-2}$，占比分别为 82.80%和 17.20%，混交林土壤层碳储量占比大于其在纯林中的占比。

**表 5-10 木麻黄+湿地松混交林与木麻黄纯林总碳储量及分配** t·hm$^{-2}$

| 林分类型 | 植被层 | | 凋落物层 | 土壤层 | 总碳储量 |
|---|---|---|---|---|---|
| | 地上部分 | 地下部分 | | | |
| 木麻黄+湿地松混交林 | 104.35<br>(65.76) | 17.98<br>(11.27) | 0.41<br>(0.26) | 36.03<br>(22.71) | 158.77<br>(100) |
| 木麻黄纯林 | 118.26<br>(72.98) | 15.92<br>(9.82) | — | 27.86<br>(17.20) | 162.04<br>(100) |

注：括号内数字为各组分碳储量占总碳储量的比例(%)。

## 5.3.3 不同树种组成林分的总碳储量

与纯林相比，木麻黄+厚荚相思混交林显著提高了土壤层碳储量和生态系统总碳储量(图 5-3)，这可能与木麻黄+厚荚相思混交林较高的地表凋落物量有关。两种混交林土壤碳储量均高于相应林龄的木麻黄纯林，但本研究中阔叶纯林(木麻黄纯林)和针阔混交林(木麻黄+湿地松混交林)的土壤碳储量显著低于我国类似森林类型土壤碳储量均值(分别为 205.23 t·hm$^{-2}$、335.58 t·hm$^{-2}$)(周玉荣等，2000)。首先这可能与研究对象有关，本研究中木麻黄虽属阔叶树种，但其叶片已经严重退化成鳞片状，林分凋落物以小枝为主，而小枝中较高碳氮比和较高的木质素含量严重限制了其分解速率，从而减缓了林分的养分归还速率(Gao et al.,

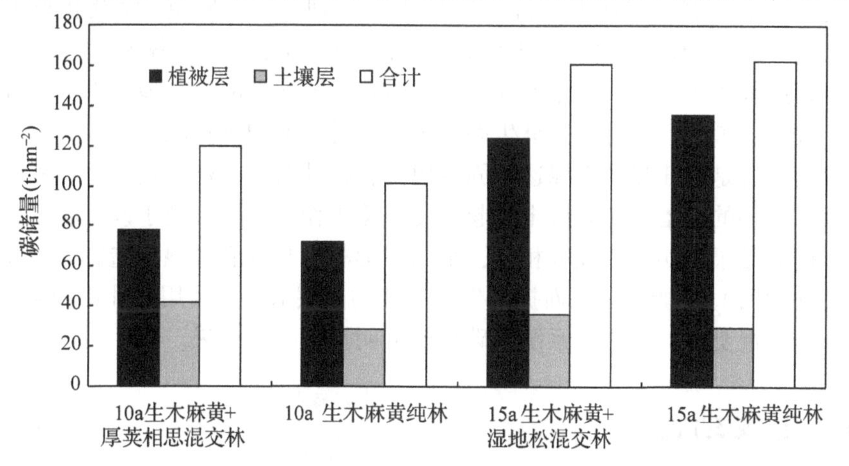


**图 5-3 四种人工林生态系统碳储量及分配**

2018；Gao et al.，2020）。此外，木麻黄试验林生长在南亚热带滨海沙地，生物循环旺盛，有机物质代谢快，加上滨海沙地土质疏松、保水保肥能力差，土壤可溶性有机碳易被淋溶，这些均有可能造成土壤中有机质含量偏低。

森林动植物残体和枯落物是土壤有机碳的主要来源，因此土壤碳含量通常随土壤深度的增加而降低。Baties(2014)对全球土壤碳储量的研究表明，0~100 cm土层内，0~30 cm 和 0~50 cm 土层碳储量占总碳储量的比例为 37%~59%和62%~81%，平均为49%和67%。Detwiler(1986)研究发现，热带和亚热带地区 0~40 cm 所贮存的碳占 0~100 cm 土壤总碳储量的比例为35%~80%，平均为57%。本研究中，从林地土壤碳储量空间分布来看，四种林分土壤表层(0~20 cm)的碳含量显著高于其他土层，其碳储量占土壤总碳储量的 32.07%~44.90%；其次为 20~40 cm 土层，占比为 19.61%~26.39%。可见 0~40 cm 土层是土壤碳储量的主体，占土壤总碳储量的 53.78%~64.56%，与已有研究结果较为接近。

本研究中，木麻黄+厚荚相思混交林总碳储量(118.79 $t \cdot hm^{-2}$)高于同林龄木麻黄纯林(100.10 $t \cdot hm^{-2}$)，而木麻黄+湿地松混交林总碳储量(158.77 $t \cdot hm^{-2}$)略低于同林龄木麻黄纯林(162.04 $t \cdot hm^{-2}$)，原因是木麻黄+厚荚相思混交林的土壤层碳储量显著高于木麻黄纯林，而木麻黄+湿地松混交林因生物量低于木麻黄纯林，其植被层碳储量低于木麻黄纯林。

4 种人工林生态系统碳储量的空间分布基本一致，植被层占 63.93%~83.21%，土壤层占比 17.19%~35.30%，其次为根系，凋落物层占比最小。植被层占比高于暖性针叶林植被层碳储量占比(32.66%)(周玉荣等，2000)。阮宏华等(1997)研究了亚热带苏南地区不同森林类型地上部分与地下部分碳储量之比，发现 40 a 生栎林为 1 : 1.1，27 a 生杉木林为 1 : 1.2，18 a 生国外松林为 1 : 1.0。本研究中，地上部分与地下部分碳储量比例分别为：木麻黄+厚荚相思混交林 1 : 1.11，10 a 生木麻黄纯林为 1 : 1.53，木麻黄+湿地松混交林为 1 : 1.92，15 a 生木麻黄纯林为 1 : 2。可见，4 种人工林生态系统地上部分与地下部分碳储量比例相对较低，说明这 4 种人工林生态系统还有潜在的固碳功能。

厚荚相思是南亚热带常绿速生固氮树种，枝叶茂密，落叶量大，根系密布表层土壤，较多的凋落物对表层土壤起到良好覆盖作用，并有利于改良林地土壤肥力。本研究结果表明，与纯林相比，采用厚荚相思与木麻黄混交造林，可增强生态系统同化 $CO_2$ 的能力，从而提高生态系统的固碳潜力，使用针叶树种湿地松与木麻黄营造混交林，对生态系统固碳功能无明显的提升效果。

## 5.4 主要结论

选择 15 a 生的湿地松+木麻黄混交林和木麻黄纯林，10 a 生的木麻黄+厚荚相思混交林和木麻黄纯林，从不同树种组成的角度开展混交林植被层、凋落物层和土壤层含碳率测定，估算森林生态系统碳储量，比较海岸沙地上纯林与混交造林对生态系统固碳能力的影响，为海岸防护林经营过程中的混交树种选择和结构配置提供参考。

(1)木麻黄+厚荚相思混交林显著提高了土壤层碳储量和生态系统总碳储量。木麻黄与厚荚相思2∶1混交林总碳储量为118.79 $t \cdot hm^{-2}$，是木麻黄纯林碳储量(100.10 $t \cdot hm^{-2}$)的1.187倍；混交林0~100 cm土层碳储量为41.93 $t \cdot hm^{-2}$，比木麻黄纯林增加50.7%；混交林植被层碳储量为74.34 $t \cdot hm^{-2}$，比木麻黄纯林增加2.39%。选择凋落物量大的固氮树种厚荚相思与木麻黄混交造林，可增加地表的凋落物量及其碳库，增强生态系统同化$CO_2$的能力，从而提高生态系统的固碳潜力。

(2)海岸沙地营造不同木麻黄混交林，对人工林生态系统碳储量的影响存在差异，这与混交树种的种间关系及混交比例有关。树种混交有利于增加土壤层的碳储量，有效促进林下凋落物的积累，木麻黄与厚荚相思混交林的凋落物碳储量最高，其次为湿地松与木麻黄混交林，而纯林的凋落物量最少。湿地松与木麻黄3∶1混交林中，湿地松所占比例大，0~100 cm土壤碳储量为36.03 $t \cdot hm^{-2}$，比木麻黄纯林增加了29.34%，但混交林植被层碳库和生态系统总碳储量比木麻黄略低。

(3)无论是混交林还是纯林，碳储量均呈现植被层>土壤层>凋落物层的分配规律。海岸防护林土壤碳固持能力及其所占比例偏低，与滨海沙地土质疏松、保水保肥能力差，土壤可溶性有机碳易被淋溶有关。土壤0~20 cm表层的碳储量贡献最大，森林土壤较为脆弱，人为干扰或经营不当，容易造成土壤碳损失，要减少对森林的人为干扰活动，加强对海岸带森林植被的保护以维持和增加土壤碳储量，以提升森林生态系统固碳能力。

# 第6章 不同经营年限木麻黄人工林的碳循环

木麻黄是我国东南沿海地区的主要造林树种，在防风固沙、改造生态环境和提供用材方面发挥着难以替代的巨大作用。自20世纪50年代起，我国开始在海岸带营造木麻黄防护林，初步建成人工林带、农田林网和沙荒片林相结合、林种布局基本合理的综合防护体系，形成伟大的绿色生态屏障。在全球气候变化背景下，国内外对各种人工林生态系统碳源汇功能方面的研究逐渐兴起。目前木麻黄人工林生态系统的固碳功能尚不清楚，因此很有必要加强木麻黄人工林生态系统的碳循环及碳平衡方面的研究，这对于精确评价我国海岸带木麻黄人工林生态系统的碳源汇功能以及在调节气候方面的作用具有重要意义。

林分年龄可能对土壤碳储量的增加起关键作用(Marin-Spiotta and Sharma, 2013)。在不受人为干扰的情况下，森林演替过程中土壤有机质会随着时间推移逐渐积累，并逐渐达到饱和水平且趋于稳定(Castellano et al., 2015)。有研究指出造林32年后，可以恢复到相当于亚热带天然林的初始土壤碳储量(Veloso et al., 2018)。

鉴于此，本章选择我国南亚热带地区海岸带不同经营年限(幼龄林、中龄林、成熟林)的木麻黄人工林为研究对象，通过测定木麻黄乔木层各器官、凋落物层和土壤层含碳率，结合各组分生物量和年净生产量，计算木麻黄人工林生态系统的碳储量和不同经营年限木麻黄人工林的年净固碳量。采用LI-8100全自动土壤$CO_2$通量测定系统对不同经营年限木麻黄人工林土壤呼吸尤其是异养呼吸在2006年5月至2007年12月间的日变化、月变化与年际差异及其与土壤水热因子的关系进行了系统研究。通过测定样地的土壤含碳率和碳储量，以及木麻黄人工林地上部分的年固碳量，分析评价木麻黄人工林生态系统的碳源-碳汇能力，以期为准确评估我国南亚热带木麻黄人工林生态系统的碳汇能力提供科学依据。

## 6.1 试验区概况

试验地所在的福建省惠安赤湖国有防护林场，从1991年开始成为国家科技攻关、科技支撑沿海防护林项目的主要试验基地，在福建省林业科学研究院和中国林业科学研究院热带林业研究所的指导下，建成国家级木麻黄种质资源库、省级长期科研试验基地和森林生态定位观测站，积累了长期的沿海防护林观察数据，为海岸防护林生态系统结构和功能研究打下了良好基础。

该林场位于福建沿海中部惠安崇武半岛西部，经营区跨崇武、山霞、净峰三镇十二个行政村，东与崇武镇接壤，西邻山霞镇，南面紧邻惠崇二级公路，北面靠海，距惠安县城20 km，距崇武镇中心20 km，共设大山头、赤湖、净峰三个工区，场部设在大山头工区。本研究设在赤湖工区。地处崇武半岛与大陆连接处，地势平缓，海拔最高4 m，最低只有0.5 m，坡度0~10°。属南亚热带海洋性季风气候，年平均气温19.8 ℃，绝对最高气温37 ℃，全年无霜期320 d。但降水偏少，风沙较大，平均年降雨量1000~1500 mm，而年均蒸发量达到2000 mm，干旱频度大。由于台湾海峡的窄管效应，全年干湿季节明显，夏季多台风和暴雨天，而秋冬东北风强盛，8级以上大风天数每年达105 d，年平均风速7.0 $m \cdot s^{-1}$，最大风速32 $m \cdot s^{-1}$。赤湖林场土壤较差，以滨海沙土为主，主要有潮积沙土、红壤性风积沙土和泥炭性风积沙土等几种类型。土壤为以红壤为底的均一性风积沙土，沙土层厚度80~100 cm，土壤肥力低，立地条件差。植被情况单一，以短枝木麻黄林为主，林下灌木、草本稀少，零星夹杂有五节芒(*Miscanthus floridulus*)、白茅(*Imperata cylindrica*)、藿香蓟(*Ageratum conyzoides*)、老鼠簕(*Acanthus ilicifolius*)等林下植被。

## 6.2 材料与方法

### 6.2.1 样地设置

在不同经营年限的木麻黄人工纯林内分别建立3个20 m×20 m的标准地，林分年龄为6 a、17 a和32 a，记为幼龄林、中龄林和成熟林。样地基本情况见表6-1，其中林地土壤样品采于0~20 cm土层中。

表 6-1 不同经营年限木麻黄林分生长状况和土壤性质

| 样地 | 经营年限 | 密度（株·$hm^{-2}$） | 胸径（cm） | 树高（m） | pH 值 | 阳离子交换总量（cmol·$kg^{-1}$） | 全氮（g·$kg^{-1}$） | 有效磷（mg·$kg^{-1}$） | 速效钾（mg·$kg^{-1}$） |
|---|---|---|---|---|---|---|---|---|---|
| 幼龄林 | 6 | 2500 | 5.5 | 9.5 | 5.47 | 4.46 | 0.0727 | 0.28 | 13.27 |
| 中龄林 | 17 | 2202 | 12.2 | 10.8 | 5.24 | 5.21 | 0.0769 | 0.32 | 14.02 |
| 成熟林 | 32 | 1962 | 15.1 | 13.7 | 5.10 | 5.88 | 0.0811 | 0.51 | 15.22 |

## 6.2.2 木麻黄人工林生物量测定

### 6.2.2.1 乔木层生物量及年净生产力测定

对样地内林木进行每木调查，根据叶功富等(1996b)得出的木麻黄人工林生物量模型 $\ln W=a+b\ln(D^2H)$(其中，$W$ 表示各器官的生物量；$D$ 表示胸径；$H$ 表示树高)，进行生物量的计算(表 6-2)，年净生产力采用一年间的生物量实测值相减而计算得出。同时根据林分平均胸径和树高，选取平均木 2~3 株伐倒，要求所选平均木胸径、树高和林分平均值误差不超过 5%。伐到后，用分层切割法测定树干、树皮、树枝和小枝的鲜重，同时对各器官的样品按混合取样法取样。

表 6-2 不同器官生物量模型中的系数

| 组分 | 系数 $a$ | 系数 $b$ | 相关系数 $r$ |
|---|---|---|---|
| 干材 | 0.478 | 0.515 | 0.976 |
| 树皮 | -2.725 | 0.685 | 0.989 |
| 树枝 | 0.585 | 0.248 | 0.996 |
| 小枝 | 1.405 | 0.141 | 0.964 |
| 果实 | -8.105 | 1.157 | 0.975 |
| 根系 | 0.8 | 0.251 | 0.987 |
| 全林 | 1.825 | 0.412 | 0.978 |

### 6.2.2.2 凋落物现存量测定

在木麻黄人工林样地内设置 5 个 1 m×1 m 的小样方，采用样方收获法测定现存凋落物量(陈光水等，2001；杨玉盛等，2001；杨玉盛等，2002)。先按未分解、半分解 2 层次分别取样，再按未分解、半分解把每个样地的 5 个小样方分别混和，取混合样进行测定。

### 6.2.2.3 年凋落物量测定

采用凋落物收集筐法收集树枝、小枝、果实(Yang et al.，2001；杨玉盛等，2002)。在每个样地内分别设置 5 个 1 m×1 m 凋落物收集筐。每月中旬收集一次凋落物带回实验室，分类烘干至恒重后称重，最后换算成单位面积凋落量。

### 6.2.2.4 植株样品含碳率测定

对采集的乔木层各组分(树根、树干、树皮、树枝、小枝、果实)和凋落物层(树枝、小枝和果实)样品用全自动碳氮分析仪测定碳素含量。

## 6.2.3 土壤碳含量测定与计算

### 6.2.3.1 土壤总有机碳与土壤含碳率的测定

在每块样地内按照S形选取5个点，去除地表凋落物层，然后用直径为8 cm土钻钻取土壤表层0~20 cm的土柱，并分为两个层次，即0~10 cm(A层)和10~20 cm(B层)，剔除石块、根系和有机碎屑，同一个样地内同一层次的样品充分混合组成一个土样。样品带回室内过2 mm钢筛后分成两份，其中一份鲜样(放入4℃冰箱冷藏保存)供土壤水溶性碳、微生物生物量碳测定用；另一份风干，研磨后过0.25 mm筛子，用于土壤总有机碳含量与土壤含碳率测定。

具体化学分析采用常规的重铬酸钾-外加热法。

### 6.2.3.2 土壤易变碳的测定

水溶性有机碳的测定：采用热水浸提法，将10 g新鲜土放入离心管中，加入50 mL25℃的超纯水浸提，振荡30 min后，4000 $r \cdot min^{-1}$ 离心20 min(若浑浊，则重新离心)，浸提液用玻璃纤维滤膜(0.45 μm)与真空泵抽滤后，滤液在德国产的Elementar TOC有机碳分析仪上直接测定，实验设置3次重复。

微生物生物量碳的测定：采用氯仿熏蒸-$K_2SO_4$浸提法，熏蒸和未熏蒸的样品分别用0.5 $mol \cdot L^{-1}$ $K_2SO_4$浸提30 min，滤液也直接在有机碳分析仪上测定。称取相当于25 g烘干土重的新鲜土样3份，放入真空干燥器内，同时放入盛有无醇氯仿的烧杯。抽真空使氯仿沸腾5 min，在25℃下放置24 h后，取出烧杯反复抽真空以排除氯仿，随后用100 mL 0.5 $mol \cdot L^{-1}$ $K_2SO_4$振荡30 min，过滤后测定提取液的碳含量，与此同时未灭菌土壤也按同样的方法测定浸提液的碳含量，并按下式计算：土壤中微生物量碳(MBC)= $2.64Ec$，$Ec = K_2SO_4$提取灭菌土壤中的有机碳-$K_2SO_4$提取的未灭菌土壤中的有机碳。

### 6.2.3.3 土壤剖面碳储量的计算

每个样地挖100 cm深的土壤剖面3个，按照0~10 cm、10~25 cm、25~40 cm、40~70 cm、70~100 cm分为5个层次。每个层次取一个土样，土样在室内自然风干后研磨过0.149 mm筛，再采用重铬酸钾-外加热法来测定土壤含碳率。同时用环刀法测定每个层次的土壤容重。

土壤层碳储量的估算限定在土层100 cm的深度范围内，不包括地表凋落物。碳储量是土壤有机碳含量、土壤容重及土壤厚度三者的乘积，计算公式为(尉海东，2005)：

$$S_d = \sum_{1}^{5} D_i C_i H_i$$

式中，$S_d$ 表示土壤表层 $d$ 深度内单位面积土壤碳储量($t \cdot hm^{-2}$)；$D_i$ 表示第 $i$ 土层的容重($t \cdot m^{-3}$)；$C_i$ 表示第 $i$ 土层的含碳率(%)；$H_i$ 表示第 $i$ 土层的厚度(cm)。

## 6.2.4 土壤呼吸测定

### 6.2.4.1 土壤呼吸点设置

在幼龄林、中龄林和成熟林每个样地内随机设置 3 个 50 cm×50 cm 的小样方作为土壤呼吸测定点，同时在每个小样方的附近设置一个 1 m×1 m 的小样方进行根排除处理后作为土壤异养呼吸测定点。这样每个样地共有 6 个呼吸点，3 个用来测定土壤总呼吸，3 个用来测定土壤异养呼吸。

### 6.2.4.2 土壤呼吸的分离方法

采用排除根系法，也称作开沟法，即在 1 m×1 m 的小样方四周挖掘深度为 70~100 cm、宽度为 50 cm 的壕沟，将玻璃纤维薄片放入沟中以阻止根向样方内生长，然后把沟填平。根据经验，挖沟在开始观测的 3~4 个月前进行，即在 2005 年 7 月就把沟挖好，待到 2005 年 11 月再开始呼吸测定，这样测得的样方内的土壤呼吸就是扣除了根系呼吸的土壤异养呼吸。

### 6.2.4.3 土壤呼吸的测量方法

土壤呼吸采用 LI-8100 全自动土壤 $CO_2$ 通量测量系统进行测定。在测定土壤呼吸的同时测定气压、气温、地表温度、5 cm 深度处土壤温度及土壤含水量等环境因子。

LI-8100 全自动土壤 $CO_2$ 通量测量系统能够自动计算并存储测定结果。呼吸圈提前埋设在样地内，固定不动。测定时先把气室扣在呼吸圈上面，用 PDA 对系统进行红外遥控操作即可。测定从 2006 年 5 月开始至 2007 年 12 月结束，每月中旬测定一次，按照从幼龄林到成熟林的顺序每块样地从早上 8:00 开始测定，至傍晚 18:00 结束，每 2 h 测定一次，每次设置为 2 min。此外，在 2006 年 7 月、10 月、2007 年 1 月和 2007 年 4 月的 4 次测量中进行昼夜 24 h 测定(即每个季度进行一次昼夜测定)。LI-8100 全自动土壤 $CO_2$ 通量测量系统能够利用自身带有的土壤温度探头获得 5 cm 深度处土壤温度；土壤水分含量也可以利用土壤水分探头来测定，再用烘干法进行校正，烘干法 2 次重复。

## 6.2.5 生态系统碳平衡的计算

森林生态系统碳平衡包括碳输入和碳输出两个方面，输入和输出的差值才是系统的净生产量(NEP)，差值若为正值，表明生态系统是碳汇，为负值则表明生态系统是碳源。

森林生态系统固定碳的公式(尉海东，2005；张焱，2002)为：

$$Ta=NI+L+Rp+Rl$$

式中，$Ta$ 为森林生态系统碳总收入量，$NI$ 为植被层年固碳量，$L$ 为凋落物层年固碳量，$Rp$ 为植被年呼吸释放碳量，$Rl$ 为年凋落物分解释放的碳量。

森林生态系统碳支出公式为：

$$O=Rp+Rl+Rs$$

式中，$O$ 为生态系统的碳支出总量，$Rp$ 为植被层年呼吸释放的碳量，$Rl$ 为年凋落物分解释放的碳量，$Rs$ 为生态系统异养呼吸释放量。

所以整个生态系统的碳平衡公式为：

$$\Delta C=Ta-O=NI+L-Rs$$

即生态系统最终的碳平衡等于植被层年固碳量加上凋落物层年固碳量再减去土壤异养呼吸年释放量。植被层年固碳量是木麻黄各器官年净生产力与对应含碳率乘积的累和；凋落物年固碳量是年凋落量与含碳率的乘积。

#### 6.2.5.1　生态系统碳储量及年净固碳量计算

乔木层碳当年净固定量是指乔木层的生物量碳当年积累量和碳当年归还量之和(阮宏华等，1997)。根据乔木层各器官(树干、树枝、小枝、树皮、果实、树根)和凋落物层的生物量乘各组分转换系数，求得碳储量。不同组分的转换系数是根据在进行生物量测定时所取得的样品而实测得到有机碳数值。乔木层的碳储量为乔木层各器官碳储量之和。乔木层年净固碳量是各器官年净生产力与对应含碳率乘积的累和。凋落物年净固碳量是年凋落量与其含碳率的乘积。

#### 6.2.5.2　土壤异养呼吸年 $CO_2$ 释放量计算

根据得到的土壤异养呼吸速率($R$)与 5 cm 土温($T$)和土壤表层体积含水量($W$)之间的二元呼吸模型($R=a\times e^{bT}\times W^{C}$)，尽管没有 5 cm 土温的全年实测数据，但是有全年气温的实测数据，根据气温与土温之间的相互关系，将每月的平均气温转换成 5 cm 土温，结合土壤体积含水量数据(每月一次数据)，代入模型计算出各个样地土壤异养呼吸月释放量，然后分别统计 2006 年 5 月到 2007 年 4 月的土壤异养呼吸月释放量，12 个月的累和即为年释放量。

## 6.3　结果与分析

### 6.3.1　木麻黄人工林植被层碳储量

#### 6.3.1.1　木麻黄人工林各器官含碳率

不同经营年限木麻黄各器官碳密度在(45.42±0.32)%~(51.78±0.32)%之间

波动(表6-3)，其中木麻黄幼龄林、中龄林、成熟林乔木层平均含碳率分别为(47.0±1.14)%、(50.0±1.02)%和(49.5±1.38)%，因此在中龄林中各器官平均含碳率最高，分别比成熟林和幼龄林高0.01和0.06倍，成熟林次之，幼龄林最低。而处于不同经营年限林分中的各器官含碳率都表现为树根>小枝>果实>树枝>树干>树皮。各器官在不同经营年限林分中的含碳率与乔木层平均含碳率具有相似的趋势，也表现为中龄林>成熟林>幼龄林。我国速生阶段杉木不同器官含碳量在0.4558~0.5003 $g \cdot g^{-1}$之间波动(方晰等，2002)，18a生国外松不同器官含碳量为0.5180~0.5590 $g \cdot g^{-1}$(阮宏华等，1997)，热带雨林中的含碳量为0.4562~0.5790 $g \cdot g^{-1}$(李意德等，1998)，本研究调查结果与上述研究结果相似。然而，杉木不同器官之间碳密度排序为：树叶>树干>树根(田大伦等，2004)，苏南栎林、国外松树叶中的碳密度大于树枝、树干和树根(阮宏华等，1997)，而本研究中木麻黄树根中的含碳率最高，这说明同一器官含碳率在不同树种之间存在很大差异。

**表6-3 不同经营年限木麻黄人工林乔木层各器官含碳率** %

| 经营年限 | 树干 | 树皮 | 树枝 | 小枝 | 果实 | 根 | 平均 |
|---|---|---|---|---|---|---|---|
| 幼龄林 | 46.53±0.21 | 45.42±0.32 | 46.82±0.27 | 47.92±0.18 | 47.04±0.61 | 48.67±0.49 | 47.05±1.14 |
| 中龄林 | 49.51±0.31 | 48.75±0.41 | 49.92±0.48 | 50.47±0.42 | 50.08±0.29 | 51.78±0.32 | 50.09±1.02 |
| 成熟林 | 48.57±0.48 | 48.02±0.45 | 48.84±0.38 | 50.97±0.32 | 49.28±0.18 | 51.49±0.28 | 49.57±1.38 |

#### 6.3.1.2 木麻黄人工林碳储量

木麻黄各器官的生物量与相应器官碳含量的积为各器官碳储量。因此，各器官的碳储量与生物量密切相关。由表6-4可见，木麻黄人工林乔木层的总碳储量随经营年限升高而增加，幼龄林、中龄林和成熟林的碳储量分别为62.75、139.70和165.30 $t \cdot hm^{-2}$。与乔木层总碳储量的变化趋势相似，各器官碳储量均

**表6-4 不同经营年限木麻黄林分乔木层各器官生物量、碳储量及其分配比例** $t \cdot hm^{-2}$

| 器官 | 幼龄林 | | 中龄林 | | 成熟林 | |
|---|---|---|---|---|---|---|
| | 生物量 | 碳储量 | 生物量 | 碳储量 | 生物量 | 碳储量 |
| 树干 | 65.50 | 30.48(48.57) | 169.73 | 84.03(60.15) | 210.18 | 102.08(61.75) |
| 树皮 | 6.68 | 3.03(4.83) | 25.10 | 12.24(8.76) | 34.12 | 16.39(9.92) |
| 树枝 | 17.18 | 8.04(12.81) | 24.84 | 12.40(8.88) | 26.56 | 12.97(7.85) |
| 小枝 | 21.86 | 10.47(16.69) | 25.01 | 12.62(9.03) | 25.22 | 12.86(7.78) |
| 果实 | 0.19 | 0.19(0.30) | 4.18 | 2.09(1.50) | 7.36 | 3.63(2.20) |
| 树根 | 21.65 | 10.54(6.80) | 31.51 | 16.31(11.68) | 33.75 | 17.38(10.51) |
| 合计 | 133.26 | 62.75(100) | 280.36 | 139.70(100) | 349.24 | 165.30(100) |

注：括号内数字为不同器官碳储量占乔木层碳储量的百分比,%。

随着经营年限的升高而增加，但在总碳储量中所占的比例随着经营年限的变化存在差异，其中树干(48.57%~61.75%)、树皮(4.83%~9.92%)、果实(0.30%~2.20%)所占的比例随着经营年限的升高而增加，而树枝(7.85%~12.81%)和小枝(7.78%~16.69%)则降低，地下部分的树根则在中龄林阶段升高，成熟林阶段下降。木麻黄幼龄林、中龄林和成熟林地上部分碳储量分别为地下部分的4.96、7.56和8.51倍，因而地下部分碳储量在整个木麻黄人工林生态系统所占的比重随经营年限的升高而降低。

## 6.3.2 木麻黄人工林凋落物层碳储量

### 6.3.2.1 凋落物含碳率

由表6-5可见，幼龄林、中龄林和成熟林凋落物层平均含碳率分别为(46.85±0.95)%、(49.37±1.06)%和(49.01±1.32)%，中龄林凋落物层含碳率分别比幼龄林和成熟林高0.05和0.01倍。与乔木层各器官含碳率变化规律相似，凋落物层的树枝、小枝和果实含碳率也表现为在中龄林中最高，成熟林次之，幼龄林最低。与乔木层各器官中的含碳率相比，凋落物层相应器官中的含碳率均有不同程度的降低，这一方面可能是由于各器官在衰老过程中，部分碳水化合物在植物体内发生了转移，从衰老器官转移到植物体新生的器官或组织中，另一方面则可能是由于凋落物中的部分有机物被分解或淋溶从而导致凋落物层中含碳率降低。

**表6-5 不同经营年限木麻黄人工林凋落物层各器官含碳率** %

| 器官 | 幼龄林 | 中龄林 | 成熟林 |
|---|---|---|---|
| 树枝 | 46.14±0.32 | 48.39±0.61 | 47.91±0.58 |
| 小枝 | 47.93±0.37 | 50.50±0.41 | 50.47±0.41 |
| 果实 | 46.48±0.27 | 49.21±0.29 | 48.66±0.32 |
| 平均 | 46.85±0.95 | 49.37±1.06 | 49.01±1.32 |

### 6.3.2.2 现存凋落物碳储量

枯枝落叶层(凋落物)是森林涵养水源的主要功能层，也是森林生态系统养分循环的重要途径；是森林生态系统的一个重要碳库，也是森林土壤碳的主要来源。枯枝落叶是林木新陈代谢的产物，它在森林生态系统中的物质循环和维持土壤肥力、涵养水源方面有着重要的作用，而且凋落物的分解状况反映了森林生态系统物质循环快慢以及林分结构的合理性。

木麻黄人工林凋落物碳储量表现为随经营年限增大而增加(图6-1)。幼龄林、中龄林和成熟林中凋落物碳储量分别为0.44±0.01、1.04±0.02和1.22±

0.18 $t \cdot hm^{-2}$，成熟林的凋落物碳储量分别是幼龄林和中龄林的2.36倍和1.17倍。这说明幼龄林处于速生阶段，林分密度较大，林分凋落物较少。中龄林和成熟林林木竞争激烈，自然整枝强烈，凋落物积累较多。

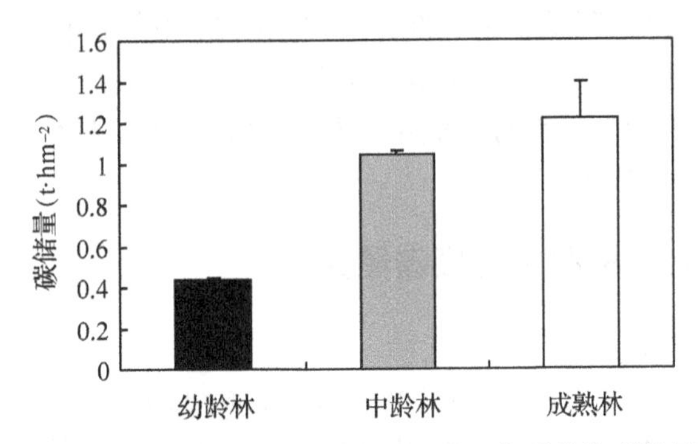


**图6-1　不同经营年限木麻黄人工林现存凋落物碳储量**

### 6.3.2.3　凋落物年产量及组成

森林凋落物是森林生态系统物质循环和能量流动的主要途径，凋落物分解向土壤输入大量的养分和能量，对林地土壤肥力的维持极为重要，是森林自我培肥地力主要来源之一(杨玉盛等，1993；俞新妥，1992；张家武等，1993)。凋落物是林木生长发育过程中新陈代谢的产物，其数量组成及质量受林木组成结构等因素的影响。本研究中，木麻黄幼龄林、中龄林和成熟林的年凋落物量分别为4.84、9.25和13.33 $t \cdot hm^{-2}$(表6-6)。成熟林的年凋落物量最大，这主要是由于成熟林生长较为稳定，枯枝落叶较多。而中龄林和幼龄林仍处于生长期间，因此凋落物量较成熟林低。

不同经营年限的凋落物各组分总量不同，但各组分在不同经营年限林分之间均存在显著差异。在3个林分中，均表现为小枝所占比重最大，树枝次之，落果所占比重最小，这与谭芳林的研究结果相似(谭芳林，2003)。凋落物不同组分在各林分中所占比例存在差异，凋落小枝在幼龄林中所占比例最高，为91.94%，中龄林中次之(83.24%)，成熟林中最低(79.97%)，而树枝所占比例与小枝相反，表现为成熟林(16.65%)>中龄林(10.49%)>幼龄林(2.89%)。落果则表现为中龄林(6.27%)>幼龄林(5.17%)>成熟林(3.38%)。由此可见，凋落小枝的量在幼龄林中所占比例最高，而落果量在中龄林中所占比例最高，树枝凋落量所占比例在成熟林中最高。

32 a生木麻黄林分的年凋落量(13.33 $t \cdot hm^{-2}$)低于滨海沙地20 a生木麻黄林分的13.973 $t \cdot hm^{-2}$，稍高于7 a生的12.385 $t \cdot hm^{-2}$，17 a生和6 a生木麻黄人工林的凋落量则更低(谭芳林，2003)。不同年龄木麻黄人工林年凋落物量平均值

表 6-6 不同经营年限木麻黄林分年凋落量 $t \cdot hm^{-2}$

| 经营年限 | 小枝 | 树枝 | 果实 | 总计 |
| --- | --- | --- | --- | --- |
| 幼龄林 | 4.45(91.94) | 0.14(2.89) | 0.25(5.17) | 4.84(100) |
| 中龄林 | 7.7(83.24) | 0.97(10.49) | 0.58(6.27) | 9.25(100) |
| 成熟林 | 10.66(79.97) | 2.22(16.65) | 0.45(3.38) | 13.33(100) |

注：括号内为凋落物各组分在林分中所占比例,%。

为 9.14 $t \cdot hm^{-2}$，与亚热带经营年限相近的其他树种相比，其年凋落物量高于杉木人工林(1.76~5.30 $t \cdot hm^{-2}$)(俞新妥，1992)和福建武夷山天然杉木混交林(5.034 $t \cdot hm^{-2}$)(陈金耀，1998)，高于广西亚热带常绿阔叶林(7.99 $t \cdot hm^{-2}$)(温远光等，1989)，也高于福建武夷山 51~54 a 生甜槠林(2.587~5.563 $t \cdot hm^{-2}$)(林益明等，1999)，与福建九龙江秋茄红树林(9.208 $t \cdot hm^{-2}$)(卢昌义，1988)相近。木麻黄人工林年凋落量介于热带雨林(11 $t \cdot hm^{-2}$)和暖温带落叶阔叶林(5.5 $t \cdot hm^{-2}$)之间(Bray and Gorham，1964)。木麻黄人工林具有较高的年凋落物量，可能与沿海地区的大风天气较多有关。在福建惠安沿海，8 级以上的大风天可达 100 d，台风平均每年 5.1 次，增加了台风季节凋落量。另外，木麻黄分枝较多，枝叶生物量占全树生物量的比重较大，这也是木麻黄防护林年凋落量较大的原因之一。

#### 6.3.2.4 木麻黄人工林凋落量的月变化

森林凋落量具有明显的季节变化规律，其凋落物各组分数量在各月的分布是不均匀的，季节变化模式有的为单峰，也有的是双峰或不规则，但多数是双峰，少数是单峰的，差异较大，与组成群落的树种种类及林分结构有关。主要依赖于林分组成树种的生物学和生态学特性。为了便于讨论凋落量在一年中的变化，本研究将当月凋落量高于年平均值 30%的称为峰值。

(1)小枝凋落量的月变化　森林凋落物是森林物质和能量流动的载体，落叶一般在凋落物中占较大比重，是凋落物的主要组成部分。木麻黄人工幼龄林、中龄林、成熟林小枝的年凋落量分别为 4.45、7.7 和 10.66 $t \cdot hm^{-2}$，占年凋落量的 79.97%~91.94%，所占的比例高于常绿阔叶林(陈金耀，1998；卢昌义，1988；谭芳林，2003；杨玉盛等，1993)。幼龄林小枝凋落量的变化为双峰型(图 6-2)，主峰出现在 7 月，次峰出现在 9~10 月，其余各月的变化比较平缓，成熟林和中龄林小枝凋落量在 7~9 月出现峰值，其余各月变化比较平缓。这主要是由于 7~9 月是福建惠安沿海台风的发生季节，造成小枝的大量凋落。

(2)树枝凋落量的月变化　木麻黄幼龄林、中龄林和成熟林树枝凋落量分别为 0.14 $t \cdot hm^{-2}$、0.97 $t \cdot hm^{-2}$ 和 2.22 $t \cdot hm^{-2}$，三者之间存在显著差异(图 6-3)。3 种林分树枝平均凋落量占总凋落量的比例分别为 2.89%、10.49%和 16.65%，

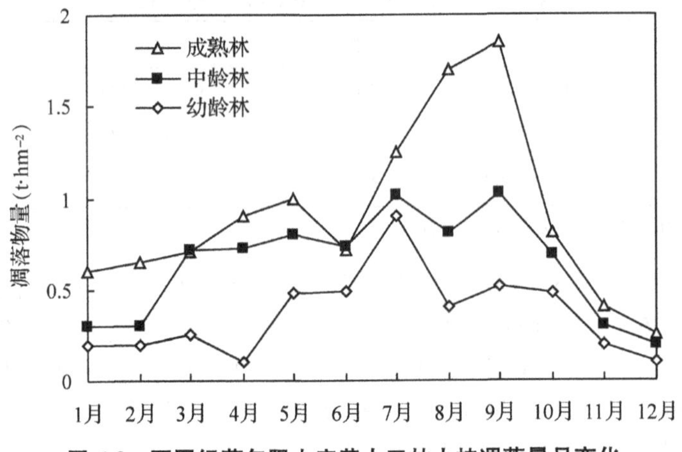


**图 6-2　不同经营年限木麻黄人工林小枝凋落量月变化**

均低于武夷山甜槠林(20.59%)(温远光等，1989)、广西亚热带常绿阔叶林(25.2%)(尉海东等，2006)、季雨林(19.1%)(郑征等，1990)和南亚热带常绿阔叶林(18.7%)(屠梦照等，1993)，成熟林落枝所占比例(16.65%)高于九龙江秋茄红树林(15.44%)(卢昌义，1988)，与滇中常绿阔叶林(16.47%)(刘文耀等，1989)接近。木麻黄人工林中龄林落枝量的月变化与小枝相似，在7~9月出现峰值。而成熟林中树枝凋落量的两个峰值分别出现在5月和8~9月，幼龄林在7~9月出现主峰，而后在11月出现一个次峰，其变化与小枝有所不同。成熟林树枝凋落量在5月出现一个次峰，这可能是由于4~5月是东南沿海的梅雨季节，连续的降雨造成大量的落枝。与成熟林和中龄林相比，幼龄林和中龄林的落枝量

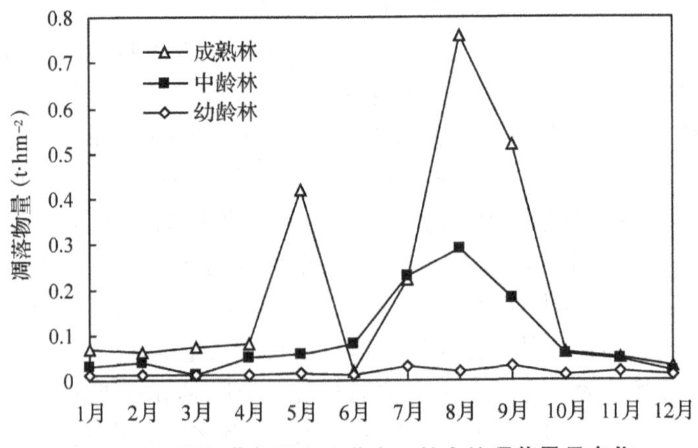


**图 6-3　不同经营年限木麻黄人工林小枝凋落量月变化**

较小，变化亦较为平缓。

(3)落果量的月变化　木麻黄人工幼龄林、中龄林和成熟林的年落果量分别为0.25 $t \cdot hm^{-2}$、0.58 $t \cdot hm^{-2}$和0.45 $t \cdot hm^{-2}$，仅占年凋落量的3.38%~6.27%(图6-4)。幼龄林和中龄林落果量的峰值分别出现在10月和5月，均在一年中呈现单峰型变化模式，而成熟林中除了在10月有一个峰值之外，在6月还有一个次峰。

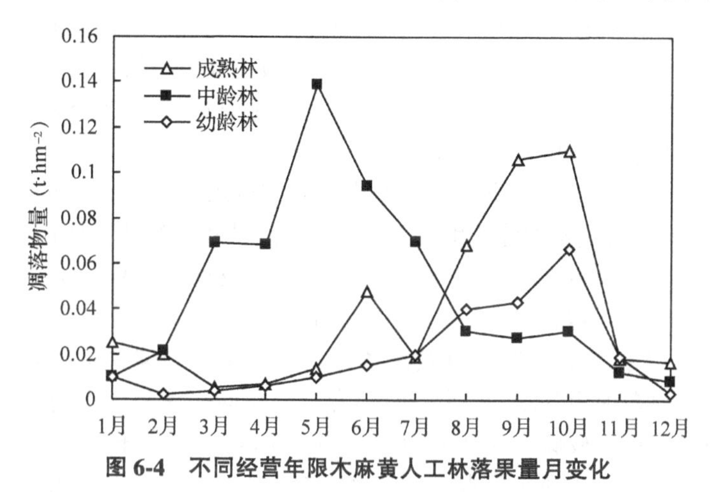


**图6-4　不同经营年限木麻黄人工林落果量月变化**

(4)总凋落量的月变化　不同经营年限木麻黄人工林总凋落量的月变化是不同的，木麻黄人工幼龄林、中龄林和成熟林的年凋落量分别为4.84 $t \cdot hm^{-2}$、9.25 $t \cdot hm^{-2}$和13.33 $t \cdot hm^{-2}$(图6-5)。其中，中龄林和成熟林在7~9月出现峰值，其次，成熟林还在5月出现一个次峰，幼龄林则在7月出现一个单峰。不同经营年限木麻黄人工林总凋落量峰值主要出现在7~9月，这主要是由于该季节是台风多发期，强风的影响促进了凋落物的形成。

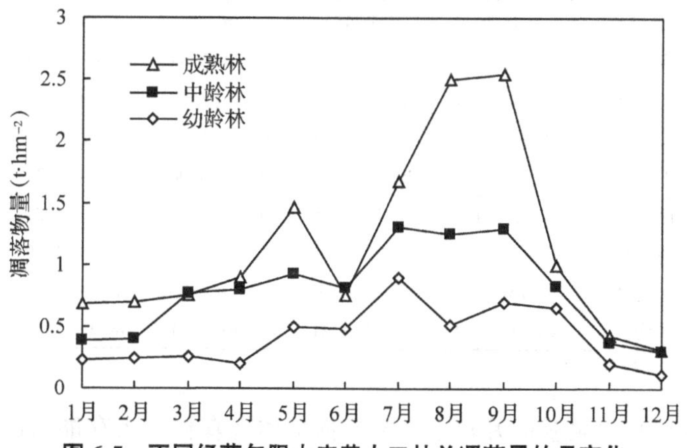


**图6-5　不同经营年限木麻黄人工林总凋落量的月变化**

#### 6.3.2.5 凋落量与碳固定量的季节变化

(1)*凋落量的季节变化* 木麻黄人工林凋落物量表现出明显的季节性变化。幼龄林、中龄林、成熟林的凋落物及其各组分的最小值出现在1月、2月或3月，而最大峰值出现在8~9月。如图6-5所示，木麻黄人工林凋落物及各组分的生产可划分为3个阶段：第一阶段为12月至翌年3月，凋落物产量最小，仅占全年总凋落量的16.88%(幼龄林)、18.64%(中龄林)和17.53%(成熟林)，该阶段新叶和幼枝开始萌动生长，凋落量较小；第二阶段为4~6月，凋落物产量略高于第一阶段，但仍仅占全年凋落物总量的22.69%(幼龄林)、28.69%(中龄林)和23.23%(成熟林)，该阶段枝叶生长迅速，为一年中木麻黄的主要生长期；第三阶段为7~11月，在这一阶段，福建省的东南沿海盛行东北季风，大风天气多，加之在该阶段的后期木麻黄基本停止生长，旧的枝叶在强风的作用下大量脱落，凋落物增加，占全年总量的60.43%(幼龄林)、52.67%(中龄林)和59.24%(成熟林)。

(2)*凋落物碳含量的季节变化* 不同季节的木麻黄凋落物中树枝和小枝中碳含量见表6-7。不同经营年限木麻黄凋落物树枝和小枝中碳含量随季节的变化规律基本一致，均表现为冬季>秋季>夏季>春季。在同一季节，不同经营年限林分凋落物中的树枝和小枝碳含量表现为中龄林>成熟林>幼龄林，与乔木层变化模式相似，且三者之间达到显著水平。由表6-7可见，小枝的平均碳含量明显高于树枝，幼龄林、中龄林和成熟林小枝的平均碳含量分别为47.91%、50.58%和50.52%，变异系数为分别为4.18%、4.54%和3.73%。总平均为49.67%，变异系数为2.08%。木麻黄凋落树枝中的平均碳含量分别为46.13%、48.29%和47.95%，变异系数分别为4.80%、5.31%和4.02%，总平均为47.46%，变异系数为2.25%。由于落果所占的比重较小，未对其碳含量变化进行测定。

**表6-7 不同经营年限木麻黄人工林凋落物层碳素含量的季节变化** %

| 器官 | 经营年限 | 春季 | 夏季 | 秋季 | 冬季 | 平均值 |
| --- | --- | --- | --- | --- | --- | --- |
| 小枝 | 成熟林 | 49.63(2.72) | 49.74(2.83) | 50.74(2.84) | 51.09(3.52) | 50.52(3.73) |
| | 中龄林 | 49.89(3.04) | 50.29(3.31) | 50.36(3.81) | 51.08(6.08) | 50.58(4.54) |
| | 幼龄林 | 46.88(2.78) | 47.85(2.68) | 47.89(3.21) | 49.02(6.01) | 47.91(4.18) |
| | 平均值 | 46.88(3.62) | 49.29(2.95) | 49.66(3.08) | 50.40(5.21) | 49.67(2.08) |
| 树枝 | 成熟林 | 47.2(3.61) | 47.77(1.96) | 48.04(2.01) | 48.78(3.81) | 47.95(4.02) |
| | 中龄林 | 47.59(4.08) | 48.21(3.52) | 48.27(3.05) | 49.09(2.39) | 48.29(5.31) |
| | 幼龄林 | 44.75(5.38) | 46.3(4.38) | 46.36(2.23) | 47.1(3.68) | 46.13(4.80) |
| | 平均值 | 46.51(4.94) | 47.43(4.21) | 47.56(3.21) | 48.32(3.28) | 47.46(2.25) |

注：括号内数据为变异系数。

(3)*凋落物碳固定量的月动态* 凋落物是体现森林碳吸存能力的重要组成部分。木麻黄凋落物的碳固定量是凋落物产量和各组分碳含量的乘积而得。但每月的碳素含量变化幅度较小，所以木麻黄凋落物的碳固定量主要受凋落物产量的影响，故其月动态变化和凋落产量变化一致。

## 6.3.3 木麻黄人工林土壤层碳储量

### 6.3.3.1 不同土层土壤含碳率

不同经营年限木麻黄人工林各层次土壤含碳量如图6-6所示。幼龄林、中龄林和成熟林在土壤100 cm深度范围内的含碳量分别介于(0.03±0.008)%~(0.583± 0.084)%、(0.118±0.040)%~(0.623±0.082)%和(0.245±0.042)%~(0.733±0.097)%之间，平均分别为(0.171±0.028)%、(0.252±0.039)%和(0.449±0.074)%。这与田大伦和方晰(2004)对湖南会同杉木人工林土壤含碳量的测定，以及尉海东等(2005；2006)对福建中亚热带杉木、马尾松、楠木3种人工林土壤含碳率的观测结果相似。在各土层中，含碳率均随着经营年限的增加而升高。在土壤剖面的垂直分布上，各经营年限木麻黄人工林土壤含碳量均随土壤深度的增加而降低，各土层之间的碳含量存在显著差异($P<0.05$)，而且幼龄林土壤含碳量随土壤深度增加而降低的幅度大于中龄林和成熟林。这是因为在经营年限较大的林分中，随着凋落物层的分解，越来越多的有机物质释放出来，在雨水淋溶的作用下而进入深层土壤，导致深层土壤含碳率升高。而幼龄林则由于发育时间短，凋落物生物量较低，分解量较少，释放出的有机物质储存在表层土壤，通过淋溶进入深层土壤的碳量较低。

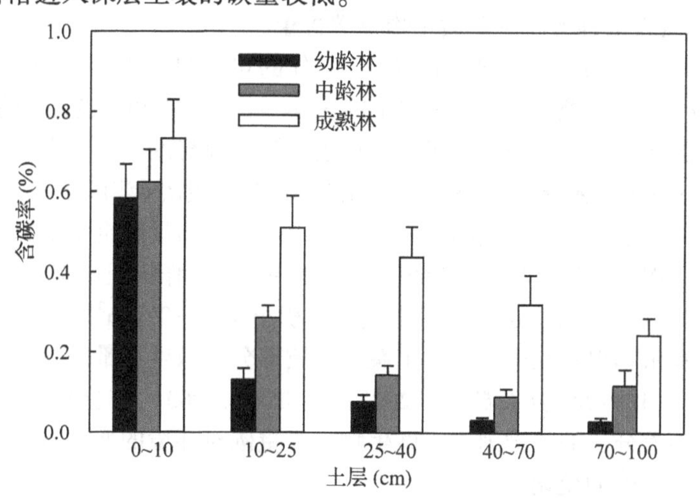


图6-6 不同经营年限木麻黄人工林土壤含碳率

### 6.3.3.2 木麻黄人工林土壤碳储量

同土壤含碳率一样，土壤剖面碳储量也有着相似的变化规律(表6-8)，即随着土壤深度的增加而降低，尤其在幼龄林和中龄林中的表现更为明显。在3个林分各层土壤中，碳储量均表现为成熟林>中龄林>幼龄林，但各土层碳储量所占比例具有不同的变化模式，幼龄林浅层次土壤碳储量所占比例较大，而随着林分的成熟和衰老，浅土层中比例降低，深土层中比例升高。在0~10 cm土层中，成熟林碳储量最高(9.34 $t \cdot hm^{-2}$)，中龄林次之(8.57 $t \cdot hm^{-2}$)，幼龄林最低(7.35 $t \cdot hm^{-2}$)，而该层土壤碳储量所占比例则表现为幼龄林(53.99%)>中龄林(23.53%)>成熟林(16.62%)。在成熟林中，各土壤层之间的碳储量甚至没有显著差异。林地土壤总碳储量随着经营年限的增大而升高，由幼龄林的13.61 $t \cdot hm^{-2}$升高到中龄林的36.41 $t \cdot hm^{-2}$和成熟林的56.17 $t \cdot hm^{-2}$。

**表6-8 不同经营年限木麻黄人工林土壤容重和碳储量**

| 土层(cm) | 幼龄林 | | 中龄林 | | 成熟林 | |
|---|---|---|---|---|---|---|
| | 容重($g \cdot cm^{-3}$) | 碳储量($t \cdot hm^{-2}$) | 容重($g \cdot cm^{-3}$) | 碳储量($t \cdot hm^{-2}$) | 容重($g \cdot cm^{-3}$) | 碳储量($t \cdot hm^{-2}$) |
| 0~10 | 1.26±0.10 | 7.35±1.06 | 1.24±0.08 | 7.75±1.02 | 1.27±0.05 | 9.34±1.23 |
| 10~25 | 1.17±0.18 | 2.28±0.49 | 1.25±0.14 | 5.4±0.58 | 1.46±0.16 | 11.14±1.77 |
| 25~40 | 1.26±0.28 | 1.49±0.30 | 1.15±0.42 | 2.54±0.41 | 1.48±0.39 | 9.74±1.67 |
| 40~70 | 1.32±0.14 | 1.32±0.24 | 1.26±0.11 | 3.43±0.72 | 1.54±0.19 | 14.79±3.42 |
| 70~100 | 1.29±0.35 | 1.17±0.31 | 1.21±0.09 | 4.26±1.45 | 1.52±0.24 | 11.17±1.91 |
| 总计 | | 13.61±0.48 | | 23.38±0.84 | | 56.18±2.01 |

### 6.3.3.3 土壤可溶性有机碳与微生物量碳含量

作为森林生态系统中重要的、活跃组分的可溶性有机碳(dissolved organic carbon，DOC)和微生物量碳(microbial biomass carbon，MBC)的流动是森林生态系统碳循环的重要组成部分，对揭示森林碳预算及源与汇变化具有重要意义，这二者构成了土壤有机碳的主要部分。水溶性有机碳是指能溶解于水中的有机碳，是目前生态系统移动性碳研究的一大热点。微生物生物量碳也是活跃的移动性碳库，微生物量碳与土壤有机碳的比值(MBC/DOC)可以作为土壤碳有效性的指标。土壤微生物量(microbial biomass)指土壤中体积小于$5 \times 10^3$ $\mu m^3$的生物总量，即不包括植物体和植物根系在内的活的土壤有机质部分。微生物量虽然只占土壤有机质的很小部分(1%~5%)(黄耀等，2002；于贵瑞，2003)，但却是控制生态系统中碳氮和其他养分流的关键因素。微生物生物量碳对环境的变化敏感，能较早地指示生态系统功能的变化。

(1)土壤可溶性有机碳含量　如图6-7所示，滨海沙地木麻黄人工林表层土壤(0~20 cm)的DOC含量总体处于较低水平。随着经营年限的逐渐增大，其DOC含量随之升高，分别由幼龄林阶段的8.46 $mg \cdot kg^{-1}$增大为中龄林的14.97 $mg \cdot kg^{-1}$和成熟林的22.33 $mg \cdot kg^{-1}$。DOC含量在不同土层中的差异比较明显。除了成熟林有所不同外，幼龄林和中龄林样地 0~10 cm 土层中的 DOC 含量均高于 10~20 cm 土层中的含量。成熟林与此相反，10~20 cm 土层里的 DOC 含量略高于 0~10 cm 土层中的含量，这可能是由于成熟林中的土壤发育时间较长，土层中有机质积累较多，随着时间的推移，土壤内部的交流也愈加频繁与活跃，故土层之间的差别越发不明显。

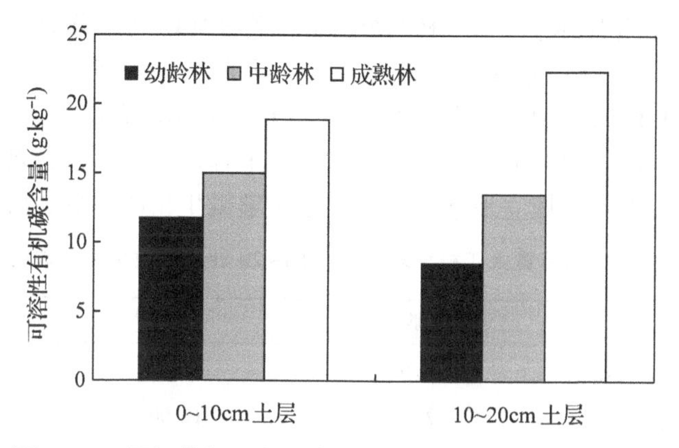


**图 6-7 不同经营年限木麻黄人工林土壤可溶性有机碳含量**

(2) 土壤微生物量碳含量 木麻黄人工林地的土壤微生物量碳的总体含量也处于较低水平，不同经营年限土壤微生物量碳的平均含量为幼龄林(46.95 mg·kg$^{-1}$)>中龄林(20.00 mg·kg$^{-1}$)>成熟林(8.15 mg·kg$^{-1}$)，可见随着经营年限的增长，MBC 的含量是不断降低的(图 6-8)。此外，随着经营年限的不断增大，两种土层间 MBC 含量的差异逐渐变小，可能与幼龄林阶段，由于根际效应，微生物主要集中在土壤表层，随着经营年限的增大，微生物慢慢向下层移动，使土层之间的微生物的差异越来越小有关，这也是经营年限增大导致土壤有机质的土层差异变小的结果。

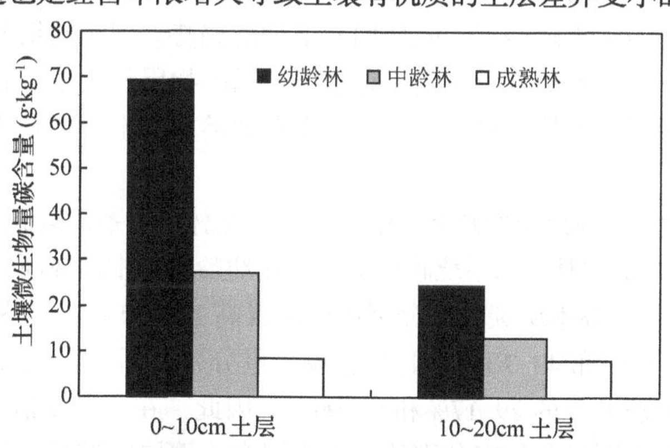


**图 6-8 不同经营年限木麻黄人工林土壤微生物量碳含量**

(3)土壤微生物量碳占土壤总有机碳的比例　土壤微生物量碳是活跃的移动性碳库，微生物量碳/土壤有机碳可以作为土壤碳有效性的指标。微生物量虽然只占土壤有机质的很小部分(1%~5%)，但却是控制生态系统中碳氮和其他养分流的关键因素。土壤微生物量碳对环境的变化敏感，能较早地指示生态系统功能的变化，因此探讨林地表层土壤中微生物生物量碳/土壤有机碳具有重要意义。

3个不同经营年限木麻黄人工林两个土层的平均MBC含量分别为46.95 mg·kg$^{-1}$、20.00 mg·kg$^{-1}$和8.15 mg·kg$^{-1}$，20 cm土层的有机碳含量分别为7.13 g·kg$^{-1}$、12.00 g·kg$^{-1}$和12.43 g·kg$^{-1}$(表6-9)。木麻黄人工林地表层土壤微生物量碳/土壤有机碳较低。这主要是因为试验区木麻黄人工林地土壤为以红壤为底的均一性风积沙土，滨海沙质土壤立地条件差，导致土壤微生物的类群和数量都较少。

**表6-9　不同经营年限木麻黄人工林地表层土壤(0~20 cm)的微生物量碳/土壤有机碳比值**

| 测定指标 | 幼龄林 | 中龄林 | 成熟林 |
|---|---|---|---|
| 土壤微生物量碳(mg·kg$^{-1}$) | 46.95 | 20.00 | 8.15 |
| 土壤有机碳(g·kg$^{-1}$) | 7.13 | 12.00 | 12.43 |
| 土壤微生物量碳/土壤有机碳 | 0.66% | 0.17% | 0.07% |

## 6.3.4　不同经营年限木麻黄人工林总碳储量

### 6.3.4.1　总碳储量及分配

森林碳储量主要来源于森林植物吸收固定大气$CO_2$形成的有机物。木麻黄人工林生态系统中碳库主要为三个部分：乔木层、凋落物层和土壤层，其空间分布序列均为乔木层>土壤层>凋落物层(表6-10)。木麻黄幼龄林、中龄林和成熟林生态系统碳储量具有显著差异($P<0.05$)，分别为76.80 t·hm$^{-2}$、164.11 t·hm$^{-2}$和222.69 t·hm$^{-2}$，表现出随经营年限增加而增大的趋势。但不同组分碳储量在不同经营年限间的差异程度却有所不同。乔木层、凋落物层和土壤层碳储量均表现出随经营年限增加而增加的趋势，且三个碳库在幼龄林、中龄林和成熟林之间均存在显著差异。

由表6-10可见，木麻黄幼龄林、中龄林和成熟林生态系统碳储量差异主要体现在乔木层。木麻黄成熟林生态系统碳储量分别比幼龄林和中龄林高145.89 t·hm$^{-2}$和58.58 t·hm$^{-2}$，其中乔木层碳储量分别比后两者高102.55 t·hm$^{-2}$和25.60 t·hm$^{-2}$，占总差异的70.29%和43.70%。土壤层碳储量分别比后两者大42.56 t·hm$^{-2}$和32.8 t·hm$^{-2}$，占总差异的29.17%和55.99%。因此，在大尺度估算木麻黄人工林碳储量时应划分不同经营年限分别估算乔木层和土壤层碳储量，这样才能得出准确客观的结果。

表 6-10　不同经营年限木麻黄人工林生态系统碳储量及分配　$t \cdot hm^{-2}$

| 经营年限 | 乔木层 | 现存凋落物层 | 土壤层 | 总计 |
| --- | --- | --- | --- | --- |
| 幼龄林 | 62. 75±0. 72 | 0. 44±0. 01 | 13. 61±0. 48 | 76. 8±1. 24 |
| 中龄林 | 139. 7±1. 42 | 1. 04±0. 02 | 23. 37±0. 84 | 164. 11±2. 29 |
| 成熟林 | 165. 3±3. 45 | 1. 22±0. 18 | 56. 17±2. 01 | 222. 69±5. 67 |

在不同经营年限木麻黄人工林生态系统碳储量中，乔木层的比重分别为81. 71%、85. 13%和74. 23%，土壤层的比重分别为17. 72%、14. 24%和25. 22%。森林土壤中(包括土壤、树根和死地被物层)碳储量在幼龄林、中龄林和成熟林中分别占整个生态系统碳储量的32. 02%、24. 81%和33. 58%，即地上部分与地下部分碳储量的比值分别为2. 12、3. 03和1. 98。由此可见，对同一经营年限木麻黄人工林生态系统碳储量而言，乔木层是生态系统碳储量的主体，但土壤层碳储量在生态系统总碳储量中的比重在各经营年限都比较小，且在中龄林中所占的比重最小，其次是幼龄林和成熟林。而乔木层碳储量在总碳储量中的比重则表现为在中龄林中最大，幼龄林和成熟林次之，但显著高于土壤层。这主要是由于木麻黄生长在滨海沙地的立地条件下，土壤层的容重和含碳率明显小于其他立地条件，从而导致土壤碳储量的降低。另一方面，木麻黄人工林较大的造林密度和较高的成活率又使得乔木层的碳储量较高，在整个生态系统碳储量中所占比例较大。因此，在木麻黄人工林生态系统中乔木层是决定不同经营年限林分间碳储量差异的主要原因。而凋落物层作为土壤-植物系统碳循环的联结库，对土壤碳储量具有较大影响，并最终影响森林生态系统碳循环。

#### 6. 3. 4. 2　乔木层和凋落物层年净固碳量

森林生态系统生产力测定的主要内容之一是要确定生态系统同化 $CO_2$ 的能力。根据各组分年净生产力与相应组分的含碳率计算出有机碳年净固碳量(方晰等，2002)。由表6-11可见，木麻黄幼龄林、中龄林和成熟林年净固碳量分别为10. 974 $t \cdot hm^{-2}$(折合成 $CO_2$ 量为40. 237 $t \cdot hm^{-2}$)、14. 889 $t \cdot hm^{-2}$(折合成 $CO_2$ 量为54. 592 $t \cdot hm^{-2}$)和8. 457 $t \cdot hm^{-2}$(折合成 $CO_2$ 量为31. 009 $t \cdot hm^{-2}$)。因此，木麻黄中龄林年净固碳量最大，分别比幼龄林和成熟林高3. 915 $t \cdot hm^{-2}$ 和6. 432 $t \cdot hm^{-2}$，且与两者差异均达到显著水平($P< 0.05$)。其中中龄林乔木层年净固碳量分别比幼龄林和成熟林高2. 802 $t \cdot hm^{-2}$ 和7. 434 $t \cdot hm^{-2}$。木麻黄中龄林的年固碳量大于广西中部丘陵区114a生马尾松林(9. 08 $t \cdot hm^{-2}$)(方晰等，2003；罗辑等，2000)、热带山地雨林(3. 818 $t \cdot hm^{-2}$)(Carlyle and Than，1998；杨玉盛等，2002)和苏南地区27a生杉木林(2. 36 $t \cdot hm^{-2}$)(阮宏华等，1997)。由此可见，尽管相对幼龄林和中龄林而言，成熟林同化 $CO_2$ 的能力稍有减弱，但总体而言木麻黄人工林同化 $CO_2$ 的能力较强。

表 6-11 不同经营年限木麻黄人工林生态系统净生产量、碳素年净固定量 $t \cdot hm^{-2}$

| 组分 | | 净生产量 | | | 碳素年净固定量 | | | 折合 $CO_2$ 量 | | |
|---|---|---|---|---|---|---|---|---|---|---|
| | | 幼龄林 | 中龄林 | 成熟林 | 幼龄林 | 中龄林 | 成熟林 | 幼龄林 | 中龄林 | 成熟林 |
| 乔木层 | 树干 | 13.841 | 17.458 | 7.218 | 6.440 | 8.643 | 3.506 | 23.614 | 31.69 | 12.854 |
| | 树皮 | 1.940 | 3.491 | 1.568 | 0.881 | 1.702 | 0.753 | 3.232 | 6.241 | 2.760 |
| | 树枝 | 1.662 | 1.199 | 0.435 | 0.778 | 0.599 | 0.213 | 2.852 | 2.195 | 0.780 |
| | 小枝 | 1.178 | 0.679 | 0.234 | 0.564 | 0.343 | 0.119 | 2.069 | 1.257 | 0.438 |
| | 果实 | 0.213 | 1.028 | 0.580 | 0.100 | 0.515 | 0.286 | 0.368 | 1.887 | 1.048 |
| | 树根 | 2.120 | 1.539 | 0.560 | 1.032 | 0.797 | 0.288 | 3.784 | 2.923 | 1.057 |
| | 小计 | 20.954 | 25.395 | 10.595 | 9.796 | 12.599 | 5.165 | 35.919 | 46.195 | 18.937 |
| 凋落物层 | 树枝 | 0.068 | 0.479 | 1.068 | 0.033 | 0.236 | 0.514 | 0.121 | 0.864 | 1.883 |
| | 小枝 | 2.223 | 3.886 | 5.403 | 1.110 | 1.963 | 2.739 | 4.071 | 7.196 | 10.042 |
| | 果实 | 0.119 | 0.274 | 0.220 | 0.057 | 0.132 | 0.107 | 0.210 | 0.486 | 0.394 |
| | 小计 | 2.411 | 4.639 | 6.691 | 1.178 | 2.290 | 3.292 | 4.318 | 8.397 | 12.072 |
| 合计 | | 23.265 | 30.034 | 12.286 | 10.974 | 14.889 | 8.457 | 40.237 | 54.592 | 31.009 |

森林不仅是陆地生态系统中最为重要的生物基因库，而且也是大气 $CO_2$ 的一个重要的汇。森林的破坏，就等于给大气增加了一个重要的 $CO_2$ 供给源。因为森林砍伐，除了利用一部分有用的木材外，其他部分如树叶、枝、皮、根等可能被分解腐烂，或被当作燃料，通过这些途径向大气中释放 $CO_2$。保护好现有森林，每年可以吸收大气中一定量的 $CO_2$。由此可见，森林与全球大气 $CO_2$ 浓度的升降具有密切的关系，成为影响全球气候变化的一个重要因子，因而保护、恢复和发展森林植被具有非常重要的生态学意义。确定系统同化 $CO_2$ 的能力是森林生态系统生产力研究的主要内容之一。木麻黄作为防护林树种具有较高的生产力，不仅具有防风的生态效益，而且对平衡大气中 $CO_2$ 具有重要作用。中龄林、幼龄林和成熟林乔木层固碳量分别占总固碳量的89.27%、84.62%和61.07%。因此，不同经营年限林分年净固碳量差异主要是由乔木层年净固碳量差异引起的，其中中龄林乔木层固碳量最大，其次是幼龄林和成熟林，而凋落物固碳量为成熟林>中龄林>幼龄林。

成熟林凋落物年固碳量分别是幼龄林和中龄林的1.44倍和2.78倍（表6-11），三者存在显著差异（$P<0.05$）。乔木层年净固碳量在林分总年净固碳量中的比重以中龄林最大（89.27%），幼龄林次之（84.62%），成熟林最小（61.07%），凋落物层则表现出了相反的规律。不同经营年限乔木层各器官中均以干的年净固碳量最大，其他各器官表现出不同规律；木麻黄成熟林果实固碳量大于幼龄林。由此可见，不同经营年限不同器官的固碳能力有所不同，干是乔木层年净固碳量的主体。而凋落物层则以小枝的年固碳量最大，是凋落物层年净固碳量的主体。

总之，不同经营年限木麻黄人工林年净固碳量差异主要体现在乔木层，不同经营年限的凋落物年固碳量亦存在显著差别，但由于凋落物年固碳量基数较小，故在不同经营年限人工林年净固碳量差异中占的比重小于乔木层。

中国科学院华南植物园在茂名市小良热带海岸开展3~18 a生木麻黄防护林固碳功能和潜力研究，发现木麻黄防护林的固碳能力高于许多热带和亚热带森林，年固碳能力在3~6 a林龄中最大，达到8.2 t C·hm$^{-2}$·a$^{-1}$。在0~100 cm土层中，有机碳储量随林龄增加呈现先降后升的趋势，3 a生幼林土壤有机碳储量最大，达到17.74 t·hm$^{-2}$。整个生态系统的碳储量呈现随林龄增长而增加，在18 a生的林分中达到79.79 t·hm$^{-2}$(Wang et al., 2013)。

## 6.3.5 不同经营年限木麻黄人工林土壤碳释放

### 6.3.5.1 土壤呼吸的日变化

如图6-9所示，总体来说3种林分的土壤异养呼吸的日变化规律基本一致，但在不同季节，各经营年限林分土壤异养呼吸速率存在较大差异，如成熟林中土壤异养呼吸速率在2006年7月最高，而在2007年4月最低。同时，幼龄林样地异养呼吸日变化曲线变异大于其他样地，因为幼龄林样地有明显的林窗，在天气晴好的情况下，中午太阳可以直接照射到达地面，从而使地面温度变化幅度大，相应地就影响到土壤温度的变化幅度。中龄林以及成熟林因为林分郁闭较好，使

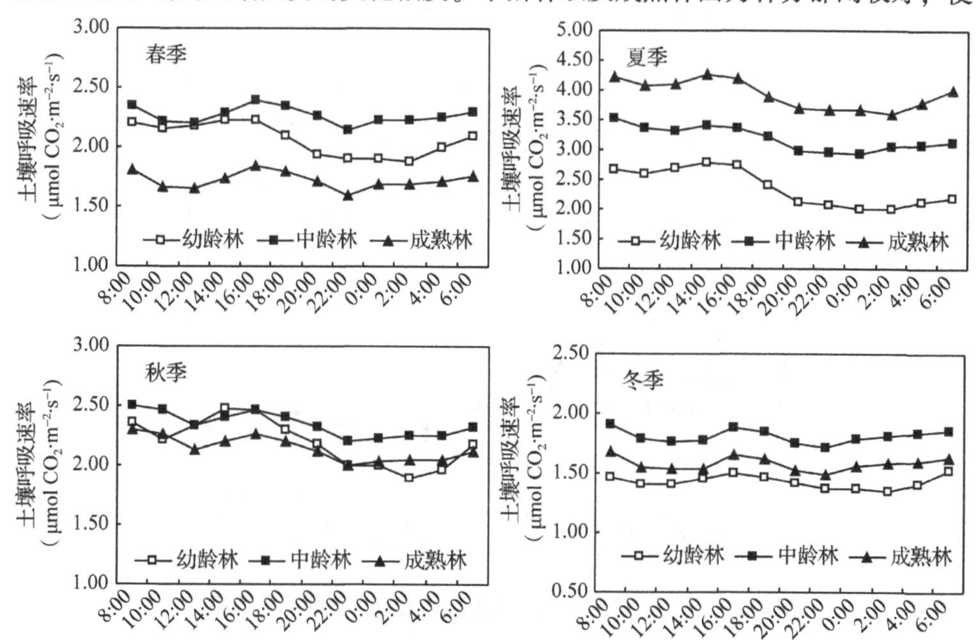


图6-9 不同经营年限木麻黄人工林土壤异养呼吸日变化

温度因子不会向幼龄林那样变化剧烈。但是总体来说，三种林分的日变化规律基本一致。

#### 6.3.5.2 土壤呼吸的季节变化

如图 6-10 所示，不同经营年限木麻黄人工林样地土壤呼吸的季节变化较为一致，基本上都是单峰曲线，最大值出现在 6~7 月，中龄林和成熟林土壤异养呼吸速率最高值分别出现在 2006 年 6 月（5.95 μmol $CO_2 \cdot m^{-2} \cdot s^{-1}$）和 7 月（3.93 μmol $CO_2 \cdot m^{-2} \cdot s^{-1}$），而最低值一般出现在 11 月或 12 月，其中中龄林样地的土壤异养呼吸速率在 11 月最低(1.80 μmol $CO_2 \cdot m^{-2} \cdot s^{-1}$)，成熟林样地在 12 月最低(1.40 μmol $CO_2 \cdot m^{-2} \cdot s^{-1}$)。土壤总呼吸速率的月际变化规律与异养呼吸的变化规律基本一致。这种变化规律与样地的气象因子的变化有关，5 cm 深度土壤温度和土壤体积含水量的月际变化也呈现出单峰曲线，在夏季最高，冬季最低。

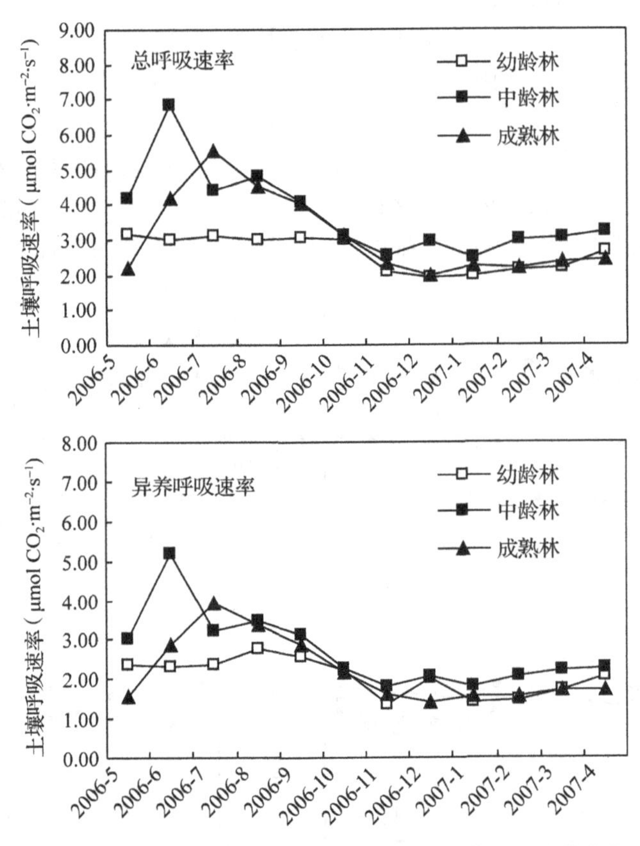


**图 6-10　不同经营年限木麻黄人工林土壤异养呼吸季节变化**

#### 6.3.5.3 土壤呼吸与环境因子的关系

(1)土壤呼吸与温度的关系　大多数研究者都采用指数方程($R=ae^{bT}$，$R$ 表示土壤呼吸速率，$T$ 为温度，$a$ 为温度为0℃时的土壤呼吸即基础呼吸，$b$ 是温度敏感系数)来表示土壤呼吸速率与温度之间的关系。但很多人在研究中更习惯用 $Q_{10}$(温度每升高10℃，土壤呼吸速率所增加的倍数)来表示：$Q_{10}=e^{10b}$，其中的 $b$ 值即为模型为 $R=ae^{bT}$ 中的 $b$ 值；本研究在每个样地内都在呼吸测定的同时同步测定了气温、地表温度、5 cm 土壤温度，故下面分别列出不同经营年限木麻黄人工林样地土壤呼吸速率分别与气温、地表温度以及5 cm 土壤温度的指数模型，并求出 $Q_{10}$ 值。

由表6-12可见，土壤呼吸速率与3种温度指标均有较好的相关关系，其中拟合度最好的是5 cm 土壤温度，三种经营年限样地土壤呼吸速率与5 cm 土壤温度的 $R^2$ 分别达到了0.6343、0.5437和0.6677，说明5 cm 土壤温度能解释土壤呼吸，变异百分比在3种样地中分别是63.43%、54.37%和66.77%，平均达到61.52%，这与5 cm 土壤温度能较为客观地反映植物根系与土壤微生物活动的环境温度有关。

**表6-12　不同经营年限木麻黄人工林土壤呼吸模型的 $R^2$ 值**

| 林分类型 | 气温 | 地表温度 | 5 cm 土壤温度 | 土壤湿度 |
|---|---|---|---|---|
| 幼龄林 | 0.5309 | 0.6794 | 0.6343 | 0.5713 |
| 中龄林 | 0.3239 | 0.4510 | 0.5437 | 0.7839 |
| 成熟林 | 0.4750 | 0.5806 | 0.6677 | 0.8207 |

由公式 $Q_{10}=e^{10b}$ 可以算出三个不同经营年限样地土壤呼吸速率在3种温度下的 $Q_{10}$ 值(表6-13)。除幼龄林外，其他两种林分基于5 cm 土壤温度的 $Q_{10}$ 值均大于气温和地表温度的 $Q_{10}$ 值，说明土壤呼吸对5 cm 土壤温度的变化最为敏感。

**表6-13　不同经营年限木麻黄人工林土壤呼吸模型的 $Q_{10}$ 值**

| 林分类型 | 气温 | 地表温度 | 5 cm 土壤温度 |
|---|---|---|---|
| 幼龄林 | 1.487 | 1.463 | 1.385 |
| 中龄林 | 1.274 | 1.365 | 1.438 |
| 成熟林 | 1.652 | 1.632 | 1.948 |

(2)土壤呼吸与水分的关系　土壤水分是影响土壤呼吸速率的另一个重要因子。由于土壤水分受测量精度的限制，同时很难对某一定点的土壤含水量进行连续测定，所以土壤呼吸与土壤水分之间相互关系的研究较少，虽然室内模拟实验研究得出土壤呼吸和土壤水分之间存在一定相互关系，但是在野外研究中得出的

结论却有很大差别。一般认为在一定含水量范围内土壤呼吸强度随着含水量的增加而增大，在土壤含水量接近土壤田间持水量时，土壤呼吸速率最高。

利用 LI-8100 土壤呼吸测量系统所附带的土壤体积含水量测定仪结合传统的烘干法与土壤容重对呼吸点附近的表层土壤体积含水量进行连续观测，并对土壤呼吸速率($R$)与土壤体积含水量($W$)进行了线性回归分析。由表 6-12 可见，土壤异养呼吸速率与表层土壤体积含水量具有显著的线性相关关系，除幼龄林外，表层土壤体积含水量可以解释木麻黄人工林土壤异养呼吸变异的接近 80%，成熟林可达到 82.07%，而 5 cm 土壤温度平均只能解释土壤呼吸变异的 61.56%，这说明在沿海沙地木麻黄人工林中，土壤水分比土壤温度对土壤呼吸速率的影响更大。这主要是因为温度是通过影响土壤微生物活动和植物根呼吸酶的活性来影响土壤呼吸，在 0~35℃范围内土壤微生物活性及根呼吸酶活性随温度升高而升高，最适温度大约为 25~35℃，而在沿海沙地中，温度一般较高，适合土壤微生物活动和植物根呼吸酶的活性，温度不会成为土壤呼吸的限制性因子；而沿海沙地土壤含水量较低，土壤体积含水量小于 0.3%，在低于田间持水量时，水分直接影响土壤微生物生长及其移动性、可溶性有机物扩散以及微生物与底物的接触，从而强烈影响土壤呼吸。

#### 6.3.5.4 不同经营年限木麻黄人工林土壤异养呼吸年通量

如图 6-11 所示，中龄林中土壤异养呼吸年 $CO_2$ 释放量最大，为 38.964 $t \cdot hm^{-2} \cdot a^{-1}$，与中龄林土壤异养呼吸速率大于幼龄林和成熟林的结论一致。

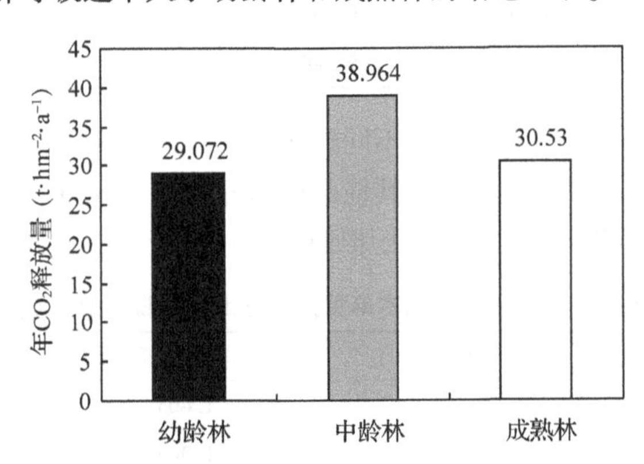


**图 6-11 不同经营年限木麻黄人工林土壤异养呼吸的年 $CO_2$ 释放量**

### 6.3.6 不同经营年限木麻黄人工林碳平衡

由表 6-14 可见，三种经营年限木麻黄人工林生态系统均表现出碳汇功能，其中幼龄林与中龄林年净固碳量较大，而成熟林只是表现出微弱的碳汇能力，这

表 6-14 不同经营年限木麻黄人工林碳平衡的估算 $t \cdot hm^{-2} \cdot a^{-1}$

| 林分类型 | 收入项 | | 支出项 | 碳平衡 |
|---|---|---|---|---|
| | 乔木层 | 凋落物层 | 土壤异养呼吸年释放量 | |
| 幼龄林 | 35.919 | 4.318 | 29.072 | +11.165 |
| 中龄林 | 46.195 | 8.397 | 38.964 | +15.628 |
| 成熟林 | 18.937 | 12.072 | 30.530 | +0.479 |

主要是因为幼龄林和中龄林均处于生长高峰期，而成熟林的生长速率明显降低。

木麻黄中龄林的碳汇能力为 15.628 $t \cdot hm^{-2} \cdot a^{-1}$，而中亚热带中龄林杉木人工林净碳汇为 3.482 $t \cdot hm^{-2} \cdot a^{-1}$，马尾松中龄林净碳汇为 2.434 $t \cdot hm^{-2} \cdot a^{-1}$，楠木中龄人工林的碳汇能力为 3.823 $t \cdot hm^{-2} \cdot a^{-1}$(尉海东等，2006)，本研究显著高于该观测结果。

可见亚热带海岸木麻黄防护林是一个很重要的“汇”，保护和管理好现有人工林以及扩大沿海防护林的发展规模，加强东南沿海木麻黄纵深防护林建设，不仅有利于防风固沙，改善当地生态环境，而且可以固定更多的 $CO_2$，这对于抑制大气 $CO_2$ 浓度升高，缓解全球变暖有重要意义。

## 6.4 主要结论

选择木麻黄幼龄、中龄、成熟林 3 种不同经营年限的人工林为对象，开展不同时间序列木麻黄人工林生态系统净固碳量、碳平衡的动态监测，揭示地上地下碳分配随林龄变化规律及其影响机理，分析评价木麻黄人工林生态系统的碳源-碳汇能力，为构建木麻黄林碳循环模型和提出碳增汇措施提供科学依据。

(1)随着经营年限的增长，海岸带木麻黄人工林生态系统碳储量显著增加。幼龄、中龄和成熟林碳储量分别为 76.80 $t \cdot hm^{-2}$、164.11 $t \cdot hm^{-2}$ 和 222.69 $t \cdot hm^{-2}$。木麻黄人工林植被层、凋落物层、土壤层的碳储量均随林龄升高而增加，幼龄林、中龄林和成熟林植被层的碳储量分别为 62.75 $t \cdot hm^{-2}$、139.70 $t \cdot hm^{-2}$ 和 165.30 $t \cdot hm^{-2}$，平均为 154.53 $t \cdot hm^{-2}$，大大高于我国森林植被平均碳储量的 57.78 $t \cdot hm^{-2}$；现存凋落物层碳储量分别为 0.44 $t \cdot hm^{-2}$、1.04 $t \cdot hm^{-2}$ 和 1.22 $t \cdot hm^{-2}$，土壤层(0~100 cm)碳储量分别为 13.61 $t \cdot hm^{-2}$、23.38 $t \cdot hm^{-2}$ 和 56.18 $t \cdot hm^{-2}$。从生态系统碳储量的分配来看，植被层是生态系统碳储量的主体，幼龄林、中龄林和成熟林中乔木层所占比重分别为 81.71%、85.13% 和 74.23%，土壤层所占比例次之，比重分别为 17.72%、14.24% 和 25.22%，凋落物层比例最小。

(2)木麻黄海岸防护林的碳吸存能力以中龄林最强。年净固碳量分别比幼龄林和成熟林高 3.915 $t \cdot hm^{-2}$ 和 6.432 $t \cdot hm^{-2}$，且与两者有显著差异。幼龄林、中龄林和成熟林年净固碳量分别为 10.974 $t \cdot hm^{-2}$、14.889 $t \cdot hm^{-2}$ 和 8.457 $t \cdot hm^{-2}$。与热带山地雨林、丘陵杉木林相比，木麻黄人工林同化 $CO_2$ 的能力更强。中龄林、幼龄林和成熟林乔木层固碳量分别占总固碳量的 89.27%、84.62% 和 61.07%，故木麻黄林不同经营年限碳吸存量差异主要是由乔木层年净固碳量差异引起的，以中龄林乔木层固碳量最大，其次是幼龄林。木麻黄幼龄林和中龄林处于碳净积累阶段，成熟林已逐渐趋向碳归还阶段。

(3)土壤碳排放呈现随年龄增加，至中龄林最大后下降的趋势。木麻黄幼龄林、中龄林和成熟林土壤异养呼吸年通量分别为 29.072 $\mu mol \cdot m^{-2} \cdot s^{-1}$、38.964 $\mu mol \cdot m^{-2} \cdot s^{-1}$ 和 30.53 $\mu mol \cdot m^{-2} \cdot s^{-1}$，中龄林土壤异养呼吸年 $CO_2$ 释放量最大。3 种经营年限木麻黄林土壤呼吸的日变化均呈现出比较明显的双峰曲线，白天的变化幅度略高于夜晚，季节变化表现为单峰曲线，最大值出现在 6~7 月，最小值一般出现在 11~12 月，土壤总呼吸速率与异养呼吸的月际变化规律基本一致。土壤呼吸速率与气温、地表温度和 5 cm 土温 3 个指标均有较好的指数关系，与表层土壤体积含水量之间也呈显著的线性相关关系。

(4)木麻黄幼龄林、中龄林和成熟林均表现出碳汇功能，不同经营年限森林生态系统能维持碳平衡。幼龄林与中龄林年净固碳量较大，依次为 11.165 $t \cdot hm^{-2} \cdot a^{-1}$ 和 15.628 $t \cdot hm^{-2} \cdot a^{-1}$，而成熟林(0.479 $t \cdot hm^{-2} \cdot a^{-1}$)的碳汇功能较弱。木麻黄中龄林的碳汇能力明显强于亚热带地区同龄的杉木、马尾松人工林，说明木麻黄海岸防护林是一个很重要的“汇”，保护和管理好现有沿海防护林，扩大沿海防护林体系的发展规模，向海岸带纵深方向延伸，有利于固定更多的 $CO_2$，这对于抑制大气 $CO_2$ 浓度升高，缓解全球气候变暖具有不可或缺的重要作用。

# 第7章 不同经营模式对木麻黄人工林碳吸存的影响

增加森林碳汇是实现“碳达峰、碳中和”的重要途径，对减缓大气$CO_2$浓度快速升高和调控全球生态系统的碳平衡方面发挥着极其关键的作用(肖纳等，2022)。森林植被碳储量是生态系统碳循环的组成要素之一，对评价生态系统结构与功能有着重要的现实意义(Fang et al.，2001；Schimel et al.，2001)。随着我国人工林面积在森林总面积中的比重快速增加，人工林在$CO_2$的吸收和固定及减缓全球气候变化等方面的作用也随之得到重视(叶绍明等，2010)。为保持森林生态系统碳平衡，缓解温室效应累积，对不同营林措施下人工林碳储量的观测已成为热点领域。

当今世界人工林面积不断扩大，人工林单一化经营导致地力衰退、林地生态环境退化和森林生产力下降等系列问题(杨玉盛等，1998；何佩云等，2011)。为了避免人工林单一化经营和短轮伐期的不利影响，促进森林经营模式多样化和森林可持续利用，美国、加拿大和芬兰等国从20世纪50年代就开始进行人工复层林培育技术的探索。日本70年代初期，对北方红松、落叶松及日本柳杉和扁柏等树种，开展了复层林经营管理体系研究(唐广仪和张慧忱，1992)。人工纯林疏伐套种阔叶树后形成异龄复层结构群落，是森林近自然改造经营的一项主要技术措施，可达到优化林分结构，提高林分稳定性、维持林地长期生产力及增加森林碳汇功能的目标(罗叶红等，2016)。有研究表明，马尾松经复层混交套种乡土阔叶树种后能促进林分空间结构的优化，明显提升林分的生物量和植被固碳能力(刘志龙等，2017；明安刚等，2017)。

沿海木麻黄防护林经营以防护功能为主要目的，经营措施以防护林结构优化和提高防风固沙等效益为出发点(徐燕千和劳家骐，1984；许基全，1996)，以碳汇效益为目标的人工林经营理论与方法较少涉及，制约了我国沿海防护林碳吸存效益的提高。20世纪90年代，项目组在闽南地区启动不同经营模式对沿海人工防护林碳吸存的影响研究，包括滨海沙地林分密度、年龄接近的不同栽植代数木麻黄人工林，厚荚相思、湿地松等不同轮栽树种人工林，以及沿海防护林不同无性系更新、低效林改造措施等对比试验。本章从森林生态系统碳库角度，探讨不同经营措施下人工林固碳效应，以期建立海岸防护林碳汇经营措施体系，为沿海防护林碳汇计量和可持续经营提供科学指导。

## 7.1 试验区概况

试验区设置在福建省惠安赤湖国有林场、东山赤山国有防护林场，均属沿海风沙危害严重和台风多发地区，也是木麻黄防护林生态工程体系建设重点地区之一，是国家科技攻关、科技支撑沿海防护林项目的主要试验基地。在福建省林业科学研究院和中国林业科学研究院热带林业研究所的指导下，陆续开展沿海防护林更新改造、海岸带森林生态网络体系、纵深沿海防护林体系构建、南亚热带防台风沿海防护林营建等试验示范，为海岸防护林生态系统结构和功能研究打下良好基础。具体概况见第2章、第5章。

### 7.1.1 木麻黄多代连栽模式试验

多代连栽模式是在采伐后的木麻黄林地继续栽种二代、三代木麻黄纯林。在东南沿海地区未发掘出适宜的替代树种之前，木麻黄在同一块林地连续栽培是常用的经营模式，尤其在沿海基干林带木麻黄的作用难以替代。试验地位于惠安赤湖国有防护林场，属南亚热带海洋性季风气候，常年干旱少雨。土壤为典型的滨海风积沙地，保水保肥能力较弱。采取空间替代时间的方法，选择起源均为实生苗造林，保留密度、营林措施相近的不同栽植代数木麻黄林分开展定位观测，各栽植代次林分设置3个20 m×20 m的标准地，调查时林龄均为26 a生，林下植被稀少。不同连栽模式下木麻黄人工林生长情况见表7-1。

表7-1 不同连栽模式下木麻黄海岸防护林的生长状况

| 经营模式 | 栽植代数 | 年龄 (a) | 现有密度 (株·$hm^{-2}$) | 平均树高 (m) | 平均胸径 (cm) | 蓄积量 ($m^3·hm^{-2}$) |
|---|---|---|---|---|---|---|
| 连栽模式 | 一代 | 26 | 1485 | 17.5 | 20.3 | 321.74 |
| | 二代 | 26 | 1416 | 16.1 | 19.3 | 292.26 |
| | 三代 | 26 | 1500 | 13.6 | 17.4 | 243.91 |

### 7.1.2 木麻黄复层林经营模式试验

木麻黄海岸防护林作为生态公益林，营造多树种、多层次林分是防护林经营的重要发展趋势之一，但木麻黄人工复层林营造技术的研究起步较晚。在前期林下更新试验基础上，2009 年在惠安赤湖国有防护林场选择立地条件相似，初始林分郁闭度为 0.7 的 20 a 生沿海木麻黄基干林带为对象，通过疏伐调整林分郁闭度，调控林带内的大小林窗空隙，选择台湾海桐(*Pittosporum pentandrum*)、水黄皮(*Pongamia pinnata*)等阔叶树种进行林下套种更新，试验林分采用随机区组设计，设置 3 个 20 m×20 m 的标准地，不同复层林模式的抚育管理等措施保持一致(林武星等，2021)。定期观测林冠下各树种的适应性、林木生长量及其与林带郁闭度的关系等。经过林下定居与生长发育，14 a 后形成了复层人工林群落，促进了其他林下植被的繁衍。2023 年进行标准地调查，木麻黄林下不同复层林模式生长和生物量情况见表 7-2，14 a 生台湾海桐在林冠下的生长表现和生物量优于水黄皮。

**表 7-2 木麻黄不同复层模式的林分生长情况**

| 指标 | 木麻黄(未套种) | 套种模式 1 | | 套种模式 2 | |
|---|---|---|---|---|---|
| | | 木麻黄(上层) | 台湾海桐 | 木麻黄(上层) | 水黄皮 |
| 年龄(a) | 34 | 34 | 14 | 34 | 14 |
| 密度(株·$hm^{-2}$) | 1260 | 885 | 915 | 930 | 765 |
| 树高(m) | 16.7 | 17.0 | 6.6 | 17.3 | 4.3 |
| 胸径(cm) | 23.8 | 24.5 | 6.1 | 24.8 | 4.0 |
| 生物量(t·$hm^{-2}$) | 331.76 | 320.15 | 57.47 | 326.12 | 36.84 |

### 7.1.3 木麻黄低效防护林改造模式试验

由于立地质量差、树种选择不当或更新造林技术粗放等原因，导致部分木麻黄人工林生长缓慢，林相残缺不齐，林分结构不合理和防护功能低下，成为低质低效的防护林。从 1992 年开始，在东山赤山国有防护林场有计划地对木麻黄低质低效林进行改造，试验示范林规模约 30 $hm^2$，基干林带和后沿片林分别采取不同的改造方式和技术措施，恢复效果显著(叶功富等，2000)。安排两组改造试验，一是全部砍除生长不良的木麻黄，挖穴整地，用木麻黄粤 501、粤 701 等优良无性系进行改造；二是块状砍除木麻黄不良林分，用 9201 无性系重新造林，按每穴施放客土(20 kg 红心土)和基肥(过磷酸钙 50 g)，2 a 生幼林每株追施复合肥 0.15 kg，单独施基肥和追肥、客土等不同措施试验，各种改造试验林均设置 3 个 20 m×20 m 的标准地。2008 年对木麻黄低效林改造试验林进行复查，林分生长情况见表 7-3。

**表 7-3　木麻黄低效林改造试验林的生长特征**

| 低效林改造 | 试验处理 | 年龄 (a) | 密度 (株·hm$^{-2}$) | 树高 (m) | 胸径 (cm) | 蓄积量 ($m^3 \cdot hm^{-2}$) |
|---|---|---|---|---|---|---|
| 无性系 | 粤 701 无性系 | 16 | 1515 | 15.2 | 14.9 | 225.64 |
| | 粤 501 无性系 | 16 | 1545 | 14.3 | 14.0 | 198.86 |
| | 实生苗 | 16 | 1536 | 13.5 | 13.1 | 179.71 |
| | 低效林 | 31 | 1560 | 9.6 | 9.8 | 103.82 |
| 营林措施 | 客土+施肥 | 15 | 1605 | 14.8 | 14.5 | 185.50 |
| | 施肥 | 15 | 1620 | 14.5 | 14.1 | 178.54 |
| | 客土 | 15 | 1612 | 13.9 | 13.4 | 161.75 |
| | 对照 | 30 | 1635 | 9.2 | 9.5 | 96.29 |

## 7.2　研究方法

### 7.2.1　林木生长量和生物量测定

对不同经营模式试验林设置 3 块 20 m×20 m 的标准地进行每木调查，测定林木树高、胸径和冠幅等数据，并统计径阶分布。按标准地林木径级分布，每个径阶选取 3 株标准木，要求所选平均木胸径、树高和林分平均值误差不超过 5%。地上部分采用 2 m 区分段分层切割法测定标准木的干材、干皮、枝条、小枝鲜重；地下部分采用全挖法(项文化等，2002；方运霆等，2003)，按根兜、大根(≥15 mm)、中根(10~15 mm)、小根(5~10 mm)、细根(≤5 mm)分别测定鲜重。在每层中分别抽取干材、干皮、枝条样品，叶为全株混合后取样，根系则按粗度分级取样，每类样品取样鲜重 500 g 带回室内用烘干箱烘干至恒重，计算干鲜比，标准木各器官鲜重换算成干重。

根据测树因子与林木各器官生物量之间的函数关系建立相对生长方程，计算各径级平均木的器官生物量，根据木麻黄生物量模型 $\ln W=a+b\ln(D^2H)$ 计算生物量，系数 $a$ 和 $b$ 见第 4 章。台湾海桐、水黄皮采用平均木法进行生物量计算。

采集的乔木层各组分(树根、树干、树皮、树枝、小枝)样品，经烘干、粉碎、过筛后，用全自动碳氮分析仪测定各器官碳素含量。植被层碳储量根据单位面积林分干物质量乘转换系数(含碳率)而求得，具体见第 6 章。

### 7.2.2 凋落物层碳储量观测

采用样方收获法测定，在标准地内沿对角线分别设置3个样方，面积为1 m ×1 m，在样方内收集凋落物，分未分解和半分解分别收集称重，各取500 g样品带回实验室用烘干箱在80℃下烘干至恒重，计算各部分干重乘以相应的碳素密度即为碳储量。

### 7.2.3 土壤层碳储量测定

在各标准地内呈S型路线分别挖取3个土壤剖面，每个剖面划分0~20 cm、20~40 cm、40~60 cm三层，分别在各层内采集土壤样品，用环刀法及重铬酸钾氧化-外加热法测算样品容重和有机碳含量(Post et al., 1982)，估算土壤层有机碳储量(李意德等，1998)：

$$S_d = \sum_{1}^{5} D_i C_i H_i$$

式中，$S_d$代表土壤$d$深度内单位面积土壤碳储量($t \cdot hm^{-2}$)；$D_i$代表第$i$土层的容重($t \cdot m^{-3}$)；$C_i$代表第$i$土层的含碳率(%)；$H_i$代表第$i$土层的厚度(cm)。

## 7.3 结果与分析

### 7.3.1 多代连栽模式对木麻黄林碳储量的影响

#### 7.3.1.1 对木麻黄人工林乔木层碳储量的影响

由表7-4可见，随着木麻黄连栽代数的增加，人工林生物量逐渐降低，26 a生木麻黄乔木层的碳储量亦逐渐减少(147.12 ~117.83 $t \cdot hm^{-2}$)。一代木麻黄人工林乔木层碳储量最大，达147.12 $t \cdot hm^{-2}$，是二代、三代木麻黄林分的1.11倍和1.25倍。说明在海岸沙地连栽木麻黄，导致人工林碳储量下降。这与木麻黄连栽导致林分生产力和土壤肥力降低，部分滨海沙地出现更新障碍等结论相同(叶功富等，1994)。

多代连栽还引起海岸带木麻黄人工林不同器官碳储量的比例发生变化，树干(62.08%~59.60%)、树皮(9.18%~8.62%)占乔木层碳库的比例逐渐减小，而树冠层(17.29%~18.56%)、根系(11.43%~13.22%)占乔木层碳库的比例逐步增大，因而地下部分碳库在整个木麻黄人工林生态系统所占的比重随连栽代数的增加而提升。

表 7-4　不同栽植代数木麻黄林乔木层碳储量及其分配　t·hm$^{-2}$

| 器官 | 一代林 | | 二代林 | | 三代林 | |
|---|---|---|---|---|---|---|
| | 生物量 | 碳储量 | 生物量 | 碳储量 | 生物量 | 碳储量 |
| 树干 | 183.45 | 91.34(62.09) | 170.08 | 82.18(61.81) | 114.28 | 70.23(59.60) |
| 树皮 | 29.38 | 13.51(9.18) | 27.19 | 11.90(8.95) | 18.52 | 10.15(8.62) |
| 树枝 | 25.59 | 12.70(8.63) | 23.44 | 11.64(8.76) | 15.53 | 10.55(8.95) |
| 小枝 | 25.17 | 12.75(8.67) | 23.27 | 11.77(8.85) | 15.87 | 11.32(9.61) |
| 树根 | 39.14 | 16.82(11.43) | 36.43 | 15.46(11.63) | 24.85 | 15.58(13.22) |
| 合计 | 302.73 | 147.12(100) | 280.41 | 132.95(100) | 189.05 | 117.83(100) |

注：括号内数字为不同器官碳储量占乔木层碳储量的百分比,%。

#### 7.3.1.2　对木麻黄人工林凋落物层及土壤碳储量的影响

采用小样方调查平均结果推算木麻黄不同代次连栽模式凋落物层的碳储量。由表 7-5 可见，随着连栽代数增加，木麻黄人工林凋落物层碳储量逐渐减少，一代木麻黄林凋落物层碳储量最高，为 1.42 t·hm$^{-2}$，二代林为 1.36 t·hm$^{-2}$，均高于三代林的 1.23 t·hm$^{-2}$。凋落物层作为树木新陈代谢的产物，是森林生态系统养分循环的主要功能层，也是森林的一个重要碳库和土壤碳的主要来源，凋落物层碳储量下降势必影响碳循环的进程。

不同土层深度土壤的碳储量出现梯度差异，土壤碳储量随着土层厚度加深而减少。一代木麻黄林土壤碳储量为 50.18 t·hm$^{-2}$，分别是二代和三代林地的 1.07 倍和 1.25 倍，说明木麻黄连栽导致土壤碳库的减少，这与木麻黄连栽导致土壤肥力下降相一致(叶功富等，1994)。

表 7-5　不同代次连栽模式木麻黄人工林凋落物层及土壤碳储量　t·hm$^{-2}$

| 层次 | 一代林 | 二代林 | 三代林 |
|---|---|---|---|
| 凋落物层 | 1.42±0.03 | 1.36±0.02 | 1.23±0.02 |
| 0~20 cm 土层 | 18.92±0.35 | 17.56±0.31 | 14.62±0.28 |
| 20~40 cm 土层 | 16.75±0.32 | 15.83±0.21 | 13.89±0.20 |
| 40~60 cm 土层 | 14.51±0.27 | 13.42±0.16 | 11.74±0.12 |
| 土壤层合计 | 50.18±0.95 | 46.81±0.72 | 40.25±0.64 |

#### 7.3.1.3　木麻黄不同代次连栽模式的碳储量

木麻黄人工林生态系统有机碳库主要由乔木层、枯落物层和土壤层组成，林下植被层较少。由表 7-6 可见，碳储量空间分布序列均为乔木层>土壤层>枯落物层，乔木层是复层林生态系统积累碳素最多的部分。木麻黄一代林碳总储量最大，达 198.72 t·hm$^{-2}$，其次为二代林的 181.12 t·hm$^{-2}$，三代林仅为 159.41 t·hm$^{-2}$，分别比二代和一代林减少 11.99%、19.78%。方差分析结果表明，3 个处理之间生态系统碳储量均存在极显著差异。

**表 7-6　不同代次连栽模式木麻黄人工林生态系统的碳储量**　　$t \cdot hm^{-2}$

| 层次 | 一代林 | 二代林 | 三代林 |
|---|---|---|---|
| 乔木层 | 147.12±1.57 | 132.95±1.34 | 117.83±1.19 |
| 凋落物层 | 1.42±0.07 | 1.36±0.04 | 1.33±0.06 |
| 土壤层 | 50.18±1.45 | 46.81±1.12 | 40.25±0.94 |
| 合计 | 198.72±1.92 | 181.12±1.73 | 159.41±1.51 |

## 7.3.2　木麻黄人工复层林的碳储量

人工纯林经复层混交的近自然化改造后，其树种组成和林分结构均发生了改变，影响着人工林群落的生产力、物种多样性、凋落物的数量和质量等。木麻黄海岸基干林带引入阔叶树种后，森林微环境及土壤理化性质发生变化，进而影响复合群落植被层和土壤的碳储量及其稳定性。

### 7.3.2.1　木麻黄人工复层林乔木层碳储量

在木麻黄基干林带下营造台湾海桐、水黄皮等阔叶树种，经过 14 a 的生长构成了人工复层林，改变了海岸基干林带的原有结构。基干林带中木麻黄过熟林的枝下高达 8 m 以上，加上林分密度较稀，冠层结构单一。由表 7-7 可见，34 a 生基干林下更新中新增台湾海桐、水黄皮等树种，在上层木麻黄林冠下构成不同高度的林相，形成异龄复层林。由于人工林群落层次复杂，物种多样度增加，有利于维持防护林的生态稳定性。

从不同林下套种更新模式的碳储量来看，台湾海桐与木麻黄形成的复层林碳库为 180.20 $t \cdot hm^{-2}$，水黄皮与木麻黄构成的复层林为 174.01 $t \cdot hm^{-2}$，分别比未套种的成熟木麻黄基干林增加 12.8%和 8.9%。这表明在滨海前沿木麻黄基干林带下套种阔叶树种，形成上、下两层的复合结构林带，既能充分利用林地空间、光能和立地潜力，对原有海岸防护林带不会造成破坏，同时能增强人工林生态系统的生产力和固碳功能。在木麻黄人工复层林中，不同树种各器官碳素分配有所差异。木麻黄的碳素含量干材最高，其次为树根、枝条与树皮，叶(小枝)含量最少；台湾海桐、水黄皮也是干材碳素含量最高，其次为枝、根与叶，以树皮含量最低。木麻黄具有上层林分优势，其各器官碳储量水平均明显高于台湾海桐、水黄皮，在空间上与下层木构成互补关系，形成良好的复层林结构。

表 7-7 不同林下套种更新的木麻黄林碳储量及其分配 $t \cdot hm^{-2}$

| 器官 | 木麻黄（单层林） | 复层林 1 | | 复层林 2 | |
|---|---|---|---|---|---|
| | | 木麻黄(上层) | 台湾海桐 | 木麻黄(上层) | 水黄皮 |
| 树干 | 96.21 | 92.18 | 10.71 | 93.47 | 7.21 |
| 树皮 | 14.67 | 13.84 | 1.63 | 14.26 | 1.15 |
| 树枝 | 16.39 | 15.35 | 6.37 | 16.41 | 4.22 |
| 树叶 | 13.85 | 13.29 | 3.45 | 13.47 | 2.64 |
| 树根 | 18.26 | 17.72 | 5.16 | 18.05 | 3.43 |
| 合计 | 159.78 | 152.38 | 27.82 | 155.36 | 18.65 |

#### 7.3.2.2 木麻黄人工复层林凋落物层和土壤碳储量

木麻黄复层林下凋落物数量增多，特别是台湾海桐、水黄皮的枯枝落叶量大，成为生态系统养分循环和碳固持的重要一环。通过样方凋落物测定，计算不同木麻黄复层林群落凋落物层的碳储量。由表 7-8 可见，木麻黄单层林凋落物层碳储量为 1.34 $t \cdot hm^{-2}$，略低于木麻黄与台湾海桐复层林的 1.45 $t \cdot hm^{-2}$ 和木麻黄与水黄皮复层林的 1.51 $t \cdot hm^{-2}$。

表 7-8 木麻黄不同复层林模式凋落物层和土壤碳储量 $t \cdot hm^{-2}$

| 层次 | 木麻黄+台湾海桐 | 木麻黄+水黄皮 | 木麻黄单层林 |
|---|---|---|---|
| 凋落物层 | 1.45±0.07 | 1.51±0.11 | 1.34±0.05 |
| 0~20 cm 土层 | 20.73±0.51 | 19.26±0.41 | 16.17±0.32 |
| 20~40 cm 土层 | 18.80±0.42 | 17.34±0.30 | 15.23±0.26 |
| 40~60 cm 土层 | 16.62±0.35 | 15.15±0.24 | 13.49±0.18 |
| 土壤层合计 | 56.15±1.11 | 51.75±1.37 | 44.89±0.95 |

由表 7-8 可见，木麻黄与台湾海桐复层林土壤碳储量最高，达 56.15 $t \cdot hm^{-2}$，其次为木麻黄与水黄皮复层林的 51.75 $t \cdot hm^{-2}$，对照为 44.89 $t \cdot hm^{-2}$。不同土层深度土壤的碳储量出现梯度差异，土壤碳储量随着土层厚度加深而减少。上层土壤碳素含量远高于下层土，可能原因是植物根系主要集中分布在表层土壤中，枯落物和腐殖质的分解淋溶积累随着土壤深度的增加而降低，故土壤层碳素含量表层优于深层。

#### 7.3.2.3 木麻黄人工复层林生态系统碳储量

木麻黄人工复层林生态系统有机碳库主要由乔木层、枯落物层和土壤层组成，林下植被层较少。由表 7-9 可见，碳储量空间分布序列均为乔木层>土壤层>枯落物层，乔木层是复层林生态系统积累碳素最多的部分。木麻黄与台湾海桐复层林生态系统碳储量最大，达 237.80 $t \cdot hm^{-2}$，其次为木麻黄与水黄皮复层林的227.27 t·hm$^{-2}$，分别比木麻黄单层林增加15.4%和10.3%。方差分析结果表明，3个处理之间生态系统碳储量均存在极显著差异。

表7-9 木麻黄不同复层林生态系统碳储量 t·hm$^{-2}$

| 层次 | 木麻黄+台湾海桐 | 木麻黄+水黄皮 | 木麻黄单层林 |
|---|---|---|---|
| 乔木层 | 180.20±1.72 | 174.01±1.57 | 159.78±1.31 |
| 凋落物层 | 1.45±0.05 | 1.51±0.08 | 1.34±0.04 |
| 土壤层 | 56.15±1.21 | 51.75±1.07 | 44.89±0.85 |
| 合计 | 237.80±3.15 | 227.27±2.45 | 206.01±1.92 |

选择适合的树种构建人工混交复层林是提高森林碳吸存潜力的有效途径。在海岸前沿相同立地条件下，木麻黄基干林带经异龄复层混交改造后改变了林分结构，提高了林地资源的利用率和林分生产力，增加了生态系统碳储量。同时，木麻黄与台湾海桐、水黄皮复层林在固碳方面要强于木麻黄纯林，可以有效改善林分的固碳能力。

## 7.3.3 低效防护林改造模式对人工林碳库的影响

### 7.3.3.1 不同无性系改造木麻黄低效林

南方滨海沙地过去往往采用普通的木麻黄实生苗造林，有的地方甚至随采随播育苗，导致林木生长不良。由表7-10可见，木麻黄低效林生产力水平较低，16 a生林分生物量仅126.85 t·hm$^{-2}$，乔木层碳储量仅为61.56 t·hm$^{-2}$。采用粤701无性系、粤501无性系进行低效林改造，能增强林分的适应性，在相同营林措施下林木生物量依次为240.48 t·hm$^{-2}$、214.23 t·hm$^{-2}$，分别是低效林的1.89倍、1.69倍；乔木层碳库分别为118.71 t·hm$^{-2}$、106.30 t·hm$^{-2}$，依次为低效林的1.93倍、1.72倍。应用木麻黄优良无性系进行低效林改造，效果明显优于实生林，粤701无性系、粤501无性系的碳储量分别比木麻黄实生林提高24.1%和11.2%。

表7-10 不同无性系改造低效林分的乔木层碳储量及其分配 t·hm$^{-2}$

| 器官 | 粤701无性系 | | 粤501无性系 | | 实生苗 | | 低效林 | |
|---|---|---|---|---|---|---|---|---|
| | 生物量 | 碳储量 | 生物量 | 碳储量 | 生物量 | 碳储量 | 生物量 | 碳储量 |
| 树干 | 142.37 | 70.95 | 125.57 | 64.33 | 120.13 | 57.18 | 75.01 | 36.84 |
| 树皮 | 22.48 | 10.76 | 20.38 | 9.45 | 19.14 | 8.69 | 11.98 | 5.53 |
| 树枝 | 23.01 | 11.17 | 20.87 | 9.69 | 19.37 | 8.93 | 12.15 | 5.72 |
| 树叶 | 24.37 | 11.35 | 21.90 | 9.97 | 20.46 | 9.15 | 12.80 | 5.91 |
| 树根 | 28.25 | 14.48 | 25.51 | 12.86 | 23.78 | 11.68 | 14.91 | 7.56 |
| 合计 | 240.48 | 118.71 | 214.23 | 106.30 | 202.88 | 95.63 | 126.85 | 61.56 |

#### 7.3.3.2 不同营林措施改造木麻黄低效林

在木麻黄低效林改造过程中，除了采取适宜的改造方式和树种，还要辅以配套的改造措施，以确保形成优质高效的沿海防护林体系，实现林地可持续利用。由表7-11可见，采用挖大穴深栽的方法，在木麻黄9201无性系造林穴中施放客土、基肥及幼林追肥后，对15 a生木麻黄林分生长和生物量积累有显著影响，单独客土、施肥及混合施放的木麻黄人工林，生物量分别是低效林分的1.51倍、1.64倍和1.75倍。

从改造修复后林分的碳储量来看，以客土+施肥的林分碳库最大，达103.87 $t \cdot hm^{-2}$，其次为单独施肥、客土，分别为95.62 $t \cdot hm^{-2}$ 和89.96 $t \cdot hm^{-2}$，而未客土施肥的木麻黄林碳储量仅为58.17 $t \cdot hm^{-2}$。客土及施肥的木麻黄林碳储量提升效果最好，比对照林分增加78.6%，也比单独施肥、客土林分增加8.6%、15.5%。这表明在土壤肥力较差的情况下，通过客土施肥等方法有利于改善土壤条件，促进林分生长，提高新造林分的生产力，促进生态系统的碳库积累。

表7-11 不同营林措施改造低效林分的乔木层碳储量及其分配 $t \cdot hm^{-2}$

| 器官 | 客土+施肥 | | 施肥 | | 客土 | | 对照 | |
|---|---|---|---|---|---|---|---|---|
| | 生物量 | 碳储量 | 生物量 | 碳储量 | 生物量 | 碳储量 | 生物量 | 碳储量 |
| 树干 | 124.56 | 62.05 | 118.86 | 57.12 | 107.25 | 54.02 | 69.78 | 34.38 |
| 树皮 | 19.55 | 9.41 | 18.41 | 8.69 | 16.82 | 8.37 | 11.87 | 5.21 |
| 树枝 | 20.14 | 9.76 | 18.74 | 8.87 | 17.31 | 8.56 | 12.06 | 5.56 |
| 小枝 | 21.29 | 10.02 | 19.63 | 9.13 | 18.65 | 8.71 | 12.79 | 5.70 |
| 树根 | 24.71 | 12.63 | 22.92 | 11.81 | 21.27 | 10.30 | 13.41 | 7.32 |
| 合计 | 210.25 | 103.87 | 196.56 | 95.62 | 181.30 | 89.96 | 119.91 | 58.17 |

## 7.4 主要结论

通过木麻黄多代连栽、复层林经营和低效林改造等不同经营模式的对比试验，揭示不同经营措施下植被层、土壤层和生态系统碳储量的变化规律，探明林分结构调整对生态系统各组分碳库的影响机理，从提高植被固碳效能、改善土壤碳固持能力等多种途径为海岸人工林的碳汇经营提供技术支撑。

(1) *多代连栽导致木麻黄人工林碳储量下降* 木麻黄多代连栽不利于人工林碳库的积累，随着连栽代数的增加，人工林生物量逐渐降低，乔木层碳储量逐步减小。不同栽植代数26 a生木麻黄林二代、三代与一代相比，乔木层碳库分别下降了10.7%和24.9%。说明在海岸沙地连栽木麻黄，容易引起人工林乔木层碳储量下降。随着连栽代数增加，木麻黄人工林凋落物层碳储量亦逐渐减少，一代木麻黄林凋落物层碳储量最高，为1.42 t·hm$^{-2}$，二代林为1.36 t·hm$^{-2}$，均高于三代林的1.23 t·hm$^{-2}$。木麻黄连栽导致土壤碳库减少，木麻黄二代、三代林地土壤碳储量，依次比一代林地减少7.2%和24.7%，这与木麻黄连栽导致土壤肥力下降趋势相一致。

不同栽植代数木麻黄人工林生态系统碳储量空间分布序列均为乔木层>土壤层>枯落物层，乔木层是森林生态系统积累碳素最多的部分。木麻黄一代林碳总储量最大，达198.72 t·hm$^{-2}$，其次为二代林的181.12 t·hm$^{-2}$，三代林仅为159.41 t·hm$^{-2}$，二代林、三代林分别较一代林减少17.6%和24.6%。为维持海岸防护林的碳库水平，尽量不采取同一树种连栽方式，在木麻黄林地可选用厚荚相思、湿地松等树种进行轮栽。

(2)*适宜的复层林经营有利于海岸防护林的碳吸存*　通过海岸前沿基干林带林隙调控后套种阔叶树种台湾海桐、水黄皮，14 a后形成上、下两层的复合异龄林，不仅能有效利用林地空间促进人工林生物量积累，也提高了林分乔木层的碳储量。台湾海桐、水黄皮与木麻黄构成的复层林碳储量分别比未套种的林分增加12.8%和8.9%。不同复层林模式的凋落物层碳储量：木麻黄与台湾海桐复层林为1.45 t·hm$^{-2}$、木麻黄与水黄皮复层林为1.51 t·hm$^{-2}$，均高于木麻黄单层林的1.34 t·hm$^{-2}$。木麻黄与台湾海桐复层林土壤碳储量最高，达56.15 t·hm$^{-2}$，其次为木麻黄与水黄皮复层林的51.75 t·hm$^{-2}$，对照为44.89 t·hm$^{-2}$。

木麻黄基干林带下套种台湾海桐、水黄皮形成异龄复层林，改善了森林生态系统结构，也有利于生态系统的碳吸存，木麻黄与台湾海桐复层林的碳储量最大，达237.80 t·hm$^{-2}$，其次为木麻黄与水黄皮复层林的227.27 t·hm$^{-2}$，分别比木麻黄单层林增加15.4%和10.3%。比较两种不同木麻黄复层林模式发现，木麻黄与台湾海桐套种模式效果最好，更能充分利用林地生态空间，碳储量高于水黄皮混交模式。开展木麻黄林冠下多树种套种，有利于促进林下植被发育，构建层次复杂的人工林群落，提高森林生态系统的固碳能力。

(3)*选用优良品种和配套措施改造低效林能提升固碳能力*　应用木麻黄优良无性系开展低效林改造修复，能增强林分的适应性，提升木麻黄防护林的碳储量和改造效果。13 a生粤701无性系、粤501无性系改造林分生长量和生产力显著提高，在相同营林措施下林分生物量分别为240.48 t·hm$^{-2}$、215.23 t·hm$^{-2}$，分别是低效林的1.89倍、1.69倍；乔木层碳储量分别为118.71 t·hm$^{-2}$、106.30 t·hm$^{-2}$，分别为低效林的1.93倍、1.72倍，分别比实生林提高24.1%和11.2%，有利于提升海岸防护林的碳吸存能力。

通过不同改造措施的效果对比可知，采取客土施肥有利于促进林木生长，提高新造林分的生产力。单独客土、施肥及混合施放的木麻黄人工林，生物量分别是低效林分的1.51倍、1.64倍和1.75倍。采用客土及施肥等栽培措施进行木麻黄低效林改造，有利于改善土壤条件，增加森林生态系统碳库，客土及施肥的木麻黄林碳储量提升效果最好，比对照林分增加78.6%，也比单独施肥、客土林分增加8.6%、15.5%。在沿海低效防护林改造过程中，除选择适宜的改造方式，运用优良无性系和客土施肥等配套措施开展低质低效林分修复，能有效提升森林生态系统生产力，改善海岸防护林质量，增加生态系统碳储量。开展海岸防护林的科学经营，是提高森林生态系统固碳功能的有效途径。

# 第8章 海岸防护林生态系统固碳释氧功能评价

森林是陆地生态系统的重要组成部分，在全球气候变化日益加剧的时代背景下，森林生态服务功能日益受到重视。客观地量化评价森林生态服务功能，有利于发挥林业在经济社会发展中的地位，为服务宏观决策提供量化科学依据(马长欣等，2010；尤海舟等，2017)。固碳释氧功能是指森林生态系统通过森林植被、土壤动物和微生物固定碳素、释放氧气的功能。固碳释氧服务功能对森林生态系统生态服务价值的贡献最大，占总价值的47.5%(余新晓等，2005)。全球陆地生态系统在20世纪80~90年代以每年1~4 Pg的速率吸收碳，补偿了由于化石燃料使用造成碳排放总量的10%~60%(Piao et al.，2009)。森林生态系统是陆地生态系统的主体，也是陆地碳库中最大的一个，其有机碳储量占整个陆地植被碳储量的76%~98%(杨帆等，2015；赵敏等，2004)。而森林生态系统每年的碳固定量约占整个陆地生物碳固定量的2/3(杨帆等，2015)。因此，森林生态系统在调节全球碳平衡、减缓大气中$CO_2$等温室气体浓度上升以及维护全球气候等方面具有不可替代的作用。

在诸多温室气体中，$CO_2$是数量最多、对增强温室效应贡献最大的气体(樊后保等，2007；李晶，2011)。IPCC的报告指出，近百年来，由于大气$CO_2$浓度的增加，地表温度已上升0.3~0.6 ℃，预计到2050年，全球可能增温1.5~4.5 ℃。如何确保人类生存环境的可持续发展，减缓全球气候变化对地球生命支持系统产生的不良影响，已引起各国政府和科学家的高度重视。因此，量化森林生态系统固碳释氧服务功能，对促进将自然资源和环境因素纳入国民经济核算体系而最终实现绿色GDP，对进一步了解森林生态系统碳收支和加强森林资源管理具有重要的现实意义。

20世纪80年代，中国开始森林生态系统服务功能及价值评估研究工作，侯元兆等(1995)第一次全面对中国森林涵养水源、防风固沙、净化空气价值进行了估算，拉开了我国生态系统功能评价的帷幕。刘璨(2003)对森林固碳释氧功能的价值估算研究进展进行了评述，姜东涛(2005)对森林固碳释氧功能与效益计算进行了探讨，陈君(2007)对海南岛沿海防护林的生态服务功能价值进行了估算。王兵等(2008)编制了国内外首部森林生态系统服务功能评估规范，标志着森林生态价值评价进入一个新阶段。

沿海防护林是森林生态系统的一个重要组成部分，在抵御海啸、风暴潮等自然灾害方面发挥着重要作用。东南沿海地区通过大规模营造木麻黄防护林，建立起带、片、网相结合的综合防护体系，对改善海岸带生态环境和防灾减灾取得了显著的生态效益。因此，开展沿海防护林的固碳释氧功能监测评价，实现森林固碳释氧效益的定量计算和货币化评估，有利于充分展示沿海防护林的地位和作用，提高社会公众对沿海防护林的重视，争取政府及社会各界更大的投入和支持(罗细芳等，2013)。本章以福建省木麻黄防护林为例，估算海岸防护林生态系统固碳释氧服务功能的物质量和价值量，旨在为木麻黄防护林经营管理提供技术依据，为海岸带森林资源性资产价值评估提供方法。

## 8.1 试验区概况

福建沿海地区，是指北从福鼎县南至诏安县的广大沿海县市，海岸曲线全长3051 km，土地总面积为31482.67 $km^2$，行政上包括33个县级行政单位。该区域是福建省经济最为活跃，发展速度最快的地区。闽江、木兰溪、晋江、九龙江、漳江等较大水系独流入海。沿岸有大小港湾123个，较大的有东山湾、厦门港、泉州港、湄州湾、兴化湾、闽江口、罗源湾、三沙湾、福宁湾等。沿海大小岛屿1202个，面积大于1 $km^2$的有78个。

### 8.1.1 气候

沿海地区具有典型的亚热带海洋性季风气候特征。闽江口以北为中亚热带海洋性季风气候，闽江口及其以南地区为南亚热带海洋性季风气候。年均温为17.3~21.3℃，多年平均降水量为1000~1600 mm，岛屿年降水量一般为1000~1100 mm，如平潭、东山等地。风速大是主要特点。近海岛屿，大陆突出部是风速最大的地区，年平均风速为6~8 $m \cdot s^{-1}$，中部可达5 $m \cdot s^{-1}$左右。冬季风盛行期间，平均风速大而稳定，相比之下，夏季平均风速要小得多。夏季虽然平均风速不大，但由于台风影响，各地的最大风速和极大风速一般出现在这段时间。

### 8.1.2 土壤

土壤以赤红壤、红壤、水稻土、滨海盐土和滨海风沙土分布最广。滨海风沙土分布于沙质岸线内侧地域，在诏安、东山、漳浦、晋江、平潭、长乐等县有大面积分布。此外，在粗芦岛、川石岛、琅岐岛、江阴岛、南日岛等岛屿和崇武半岛、笏石半岛、黄歧半岛以及龙海流会、霞浦等地也有广泛分布。全省滨海风沙土面积为3.95万$hm^2$，占土壤总面积的4.14%。由于沙生植被的生物量低，成土作用有机质易于分解，加上流动风沙迁移与覆盖，因此土壤不容易稳定发育，剖面分化不明显，土壤颜色有黄、灰黄、灰白色三类。

### 8.1.3 植被

从北部的福鼎市到南部的诏安县横跨中亚热和南亚热带两个气候亚带。由于长期以来人类活动的影响，这些典型的地带性植被所剩无几，原生植被破坏殆尽，代之以人工次生植被，其特点为：薪炭林和防护林多，用材林和经济林少，纯林多，混交林少，林分结构单一。这些乔木树种主要是20世纪60年代沿海大力营造滨海防护林种植的人工林，种类不多，如黑松(*Pinus thunbergii*)、湿地松、木麻黄、台湾相思(*Acacia confusa*)及桉树等。野生种类有石朴(*Celtis tetrandra*)、潺槁木姜子、黄槿(*Talipariti tiliaceus*)、山牡荆(*Vitex quinata*)等极少种类。灌木沙生植物及种类也不多，有胡颓子(*Elaeagnus pungens*)、马缨丹(*Lantana camara*)等。沿海防护林从前沿往后依次有红树林、基干防护林、农田防护林、城镇景观林、丘陵区水土保持林。

## 8.2 材料与方法

### 8.2.1 森林资源数据收集

主要收集不同时期木麻黄防护林资源的相关数据，来源于森林资源建档数据。收集2007、2013、2018、2021年4个时段的沿海木麻黄人工林资源数据，具体指标见表8-1。根据福建省2018年森林资源二类调查数据，全省木麻黄防护林的总面积为15576 $hm^2$，活立木蓄积量为1164842 $m^3$，其中幼龄林面积2166 $hm^2$，中龄林面积2109 $hm^2$，近熟林面积1046 $hm^2$，成过熟林面积10255 $hm^2$；活立木蓄积量分别为92557 $m^3$、111974 $m^3$、87718 $m^3$和872573 $m^3$。

表 8-1　不同时期福建省沿海木麻黄防护林资源数据

| 指标 | 2007 年 | 2013 年 | 2018 年 | 2021 年 |
|---|---|---|---|---|
| 面积($1\times10^2$ $hm^2$) | 170.9 | 154.3 | 155.8 | 147.0 |
| 蓄积($1\times10^4$ $m^3$) | 86.8 | 112.1 | 116.5 | 113.0 |

### 8.2.2　固碳释氧量计算

#### 8.2.2.1　植被固碳释氧量

森林生态系统固定 $CO_2$ 量和释放 $O_2$ 量的评估方法主要有生物量法和蓄积量法，其中生物量法最为简便易行，故被普遍采用，其计算原理是根据光合作用方程式：$6CO_2+6H_2O=C_6H_{12}O_6+6O_2$，即植物每生产 1 g 干物质需要 1.63 g $CO_2$，释放 1.19 g $O_2$。

植被的固碳量计算公式：

$$G_1=1.63R_{碳}\times A\times B$$

式中：$G_1$ 为植被年固碳量($t\cdot a^{-1}$)；$R_{碳}$ 为 $CO_2$ 中碳的含量(27.27%)；$A$ 为林分净生产力($t\cdot hm^{-2}\cdot a^{-1}$)；$B$ 为林分面积($hm^2$)。

植被的释氧量计算公式为：

$$U_{氧}=1.19\times C\times M$$

式中：$U_{氧}$ 为林分年释氧量($t\cdot a^{-1}$)；$C$ 为林分面积($hm^2$)；$M$ 为林分净生产力($t\cdot hm^{-2}\cdot a^{-1}$)。

#### 8.2.2.2　土壤固碳量

土壤固碳量的计算公式为：

$$G_2=A\times F$$

式中：$G_2$ 为土壤年固碳量($t\cdot a^{-1}$)；$F$ 为单位面积林分土壤年固碳量($t\cdot hm^{-2}\cdot a^{-1}$)；$A$ 为林分面积($hm^2$)。

## 8.3　结果与分析

森林的固碳释氧功能是指森林生态系统通过森林植被、土壤动物和微生物固定碳素、释放氧气的功能。森林不仅在维护区域生态稳定方面发挥着重要作用，在减缓温室效应、调节全球碳平衡及稳定气候方面也有着巨大贡献。

### 8.3.1　不同龄级固碳释氧价值估算

#### 8.3.1.1　森林固碳释氧价值

森林碳汇资源价值等于森林生物量固碳量与森林碳汇单价乘积。国内外固碳释氧价值的评价方法主要有四种：一是用温室效应损失法评价森林的固碳价值；二是用造林成本法评价森林的固碳和释氧价值；三是用碳税法评价森林的固碳和释氧价值；四是用工业制氧评价森林的供氧价值。基于2018年福建省沿海木麻黄资源数据，本次评估以前期林分生物生产力测定及郭瑞红等(2007)对木麻黄林生态系统净初级生产力(NPP)、土壤碳储量研究成果为依据，根据光合作用方程式估算森林光合固碳释氧量，从净初级生长量推算出木麻黄防护林固定 $CO_2$ 和释放 $O_2$ 的物质量，运用影子价格法，将物质量换算成价值量，求出固定 $CO_2$ 释放 $O_2$ 的价值(薛达元，1997)。

采用碳税法估算木麻黄林碳汇的经济价值。由于削减温室气体排放的碳税率没有国际统一标准，碳税法采用国际通用的瑞典碳税率(150美元·$t^{-1}$)，美元兑换人民币按照2018年1：6.2的平均汇率进行换算。森林释氧价值，则根据原卫生部发布的氧气价格为1299.1元·$a^{-1}$ 计算(谢义坚，2020)。由表8-2可见，不同龄级木麻黄防护林的植被固碳释氧量及其价值存在差异。福建省2018年木麻黄林植被固碳量为111570.9 t·$a^{-1}$、释氧量为298693.1 t·$a^{-1}$，固碳价值达10376.0万元·$a^{-1}$，释氧价值38803.1万元·$a^{-1}$。总体表现为过熟林>中龄林>幼龄林>成熟林>近熟林，这与木麻黄龄级结构及初级净生产力的分布有关。

**表8-2 不同龄级木麻黄防护林的固碳释氧价值**

| 龄级 | 面积($hm^2$) | 初级净生产力($t \cdot hm^{-2} \cdot a^{-1}$) | 植被固碳量($t \cdot a^{-1}$) | 植被固碳价值(万元·$a^{-1}$) | 植被释氧量($t \cdot a^{-1}$) | 植被释氧价值(万元·$a^{-1}$) |
|---|---|---|---|---|---|---|
| 幼龄林 | 2166 | 23.265 | 22399.3 | 2083.1 | 59966.5 | 7790.2 |
| 中龄林 | 2109 | 30.034 | 28155.4 | 2618.4 | 75376.6 | 9792.2 |
| 近熟林 | 1046 | 21.971 | 10215.4 | 950.0 | 27348.2 | 3552.8 |
| 成熟林 | 2569 | 12.286 | 14029.7 | 1304.8 | 37559.7 | 4879.3 |
| 过熟林 | 7686 | 10.763 | 36771.1 | 3419.7 | 98442.1 | 12788.6 |
| 合计 | 16521 | | 111570.9 | 10376.0 | 298693.1 | 38803.1 |

#### 8.3.1.2 土壤固碳价值

土壤具有重要的碳汇功能，土壤固碳能力强于森林植被，是森林生态系统碳库的主要组成部分。由表8-3可见，沿海木麻黄防护林的土壤固碳量达571583.6 t·$a^{-1}$，土壤固碳价值达53157.3万元·$a^{-1}$。受不同龄级结构和土壤年固碳量的影响，木麻黄防护林固碳价值呈现为：过熟林>成熟林>中龄林>近熟林>幼龄林。

表 8-3 不同龄级木麻黄防护林的土壤固碳价值

| 龄级 | 面积 ($hm^2$) | 单位面积土壤年固碳量 ($t·hm^{-2}·a^{-1}$) | 土壤年固碳量 ($t·a^{-1}$) | 土壤固碳价值 (万元$·a^{-1}$) |
|---|---|---|---|---|
| 幼龄林 | 2166 | 13.61 | 29479.3 | 2741.6 |
| 中龄林 | 2109 | 23.38 | 49308.4 | 4585.7 |
| 近熟林 | 1046 | 41.65 | 43565.9 | 4051.6 |
| 成熟林 | 2569 | 56.18 | 144326.4 | 13422.4 |
| 过熟林 | 7686 | 39.67 | 304903.6 | 28356.0 |
| 合计 | 15576 | | 571583.6 | 53157.3 |

#### 8.3.1.3 森林生态系统固碳释氧价值

沿海木麻黄生态系统的固碳释氧价值统计见表 8-4。由表 8-4 可见，沿海木麻黄防护林生态系统的固碳价值达 63533.3 万元$·a^{-1}$。不同龄级木麻黄防护林生态系统固碳价值表现为过熟林>成熟林>中龄林>近熟林>幼龄林，与土壤固碳价值的变化相一致，也与土壤固碳所占比例高有关。生态系统的固碳释氧价值为 102336.4 万元$·a^{-1}$，不同龄级的变化特征与碳汇价值相同。

表 8-4 不同龄级木麻黄防护林生态系统的固碳释氧价值 万元$·a^{-1}$

| 龄级 | 面积 ($hm^2$) | 植被固碳价值 | 土壤固碳价值 | 总固碳价值 | 植被释氧价值 | 固碳释氧价值 |
|---|---|---|---|---|---|---|
| 幼龄林 | 2166 | 2083.1 | 2741.6 | 4824.7 | 7790.2 | 12614.9 |
| 中龄林 | 2109 | 2618.4 | 4585.7 | 7204.1 | 9792.2 | 16996.3 |
| 近熟林 | 1046 | 950.0 | 4051.6 | 5001.6 | 3552.8 | 8554.4 |
| 成熟林 | 2569 | 1304.8 | 13422.4 | 14727.2 | 4879.3 | 19606.5 |
| 过熟林 | 7686 | 3419.7 | 28356.0 | 31775.7 | 12788.6 | 44564.3 |
| 合计 | 15576 | 10376.0 | 53157.3 | 63533.3 | 38803.1 | 102336.4 |

### 8.3.2 森林固碳释氧价值的动态变化

#### 8.3.2.1 福建省不同时期沿海防护林的固碳释氧价值

对福建省 4 个不同时期沿海防护林的固碳释氧价值进行评估，主要结果见表 8-5。由于各个时期木麻黄资源、龄级结构、指标参数等因素的变化，导致森林植被、土壤固碳释氧价值的动态呈现不同的趋势。植被固碳释氧价值以 2007 年最高，2021 年最低，但土壤固碳价值和生态系统碳汇价值 2018 年最高，2013 年最低，这与森林结构及参数值选定有关。森林生态系统的固碳释氧功能，则是 2007 年最高，2013 年最低。尽管 2021 年木麻黄防护林面积有所降低，但森林生态系统服务价值却比2013年高，表明通过优化林分结构等措施，仍具有维持森林碳汇功能的潜力。

**表8-5　不同时期木麻黄防护林的固碳释氧价值**　万元·$a^{-1}$

| 年份 | 面积<br>($1\times10^2$ $hm^2$) | 植被固碳价值 | 土壤固碳价值 | 总固碳价值 | 植被释氧价值 | 固碳释氧价值 |
|---|---|---|---|---|---|---|
| 2007 | 170.9 | 11567.4 | 50945.4 | 62512.8 | 43258.6 | 105771.4 |
| 2013 | 154.3 | 9648.3 | 46549.6 | 56197.9 | 36081.7 | 92279.6 |
| 2018 | 155.8 | 10376.0 | 53157.3 | 63533.3 | 38803.1 | 102336.4 |
| 2021 | 147.0 | 9425.7 | 48035.1 | 57460.8 | 35249.4 | 92710.2 |

#### 8.3.2.2　不同省域沿海防护林固碳释氧价值比较

广东、福建和海南是中国沿海木麻黄主要分布区，沿海防护林经营和科研的基础条件都比较好。根据2018年广东、海南森林资源清查数据(仲崇禄等，2022)，木麻黄面积分别为20260.2 $hm^2$、29080 $hm^2$，活立木蓄积分别为932332 $m^3$、1832400 $m^3$。福建、广东、海南三省2018年沿海木麻黄防护林固碳释氧价值的计算结果见表8-6。总体上看，海南木麻黄资源最为丰富，森林固碳释氧量和价值也最高，其次为广东，福建稍低。虽然沿海三个省森林固碳价值的计算方法相同，但由于计算过程中对参数的选取略有不同，如广东、海南在评价中未考虑木麻黄不同林龄的净初级生产力的变化，统一采用23.918 $t\cdot hm^{-2}\cdot a^{-1}$ 的静态数值，无法体现不同生长发育阶段固碳释氧量和碳汇价值的动态变化。

**表8-6　南方沿海三省木麻黄防护林固碳释氧价值比较**

| 地区 | 面积<br>($hm^2$) | 固碳量<br>($t\cdot a^{-1}$) | 固碳价值<br>(万元·$a^{-1}$) | 植被释氧量<br>($t\cdot a^{-1}$) | 植被释氧价值<br>(万元·$a^{-1}$) | 固碳释氧价值<br>(万元·$a^{-1}$) |
|---|---|---|---|---|---|---|
| 福建 | 15576.0 | 683154.5 | 63533.3 | 298693.1 | 38803.1 | 102336.4 |
| 广东 | 20260.2 | 945390.8 | 110811.9 | 576654.3 | 74913.2 | 185725.1 |
| 海南 | 29080.0 | 1356944.3 | 159051.3 | 827687.1 | 107524.9 | 266576.2 |

### 8.3.3　森林固碳释氧价值及其生态服务功能类别比较

参照国家质检局《森林生态系统长期定位观测指标体系》(GB/T 35377—2017)和国家林业局《森林生态系统服务评估规范》(LYT 1721—2008)相关标准，从供给服务、支持服务、调节服务、文化服务四个方面，选取固碳释氧、净化大气、森林防护、保育土壤、营养物质积累、涵养水源、生物多样性保护、林木产品供给及森林游憩共9个功能类别，对2018年福建省木麻黄防护林生态服务功能总价值进行综合评价(具体计算过程略去)，结果见表8-7。经测算沿海防护林生态服务功能总价值为 172034.8 万元·$a^{-1}$。其中，固碳释氧价值最大，为 102336.4 万元·$a^{-1}$，其次为森林康养价值 36584.4 万元·$a^{-1}$，森林防护价值 26050.0 万元·$a^{-1}$，净化大气环境价值 2927.3 万元·$a^{-1}$，林木产品供给价值 1942.1 万元·$a^{-1}$，林木养分固持价值 1106.5 万元·$a^{-1}$，保育土壤价值 595.52 万元·$a^{-1}$，涵养水源价值为 418.4 万元·$a^{-1}$，生物多样性保护价值最小，为 74.18 万元·$a^{-1}$。

沿海木麻黄防护林的固碳释氧价值达 102336.4 万元·$a^{-1}$，对森林生态服务功能总价值贡献最大，达 59.5%，与其他森林生态系统服务功能价值测算结果相同(余新晓等，2005)。其次为森林康养价值 36584.4 万元·$a^{-1}$，占 21.3%，森林防护价值 26050.0 万元·$a^{-1}$，占比 15.1%，其余生态系统服务价值所占比重较小。森林固碳(碳汇)价值为 63553.3 万元·$a^{-1}$，占 36.9%，释氧价值 38803.1 万元·$a^{-1}$，占 22.6%。

**表 8-7 福建省木麻黄防护林生态服务价值评估** 万元·$a^{-1}$

| 服务类别 | 生态服务功能类别 | 生态服务功能价值(万元·$a^{-1}$) | 所占比例(%) |
|---|---|---|---|
| 供给服务 | 林木产品供给 | 1942.1 | 1.13 |
| | 生物多样性 | 74.2 | 0.04 |
| 支持服务 | 保育土壤 | 595.5 | 0.35 |
| | 林木养分固持 | 1106.5 | 0.64 |
| 调节服务 | 涵养水源 | 418.4 | 0.25 |
| | 固碳释氧 | 102336.4 | 59.49 |
| | (固碳) | (63533.3) | (36.93) |
| | (释氧) | (38803.1) | (22.56) |
| | 净化大气环境 | 2927.3 | 1.70 |
| | 森林防护 | 26050.0 | 15.14 |
| 文化服务 | 森林康养 | 36584.4 | 21.26 |
| 合计 | | 172034.8 | 100 |

## 8.4 主要结论

基于福建省森林资源二类调查木麻黄防护林数据，以木麻黄人工林生态系统净初级生产力等数据为依据，估算海岸防护林生态系统固碳释氧服务功能的物质量，并从龄级、时间和省域等尺度评价固碳释氧功能的经济价值，为海岸带森林资源性资产价值评估和沿海防护林碳汇管理提供依据。

*(1)海岸木麻黄防护林的固碳释氧价值随龄级发生变化* 2018 年木麻黄林植被

固碳量为 111570. 9 $t \cdot a^{-1}$、释氧量 298693. 1 $t \cdot a^{-1}$，固碳价值达 10376. 0 万元·$a^{-1}$，释氧价值 38803. 1 万元·$a^{-1}$。固碳释氧价值表现为过熟林>中龄林>幼龄林>成熟林>近熟林。土壤固碳量达 571583. 6 $t \cdot a^{-1}$，土壤固碳价值达 53157. 3 万元·$a^{-1}$，表现为过熟林>成熟林>中龄林>近熟林>幼龄林。海岸防护林生态系统的固碳价值达 63533. 3 万元·$a^{-1}$，与土壤固碳价值的龄级变化趋势相一致。

（2）*不同时期和地域的森林生态系统固碳释氧价值存在差别*　2007—2021 年 4 个时期的变化来看，沿海防护林植被固碳、释氧价值以 2007 年最高，2021 年最低，但土壤固碳价值和生态系统碳汇价值 2018 年最高，2013 年最低。森林生态系统的固碳释氧功能，则是 2007 年最高，2013 年最低。2021 年木麻黄防护林面积有所减小，但森林生态系统服务价值高于 2013 年，表明通过优化林分结构等措施，仍具有维持森林碳汇功能的潜力。沿海 3 个主要不同省域的木麻黄防护林固碳释氧量及其价值，以海南省为高，广东省居中，福建省因森林资源总量少而偏低。

（3）*固碳释氧服务功能对海岸防护林生态系统价值的贡献最大*　与其他生态服务功能类别进行比较，2018 年沿海防护林生态服务功能总价值为 172034. 8 万元·$a^{-1}$，以固碳释氧价值贡献最大，达 59. 5%（其中碳汇价值占 36. 9%、释氧价值占 22. 6%），其次为森林康养价值占 21. 3%，森林防护价值占比 15. 1%，其余生态系统服务价值所占比重较小。表明沿海防护林具有强大的固碳功能及价值，在碳增汇减排方面具有不可或缺的重要作用。

# 第9章 海岸防护林生态系统的碳吸存及其管理

森林生态系统碳循环过程及其规律研究，对于揭示森林植被-土壤碳通量和生态系统碳吸存特征，探索陆地生态系统在全球气候变化下的响应机制和碳汇功能意义重大(周玉荣等，2000；方精云等，2007)。沿海防护林作为林业生态工程的重要组成部分，发挥着重要的生态系统服务功能，但其固碳作用长期被忽略，部分防护林因经营不当，影响森林质量和生态功能的有效发挥(仲崇禄等，2022)。因此，系统了解营林措施对海岸带防护林生态功能，特别是碳汇功能的影响，进而提升海岸带防护林质量和固碳能力，是当前海岸带碳汇研究领域的重要科学问题。

本研究利用福建沿海国有防护林场的试验平台，通过野外长期定位监测、实验室理化分析及模型模拟，从多树种、多尺度、多过程入手，开展经营年限和多代连栽的时间序列、不同防护林带和防护树种、不同树种组成、复层林经营和低效林改造等措施对海岸防护林生态系统固碳过程的影响及其效应的跟踪观测，以期评定以木麻黄为主的南方海岸防护林生态系统的固碳能力和碳吸存特征，探究森林管理活动对森林生态系统碳循环的影响机制。进而总结出海岸防护林固碳增汇经营与调控技术，通过营造林措施提高森林生态系统生产力，更好地发挥海岸带木麻黄防护林的碳汇功能，提高森林生态系统的碳汇潜力。

## 9.1 海岸防护林生态系统的固碳效应

通过海岸防护林时间序列、不同树种和防护林类型及各种经营措施下的生产力、碳积累、碳吸存动态及碳汇功能等观测，探明森林生态系统碳循环关键过程及碳固持机制，揭示森林生态系统各组分的固碳特征与效应。

## 9.1.1 海岸防护林时间序列的碳吸存效应

### 9.1.1.1 人工林多代连栽的碳吸存效应

多代连栽不利于人工林碳库的积累，随着连栽代数的增加，木麻黄人工林生物量逐渐降低，生态系统碳储量逐步减小。不同栽植代数 26 a 生木麻黄林二代、三代与一代相比，群落碳储量降低了 17.6%和 24.6%，与木麻黄连栽的土壤肥力效应相一致。为维持海岸防护林生态系统的碳库水平，尽量不采取同一树种连栽方式，在木麻黄林地可选用厚荚相思、湿地松等树种进行轮栽。

### 9.1.1.2 不同经营年限海岸防护林的碳循环动态

随着经营年限的增长，海岸带木麻黄人工林生态系统碳储量显著增加。植被层、凋落物层、土壤层碳库均随林龄增长而增加。植被层碳储量明显高于我国森林植被平均碳储量，乔木层是生态系统碳储量的主体，土壤层所占比例居次。木麻黄人工林同化 $CO_2$ 的能力较强，幼龄林和中龄林处于碳净积累阶段，碳吸存能力以中龄林最强，成熟林逐渐趋向碳归还阶段。土壤碳排放呈现随年龄增加，至中龄林最大后下降的趋势。木麻黄幼龄林、中龄林和成熟林均表现出碳汇功能，以中龄林年净固碳量最大，其次为幼龄林，而成熟林的碳汇功能较弱。木麻黄海岸防护林是一个很重要的森林碳汇，对于海岸带生态系统固碳增汇，抑制大气 $CO_2$ 浓度升高，缓解全球气候变暖具有不可或缺的重要作用。

## 9.1.2 不同树种和防护林带的碳吸存效应

### 9.1.2.1 海岸带不同林分的碳吸存效应

以潺槁木姜子和朴树为优势树种的天然次生林群落物种多样性强，细根生产力和周转速率增加，土壤微生物具有较强的代谢活性和较为独特的碳源利用方式，提升了森林地下固碳能力。采用人工促进天然更新方式，促进海岸带次生阔叶林天然恢复和维持生物多样性，能更好地发挥细根周转对森林地下固碳的贡献，是提高海岸防护林生态系统固碳潜力的重要途径。海岸带不同树种人工林固碳能力有较大差异，湿地松、木麻黄人工林植被层及生态系统碳储量较高，但土壤碳固持能力较弱。尾巨桉、厚荚相思土壤碳库较高，而生态系统碳储量偏低。阔叶林生态系统的土壤呼吸速率高于针叶林。增加凋落物显著提高了尾巨桉、木麻黄、厚荚相思林和次生林的土壤有机碳含量，保留林下凋落物的同时增加植物细根生物量可有效促进森林土壤中新有机碳的积累。

### 9.1.2.2 海岸不同防护林类型的碳储量变化

在林龄相近情况下，海岸木麻黄防护林的生产力高于福建山地马尾松林和杉木林。农田防护林带居海岸第三梯度，立地条件优于基干林带，受台风、风暴潮等不利条件影响相对较小，木麻黄小枝叶绿素含量和净光合速率更高，植被层、凋落物层的碳储量与净碳固定量，以及土壤层与生态系统的碳储量均高于基干林带。木麻黄防护林碳储量呈现植被层>土壤层>凋落物层的垂直分布规律。

### 9.1.3 经营措施对海岸防护林碳吸存的影响

#### 9.1.3.1 树种混交对海岸防护林碳储量的影响

树种混交有效促进林下凋落物的积累，有利于增加土壤层的碳储量，提高海岸防护林地下固碳能力。木麻黄混交林对人工林生态系统碳储量的影响程度与伴生树种特性及混交比例有关。木麻黄+厚荚相思混交林显著提高了土壤层碳储量和生态系统总碳储量。木麻黄与厚荚相思 2∶1 混交林总碳储量为 118.79 $t \cdot hm^{-2}$，是木麻黄纯林碳储量的 1.2 倍。选择凋落物量大的固氮树种厚荚相思与木麻黄混交造林，可增加地表的凋落物量及其碳库，增强生态系统同化 $CO_2$ 的能力，从而提高生态系统的固碳潜力。

#### 9.1.3.2 复层林经营对海岸防护林碳吸存的影响

在海岸前沿木麻黄基干林带采取林隙调节促定居技术，在林冠下套种阔叶树种台湾海桐、水黄皮，14 a 后形成上、下两层的复层异龄林，不仅促进了林下植被的发育，还能有效促进人工林生物量和碳积累。木麻黄与台湾海桐、水黄皮复层林的植被层碳库分别比木麻黄单层林增加 12.8%和 8.9%，土壤碳库依次提高 25.1%和 15.3%，生态系统碳储量增大 15.4%和 10.3%。复层林经营改善了海岸带森林生态系统结构，更能充分利用林地生态空间和光照条件，也有利于生态系统的碳吸存。

#### 9.1.3.3 低质低效林改造修复的固碳效应

运用优良品种和配套营林措施开展低质低效林分修复，能提升森林生态系统生产力，改善海岸防护林质量，增加生态系统碳储量。应用木麻黄优良无性系进行低效林改造，提升了海岸防护林的碳吸存能力，乔木层碳储量依次为低效林的 1.93 倍、1.72 倍。在低效林改造过程中，采取客土施肥措施有利于提高林分生产力，增加森林生态系统固碳能力，客土及施肥的木麻黄林碳储量比对照林分增加 78.6%，分别比单独施肥、客土改造增加 8.6%、15.5%。

## 9.2 海岸防护林生态系统碳汇管理

大力发展森林碳汇是固碳减排的战略选择，已成为林业新的经营目标，正改变着传统的林业经营方式。森林碳汇管理是通过有效的育林措施，提高林地生产力和林分质量，促进森林生物量和碳密度积累，充分发挥森林多种功能和多重效益的根本举措(张光元，2013)。然而，森林碳汇管理仍存在一些亟待解决的关键问题，包括评估全球气候变化对森林碳源汇功能的影响，揭示森林碳汇机理特别是森林地下固碳机制，完善森林碳汇计量监测技术，建立森林碳汇管理与交易机制等(李怒云，2016)。森林生态系统碳汇管理的技术途径有碳吸存、碳保存和碳替代三种(邱祈荣等，2010)。碳替代为森林的间接固碳功能，是指森林通过提供林产品替代其他建筑材料，通过提供生物能源替代化石能源而减少温室气体的排放。海岸防护林固碳增汇的主要途径是碳吸存及碳保存(邱祈荣等，2010)。

基于森林生态系统固碳增汇的原理与方法，在探明不同时间序列、林分类型和经营措施下海岸防护林生态系统固碳效应基础上，提出碳吸存(包括碳汇树种和良种筛选、改善林分结构、加强抚育管理等)、碳保存(减少森林灾害、保护森林资源)和碳管理(建立碳汇计量监测体系、编制碳汇方法学、建立生态补偿制度)等3种森林碳汇经营策略，以期构建以提升生态系统固碳能力为导向的森林管理机制，为沿海防护林碳汇管理提供有效路径。

## 9.2.1 海岸防护林生态系统碳吸存策略

### 9.2.1.1 持续实施沿海防护林工程，扩大森林面积

森林具有碳汇功能，能够吸收大气中的二氧化碳并将其固定在植被或土壤中，植树造林是增加温室气体吸收的主要途径之一(刘国华等，2000)。实施重点生态建设工程，是增强碳汇能力，积极应对气候变化的有效途径。当前，沿海地区仍然存在较大的营造林空间，还有相当多的退化地需要开展生态修复及综合治理。海岸带严重侵蚀退化土壤具有巨大的碳吸存潜力，造林后土壤固碳速率能显著提高(胡海波等，2001)。沿海地区通过以持续造林、乔灌草结合等生物措施为主的生态恢复实践，能有效发挥森林的碳汇功能。

继续实施沿海防护林体系建设工程，通过科学有效的育林和修复手段，有利于持续增加沿海地区森林面积和森林蓄积，增强森林碳汇能力，抵减部分工业温室气体排放，为实现“双碳”目标做出积极贡献。沿海防护林体系由沿海基干林带和纵深防护林组成，其中基干林带是沿海防护林体系的主体，在抵御台风和风暴潮等自然灾害中发挥着重要作用，是沿海防护林体系工程建设的重点(许基全，1996)。基干林带建设内容包括人工造林、灾损基干林带修复和老化基干林带更新。其中，人工造林是指对基干林带范围内可造林地进行造林绿化，也包含退塘(耕)造林；灾损基干林带修复指对因台风、风暴潮等自然灾害损毁的基干林带进行清理、补植和补造；老化基干林带更新指对于年龄老化、树木生长下降、防护功能退化、郁闭度低的稀疏老化基干林带进行更新改造(林武星等，2003)。纵深防护林是沿海防护林体系的重要组成部分，对进一步防御和减轻登陆台风及

台风引起的暴雨、泥石流等危害，提升沿海防护林体系整体防护功能具有重要作用。纵深防护林建设内容包括宜林地、农田林网、道路绿化、河渠绿化和村镇绿化等人工造林、封山育林及低效防护林改造。

沿海防护林建设不仅能加强海岸带生态屏障，也是增加我国森林碳汇能力的有效途径，将是我国未来森林发展的重要区域。沿海防护林体系建设工程范围涉及沿海 11 个省(自治区、直辖市)，划分成环渤海湾沿海地区、长三角沿海地区、东南沿海地区、珠三角及西南沿海地区 4 个建设类型区(高智慧，2015)。通过完善和拓展基干林带，开展纵深防护林建设，初步形成结构稳定、功能完备、多层次的综合防护林体系，将使工程区内森林质量显著提升，防灾减灾能力明显提高，碳汇功能显著增强。华南沿海木麻黄人工林生态系统年净固碳率达 11.0～31.0 $tC \cdot hm^{-2} \cdot a^{-1}$，木麻黄纯林及其与厚荚相思混交林植被层碳储量分别为 72.22 $t \cdot hm^{-2}$ 和 74.34 $t \cdot hm^{-2}$，但混交林 0～100 cm 土壤碳储量为 41.93 $t \cdot hm^{-2}$，比纯林平均提高 50.7%(叶功富等，2008)。因此，合理选择沿海防护林树种及混交模式不仅有利于稳定防护林群落，也能够通过改良土壤提高生态系统的碳储存能力。

对于严重退化的海岸退化侵蚀区，科学的造林模式与人工管理措施相结合对固碳和植被恢复效果亦同样重要。利用先进的生态修复手段，将改善生境、防灾减灾、环境治理等不同修复措施相结合，开发海岸风口困难立地植被修复、滨海沙滩养护新技术，综合运用修复材料选取、生物改土、生境植被种植等措施，有利于提高困难立地造林成活率，恢复退化地海岸森林植被，构筑稳定的森林生态系统。张水松等(2002)开展沙荒风口困难立地造林试验，选择木麻黄抗逆品系，因地制宜确定造林方式，采用深挖整地、放客土、拌泥浆、大田深栽、冒雨造林以及培土抚育保墒、浇水保苗以及筑设风障防潮防风等工程措施相结合的方法，有效提高了沙荒困难立地的造林成活率，增强了基干林带的防护效能。

#### 9.2.1.2 落实森林经营措施，提高林地碳密度

当造林面积达到一定程度时，对于有限的林地资源，只能通过加强森林经营管理，改善林分质量来提高森林碳储量(黄麟，2021)。依据林木的生长发育过程，可将沿海防护林划分为三个经营阶段，即成熟前期、防护成熟期和更新期。要针对各阶段特点制定森林经营方案，落实好从幼林至主伐更新的全过程所采取的定向培育措施，提高沿海防护林管理水平，有效增加森林碳汇。成熟前期实施松土除草、水肥管理、定株修枝等幼林抚育，防护成熟期开展以卫生伐和抚育伐为主的间伐及修枝，更新期进行以择伐与渐伐为主的主伐更新。

(1) *基于植物固碳能力的碳汇树种选择*　树种选择是造林成败的关键。基于增加碳汇功能的主导需求，兼顾其他生态功能的要求，可从海岸带主要造林树种

资源中筛选适生性好、碳汇能力强的树种，同时合理选择和搭配林分，可有效提高林分碳汇功能和整体效益(吴庆标等，2008)。

碳汇林树种选择坚持以下基本原则：一是尽量选择固碳能力强、生命力强的树种，保护生物多样性，兼顾生态、经济和社会多种效益；二是造林树种的生物学、生态学特性与滨海造林地立地条件相适应，尽量做到适地适树，优先选择种源有保障、繁育技术较成熟的优良乡土树种，促进就地育苗、就地种植，以减少苗木运输过程中的碳排放；三是选择稳定性好、抗逆性强的树种，并与当地土质相适应，兼具抗风、耐旱、耐酸碱的特性；四是合理配置树种结构，提倡多树种配置和营造混交林，尽量做到阔叶与针叶、阴性与阳性、深根性与浅根性树种相结合，防止树种单一化。根据以上原则和要求，北方可选择杨树、刺槐、黑松、柽柳、水杉等树种；南方选择木麻黄、台湾相思、桉树、朴树、柳杉、湿地松等树种(林玮等，2019；古佳玮，2023)。

(2)*选育林木良种，增加单位面积固碳效率*　通过良种选育及良法造林技术，可以提高树木成材速率，增加单位面积的固碳效率。目前，木麻黄、杨树、桉树、相思树等优良品种在沿海地区大面积栽培已发挥了巨大的固碳效益。其他具有高碳吸存潜力的树种如刺槐、湿地松、柽柳等的良种选育也得到重视。今后海岸带碳汇人工林的林木选育，除注重抗逆性等指标外，还应从固碳效率出发，重视碳吸存相关的林木性状(如生长速率、含碳率、木材密度、深根性等)和固碳机理研究，经遗传测定和中试筛选出兼备抗风、耐盐碱与固碳双重功能的优良品种。

东南沿海防护林建设面临着种质资源贫乏、品种单一、衰老低效林分增多及病虫害严重等问题。新营造的木麻黄防护林主要由少数的几个无性系组成，品种单一潜伏着巨大的风险，一旦遇到重大的病虫等灾害，将可能遭受严重损失。开展木麻黄防护林新品种选育，增加沿海防护林生态多样性及木麻黄的遗传资源多样性是项迫切任务。中国林业科学研究院热带林业研究所利用在海南、广东和福建选育的17个短枝木麻黄无性系，在海南岛东林场和文昌市林科所开展无性系测定试验，7 a生测定林的树高、胸径和单株材积等性状均有显著差异，4号无性系比最差无性系分别增加60.7%、54.4%和147.5%，21号无性系较最差无性系依次提高69.9%、69.8%和390.0%，综合各无性系的保存率、生长量和干形等指标，初选出适合沿海地区大面积推广应用的优良无性系(仲崇禄和张勇，2022)。南方沿海地区常用的木麻黄无性系见表9-1。

表 9-1　南方沿海地区常用的木麻黄无性系

| 省份 | 无性系名称 | 选育单位 | 选育地点 | 特性 | 性别 |
|---|---|---|---|---|---|
| 广东 | 501 | 华南农业大学 | 广州 | 速生、通直 | ♀ |
| | 701 | 华南农业大学 | 广州 | 速生、通直、树皮易开裂 | ♀ |
| | A13 | 湛江林业科学研究所 | 湛江 | 速生、通直、易感青枯病 | ♀ |
| | 短杂 34 | 热带林业研究所 | 吴川 | 速生、通直、抗病性强 | ♀ |
| | 4 号 | 热带林业研究所 | 吴川 | 速生、通直、抗病性强 | ♀ |
| | K18 | 广东省林业科学研究院 | 汕头 | 速生、抗旱性强、耐瘠薄 | ♀ |
| 福建 | 惠安 1 号 | 福建省林业科学研究院 | 惠安 | 速生、通直、易受虫害 | ♀ |
| | 平潭 2 号 | 福建省林业科学研究院 | 平潭 | 速生、通直、抗风 | ♀ |
| | 东山 2 号 | 福建省林业科学研究院 | 东山 | 速生、通直、耐瘠薄 | ♀ |
| | 抗 1 | 福建省林业科学研究院 | 惠安 | 抗风、耐盐 | ♂ |
| 海南 | 保 9 | 岛东林场 | 文昌 | 速生、通直、水培易生根 | ♀ |
| | 东 2 | 岛东林场 | 文昌 | 速生、通直 | ♀ |
| | 海口 1 号 | 海南省林业科学研究院 | 海南 | 速生、通直 | ♀ |
| | 海口 2 号 | 海南省林业科学研究院 | 海南 | 速生、通直 | ♀ |

资料来源：仲崇禄和张勇，2022。

(3)*改善林分结构，有效利用林地空间*　改变我国人工林碳汇功能不强的现状，须增加森林结构的复杂性，提高森林群落光能利用率，这是增强森林碳吸存能力的重要途径。通过针阔混交、针阔轮栽等措施，构建异龄多层的林分结构，是增加人工林碳汇的一项重要措施。沿海防护林普遍存在着树种单一、层次结构简单等问题，群落光能利用率不高，森林固碳能力减弱。前述研究表明木麻黄林连栽(二代、三代)的土壤碳库比对照减少 7.2%和 24.7%，群落碳储量分别降低 17.6%和 24.6%。通过营造混交林、复层林等方式开展近自然经营，增加物种多样性，调节树种组成和林分结构，能改善土壤理化性质，提升人工林生产力(杨承栋，2022；Silva et al.，2015)。

改变沿海防护林大面积人工纯林格局，增加森林结构的复杂性，提高森林群落的光能利用率，是增强森林碳吸存能力的重要途径。在空间结构布局上，利用生态位分异原理，仿自然生态系统进行树种搭配，通过营造混交林调整树种组成，如木麻黄与湿地松、相思树和桉树等树种进行混交，改变单纯林、单层林冠等林分结构，构建异龄、多层次的复合群落，形成乔-灌-草复层林，能有效提高生态系统固碳效率。异龄复层林通过不同年龄的林木在水平及垂直空间的配置，既能让林木充分利用水平生长空间，又能在垂直结构上增加层次感，有利于群落结构健康稳定，维持林地的物种多样性，确保在林分更新时不会造成林地裸露的状态，提高抵御外来物种入侵和自然灾害的抗逆能力，充分发挥固碳增汇、保持水土等生态功能(唐广仪和张慧忱，1992；叶绍明等，2010)。在时间结构上，充分考虑不同树种轮栽，避免单一树种连栽对地力耗损，促进林分生物量和碳积累。

(4)加强抚育管理，提高森林质量　防护林成熟前期的抚育管理是提高造林成活率，并提高林木碳吸存速率的有效措施。造林前施肥、客土可促进幼林快速生长和及早郁闭，缩短林地从碳源至碳汇转变的时间。造林后要适时监测苗木成活情况，当年成活率不达标的要及时补植，浇足定根水，并做好护苗培土。台风或大风过后及时扶正幼树，并培土培沙，造林当年进行除草扩穴培土，次年进行杂草和萌芽条的清理。针对沿海造林地比较贫瘠的特点，要结合除草适当追施复合肥等，改善林木生长环境，提高林分质量和碳固持等功能。广东茂名市小良热带海岸木麻黄幼林氮磷施肥试验证实，木麻黄林在构建初期固碳能力具有明显优势，施肥能改善海岸带生态系统的土壤状况，增加表层土壤的有机碳(Fan et al., 2021)。

防护林成熟期通过卫生伐和抚育间伐等措施，有利于保持林分组成、结构处于最佳状态，维持和增加林分水平的碳密度。林分密度过高或过低都不利于森林固碳等生态功能的发挥。针对初植密度偏高，林木分化明显，林下立木或植株受光困难的防护林，应适时采取疏伐、透光伐等方式，合理调整林分密度，使防护林保持适宜的疏透度。疏伐时先清理风折木、风倒木和病虫危害严重的衰弱木、抗风能力差及生长不良的林木，疏伐后郁闭度保留在0.6以上，以促进保留木个体发育健壮，提高林木蓄积量和单位面积生物量，增强森林的碳吸存能力。青岛市对海岸麻栎、黑松、麻栎+黑松混交林的观测表明，抚育间伐是提高海岸带防护林土壤碳库稳定性的有效手段(Zhang et al., 2023)。

(5)做好退化林修复与低效林改造　低价值防护林修复改造是沿海防护林经营的重要内容，是提升沿海防护林的总体质量、完善基干林带和农田林网形成完整的生态网络体系、发挥森林应有的固碳等作用和整体功能的有效保障。根据沿海防护林生长发育状况、保存密度、郁闭度和均匀度，可划分为补植型、抚育型和更替型修复改造，重点是合理确定目标林相及相应的措施，促进森林正向演替，实现防护林的高效、持续和稳定(高智慧，2015)。

针对老化衰退与残次破损的沿海基干林带，应及时清理残破和灾损林木，利用抗逆性强的优良品种，采用隔带混植、工程造林措施等，及时修复退化及灾损林带。对因台风、风暴潮等出现缺口断带地段，要及时填空补缺重新造林，确保受灾基干林带得到及时修复，发挥生态防护功能。对郁闭度0.3~0.5的中度退化林分及失管的纵深防护林，需实施补植套种措施进行林分改造，提高林分质量；重度退化且郁闭度0.3以下的防护林，应采取带状或块状采伐等方式进行更替改造，营造碳汇能力强的树种和优良品种；对郁闭度0.5以上的轻度退化林分，宜采取抚育采伐或扩穴施肥、割灌除草等综合抚育措施进行改造，促进林木生长。前述研究表明采用挖大穴、深栽、施放客土和基肥等措施，开展沿海木麻黄低效林改造效果显著，有利于促进林木生长和生物量积累，提高森林生态系统固碳能力，林分碳储量比对照增加78.6%。

#### 9.2.1.3 调节经营年限，减少更新过程的碳排放

林分更新是沿海防护林经营的重要环节，直接关系到生态系统多种功能的可持续性。沿海防护林年龄达到防护成熟龄规定标准，生长停滞、老化稀疏及防护效益严重下降，或因风灾、病虫危害严重，濒死木超过30%时，需进行以择伐和渐伐为主的采伐更新。森林碳汇经营目标有别于传统的用材林经营，适当调整经营年限、确定最佳的更新期是保持和提高林地固碳效率的重要管理措施。碳汇林经营年限通常长于传统用材林，因而延长经营年限可增加林地碳储量(Jandl et al.，2007；Nave et al.，2010)。延长森林经营年限是一种有效提高森林碳汇的措施，能使现有森林不断吸收$CO_2$，更长久地发挥森林的碳汇能力。

更新过程对林木的收获以及对林地的干扰，将导致更新后相当长时间内林地表现为净碳损失(James et al.，2016)。减少采伐影响是保护现有森林碳贮存的重要手段，传统的采伐作业对保留木的破坏率可高达50%(Kurpick et al.，1997)。森林皆伐后生态系统碳库损失(包括植被和土壤)高达51%(Yang et al.，2005)。不同的更新方式对土壤有机碳损失的影响存在差别，要做好更新期和幼林地管理，以降低更新过程的碳泄露。对海岸天然次生林采用近自然更新或人工促进更新方式，开展近自然森林多功能经营，能极大程度地提高林地固碳效率。沿海基干林带主要采取渐伐和择伐更新方式，通过渐伐清理残次、枯死植株，实施逐步更新造林，配置抗逆性强的树种或无性系，也可择伐采取林冠下造林模式。纵深防护林可选用带状更新方式，沿主海风方向设置不超过30 m的采伐带，选择生长较快的乡土树种更新；或块状皆伐全面更新，采伐强度不超过林木蓄积量的20%，采伐后保留的林分郁闭度不低于0.5，在迹地营造多树种混交林。

### 9.2.2 海岸防护林生态系统碳保存策略

#### 9.2.2.1 减少森林灾害，维持森林健康

加强森林防火、风灾及病虫害管理以应对气候变化，建立沿海防护林安全防控体系，是增加沿海防护林碳汇的一个重要途径。火灾管理和病虫害防治可以维持或增加景观水平的碳密度。森林火灾的影响巨大，一旦发生森林火灾，将直接减少森林的碳储量。要做好沿海防护林火灾的预防和扑救工作，营造以阔叶树种

为主的混交林。森林病虫害使生态系统健康受影响，降低林木的生长量，甚至使树木死亡，减少森林的碳储量(Kalies et al.，2016)。要加强森林火灾和病虫害防治，健全防治监控信息体系，减少因森林火害及病虫害造成森林的毁坏，提高森林固碳能力，减少碳逆转。强化外来林业有害生物防控，减少森林因遭受有害生物入侵而造成的森林碳汇损失(Mayer et al.，2020)。在松材线虫病等严重危害区，采取松林改造提升等措施，逐步改善森林生态系统，增强森林御灾能力。要通过森林健康经营等方法减少森林病虫等灾害，维护海岸防护林生态系统稳定，强化森林碳汇储存功能。

海岸带森林频繁遭受台风、风暴潮等灾害，当风速超过10 $m \cdot s^{-1}$时，会造成林木的生理和机械损害，导致树木倒伏、折枝折干及偏冠落叶等，影响森林功能的发挥(仝川和杨玉盛，2007)。防御风害的措施除营造防风林带外，要做好台风等灾害天气预防。在海岸风灾频繁地区栽植树木，造林穴可适当挖大，使树木根系舒展，增强抵抗力。对于遭受大风危害的树体及时顺势扶正，修去部分枝条，并加强肥水管理，促进树势的恢复。

#### 9.2.2.2 加强海岸带森林资源保护，减少碳库损失

海岸原生林是宝贵的自然资源，要切实严格保护，维持生物多样性。基干林带是沿海防护林的生命线，位于海岸带生态脆弱或敏感的区域，要作为特殊保护林带优先管护。对沿海防护林只能进行抚育或者更新性质的采伐。在沿海防护林内禁止挖沙、取土、开矿、挖塘养殖以及其他毁林和破坏林地的行为。在沿海防护林带内从事各种活动不能改变林地性质，不破坏沿海防护林地和林木资源，不得妨害林木的生长，不得造成土地沙化及水土流失，破坏沿海防护林的防护效能。要合理划分沿海防护林管理区，增强当地民众的防护林保护与管理意识，建立由公众参与的沿海防护林保护制度，依据法律对沿海防护林进行有效的保护，巩固森林生态系统的碳储存。

### 9.2.3 海岸防护林生态系统碳管理策略

#### 9.2.3.1 建立森林碳汇计量监测体系

由于森林生态系统碳汇-碳源处于动态变化过程中，要获取森林碳汇数据就必须开展碳汇计量监测，这是森林碳管理的基础。海岸防护林碳汇计量监测主要依托森林资源调查数据，采用定期实地监测和遥感估算相结合的方法，对森林经营预期产生的净碳汇量进行预估和测定，建立基于不同尺度或水平的碳汇监测和估算体系。通过确定不同森林类型、立地条件、不同经营情景的合理基线，构建生物量生长模型与碳汇计量模型，测定海岸防护林碳计量参数，优化碳汇计量方法，建立森林碳汇快速评估技术体系，达到降低评估成本和即时获取森林碳汇计

量监测数据的目的。

9.2.3.2 编制海岸带植被恢复碳汇方法学

基于海岸森林生态系统碳汇内容的复杂性，林木种类、林木蓄积量、总碳储量等指标与典型森林优势树种相比存在较大差异，森林碳汇情况不能完全参照现有标准进行核算。目前学术界还没有形成海岸带植被恢复碳汇统一公认的成套方法，亟待开展碳汇计量监测及对应的碳汇方法学开发工作，实测碳汇相关参数。

为推动以增加碳汇为目的海岸带生态修复活动，规范沿海地区植被恢复项目的设计、减排量计量与监测工作，确保项目所产生的减排量达到可监测、可报告和可核查的要求，促进林业碳汇交易，有必要编制海岸带植被恢复碳汇项目方法学，涵盖基线情景识别、碳层划分、项目碳汇量和减排量等碳计量方法和监测程序，科学评估海岸森林生态系统的碳汇能力，为海岸带生态修复与可持续发展提供决策。

9.2.3.3 建立沿海防护林生态补偿制度

沿海防护林是以发挥森林生态效益为主导功能的森林，具有公共物品的属性。对沿海防护林建设和保护实行生态效益补偿，对其经营者或者所有者给予补偿，专款用于沿海防护林的建设与管护。但现有生态公益林的补偿标准，远低于沿海防护林的经济成本。为此，要建立多渠道的生态补偿资金筹措机制，提高沿海防护林生态补偿标准，构建海岸带森林资源保护的受益者直接补偿体系。森林碳汇交易可作为森林生态补偿的一个可行途径，包括建立合格森林碳汇产品认证、森林碳汇成本效益评估及碳汇交易管理机制，推动国内森林碳汇交易的发展(李怒云，2016)。沿海防护林通过自主减排碳交易市场实现公益林碳汇补偿有巨大潜力。2015 年全国沿海防护林面积 502.92 万 $hm^2$(国家林业局和国家发展改革委，2017)按 20 t $CO_2 \cdot hm^{-2} \cdot a^{-1}$ 的吸收强度、国际 $CO_2$ 平均交易价格 20 美元·$tC^{-1}$ 计算，沿海防护林平均每年固碳价值 400 美元·$hm^{-2}$，总价值达 20.1 亿美元。

森林固碳增汇主要通过制度固碳增汇和技术固碳增汇两大路径实现。制度创新驱动固碳增汇，主要从完善森林碳汇计量监测体系、编制海岸带植被修复碳汇方法学和建立沿海防护林生态补偿制度等管理层面来实现。技术创新驱动固碳增汇，则有扩大森林面积、增加单位面积森林蓄积量和生物量、巩固和保护森林碳储存三种方式，对于海岸防护林来说扩大森林资源数量、保护森林碳储存的潜力相对有限，森林固碳的重心要转向提升森林质量和单位面积森林固碳效率上来。为此，基于不同时间序列、不同林分类型和经营措施海岸防护林的固碳过程及效应研究结果，以提升森林生态系统碳汇功能为目标，总结出海岸防护林林分结构调整增汇等 6 种经营模式及凋落物管理等 5 项技术，编制了《海岸防护林增汇经营技术指南》，为提升海岸防护林生态系统碳汇功能提供了解决方案，具体见表 9-2。

表 9-2　海岸防护林固碳增汇与经营调控技术

| 实现路径 | 实现方式 | 试验研究对象及内容 | 经营模式与技术 |
| --- | --- | --- | --- |
| 持续建设沿海防护林，扩大森林面积 | 基干林带造林 | 林下套种台湾海桐、水黄皮培育复层林 | 基干林带修复与复层林经营模式 |
| | 纵深防护林营建 | 海岸不同环境梯度防护林监测 | 林下植被管理技术 |
| | 退化地造林 | 木麻黄不同代次栽植对比试验 | 阔叶、针叶树种轮栽经营模式 |
| 精准提升森林质量，增加林地碳密度 | 碳汇树种选择 | 天然次生林及厚荚相思、木麻黄、湿地松等多树种试验 | 次生林恢复与近自然经营增汇模式 |
| | 林木良种选育及应用 | 采用粤 501、粤 701 等无性系改造低效林 | 良种定向选育技术 |
| | 改善林分结构 | 木麻黄与厚荚相思、湿地松混交林培育 | 林分结构调控增汇经营模式 |
| | 加强抚育管理 | 林下凋落物添加试验 | 凋落物管理技术 |
| | 低效林改造修复 | 采取施肥、客土措施改造低效林 | 低质低效林改造碳汇功能提升模式 |
| | 合理经营年限及更新 | 幼龄、中龄及成熟林等时间序列监测 | 防护林更新技术 |
| 巩固和保护森林碳储存，减少碳库损失 | 减少森林灾害 | 森林生态系统固碳释氧功能评估 | 沿海防护林健康经营固碳增汇模式 |
| | 森林资源保护 | 以潺槁木姜子和朴树为建群种的天然次生林保育 | 植物多样性保育技术 |

综上所述，本研究针对碳中和背景下海岸防护林生态服务功能发挥不充分等问题，从多树种、多尺度和多过程入手，通过不同时间序列、不同林分类型和经营措施下海岸防护林生态系统固碳关键过程及其效应监测，揭示森林植被-土壤碳通量和生态系统碳吸存特征，阐明海岸防护林不同尺度土壤碳排放及其驱动因素，探究森林管理活动对森林生态系统碳循环的影响机制，研发了海岸防护林固碳增汇经营与调控技术，建立以提升生态固碳能力为导向的森林管理体系，基于提升森林质量和固碳效率等多种途径促进海岸防护林多功能经营，为构建适应气候变化的森林生态系统固碳减排经营模式提供技术支撑。

# 参考文献


艾泽民，陈云明，曹扬．2014. 黄土丘陵区不同林龄刺槐人工林碳、氮储量及分配格局[J]. 应用生态学报，25(2)：333-341.

陈富荣，梁红霞，邢润华，等．2017. 安徽省土壤固碳潜力及有机碳汇(源)研究[J]. 土壤通报，48(4)：843-851.

陈光水，杨玉盛，刘剑斌，等．2001. 杉木观光木混交林群落净生产力[J]. 林业科学，37(Z1)：143-147.

陈光水，杨玉盛，吕萍萍，等．2008. 中国森林土壤呼吸模式[J]. 生态学报，28(4)：1748-1761.

陈金耀．1998. 天然杉木混交林及主要伴生树种凋落物动态变化[J]. 福建林学院学报，18(3)：255-259.

陈永康．2020. 固氮树种对南亚热带桉树人工林土壤团聚体碳氮组分及其转化的影响[D]. 南宁：广西大学．

陈君．2007. 海南岛沿海防护林生态系统服务功能价值估算与实现[D]. 广州：华南热带农业大学．

程堂仁，冯菁，马钦彦，等．2008. 甘肃小陇山森林植被碳库及其分配特征[J]. 生态学报，28(1)：33-44.

崔俊峰，唐健，王会利等．2022. 连栽对桉树人工林土壤有机碳含量影响的 Meta 分析[J]. 桉树科技，39(2)：1-8.

邓娇娇，周永斌，杨立新，等．2016. 落叶松和水曲柳带状混交对土壤微生物群落功能多样性的影响[J]. 生态学杂志，35(10)：2684-2691.

邓祥征，姜群鸥，林英志，等．2010. 中国农田土壤有机碳贮量变化预测[J]. 地理研究，29(1)：93-101.

杜有新，吴从建，周赛霞，等．2011. 庐山不同海拔森林土壤有机碳密度及分布特征[J]. 应用生态学报，22(7)：1675-1681.

范航清．2018. 红树林[M]. 南宁：广西科学技术出版社.

樊后保，黄玉梓，袁颖红，等．2007. 森林生态系统碳循环对全球氮沉降的响应[J]. 生态学报，27(7)：2997-3009.

方精云．2021. 碳中和的生态学透视[J]. 植物生态学报，45(11)：1173-1176.

方精云，陈安平．2001. 中国森林植被碳库的动态变化及其意义[J]. 植物学报，43(9)：967-973.

方精云，郭兆迪，朴世龙，等．2007. 1981-2000 年中国陆地植被碳汇的估算[J]. 中国科学 D 辑：地球科学，37(6)：804-812.

方晰，田大伦，项文化．2002. 速生阶段杉木人工林碳素密度、贮量和分布[J]. 林业科学，38(3)：14-19.

方晰，田大伦，项文化，等．2003. 不同密度湿地松人工林中碳的积累与分配[J]. 浙江农林大学学报，20(4)：374-379.

方晰，田大伦，胥灿辉．2003. 马尾松人工林生产与碳素动态[J]. 中南林业科技大学学报，23(2)：11-15.

方运霆，莫江明，Brown S，等．2004. 鼎湖山自然保护区土壤有机碳贮量和分配特征[J]. 生态学报，24(1)：135-142.

方运霆，莫江明，黄忠良，等．2003. 鼎湖山马尾松、荷木混交林生态系统碳素积累和分配特征[J]. 热带亚热带植物学报，11(1)：47-52.

方运霆，莫江明．2002. 鼎湖山马尾松林生态系统碳素分配和贮量的研究[J]. 广西植物，22(4)：305-310.

付威波，彭晚霞，宋同清，等．2014. 不同林龄尾巨桉人工林的生物量及其分配特征[J]. 生态学报，34(18)：5234-5241.

高强，马明睿，韩华，等．2015. 去除和添加凋落物对木荷林土壤呼吸的短期影响[J]. 生态学杂志，34(5)：1189-1197.

高伟，叶功富，黄志群，等．2017. 改变碳输入对南亚热带海岸沙地典型天然次生林土壤呼吸的影响[J]. 中国水土保持科学，15(2)：9-17.

高伟，叶功富，游水生，等．2010. 不同干扰强度对沙质海岸带植物物种 β 多样性的影响[J]. 中国水土保持科学，19(11)：2581-2586.

高智慧．2015. 中国沿海防护林[M]. 杭州：浙江科学技术出版社．

格日勒，斯琴毕力格，金荣．2006. 毛乌素沙地防护林结构的研究[J]. 中国生态农业学报，14(4)：44-46.

古佳玮．2023. 森林碳汇与树种固碳能力研究进展[J]. 现代园艺，(1)：26-29.

关德新．1998. 农田防护林体系空气动力效应研究[D]. 沈阳：中国科学院沈阳应用生态研究所.

管东生，Peart M R. 2000. 华南南亚热带不同演替阶段植被的环境效应[J]. 环境科学，21(5)：1-5.

国家林业局．2017. 森林生态系统长期定位观测指标体系：GB/T 35377-2017 [S]. 北京：中国林业科学研究院．

国家林业局．2008. 森林生态系统服务功能评估规范：LY/T 1721-2008 [S]. 北京：中国标准出版社．

国家林业局，国家发展改革委．2017. 全国沿海防护林体系建设工程规划（2016-2025 年）[R].

郭久江．2003. 福州北郊木荷林与马尾松林生物量和能量的研究[J]. 林业科技开发，(S1)：51-54.

郭然，王效科，逯非，等．2008. 中国草地土壤生态系统固碳现状和潜力[J]. 生态学报，28(2)：862-867.

郭瑞红．2007. 滨海沙地木麻黄林生态系统的碳贮量和碳吸存[D]. 福州：福建农林大学．

郭兆迪，胡会峰，李品，等．2013. 1977—2008 年中国森林生物量碳汇的时空变化[J]. 中国科学：生命科学，43(5)：421-431.

韩冰，王效科，逯非，等．2008. 中国农田土壤生态系统固碳现状和潜力[J]. 生态学报，28(2)：612-619.

韩冰，王效科，欧阳志云．2005. 中国农田生态系统土壤碳库的饱和水平及其固碳潜力[J]. 生态与农村环境学报，21(4)：6-11.
何佩云，丁贵杰，谌红辉．2011. 连栽马尾松人工林土壤肥力比较研究[J]. 林业科学研究，24(3)：357-362.
何宗明，李丽红，王义祥，等．2003. 33 年生福建柏人工林碳库与碳吸存[J]. 山地学报，21(3)：298-303.
侯元兆，王琦．1995. 中国森林资源核算研究[J]. 世界林业研究，8(3)：51-56.
胡海波，张金池，鲁小珍．2001. 我国沿海防护林体系环境效应的研究[J]. 世界林业研究，14(5)：37-42.
胡小飞，陈伏生，葛刚．2007. 森林采伐对林地表层土壤主要特征及其生态过程的影响[J]. 土壤通报，38(6)：1213-1218.
胡小燕，段爱国．2020. 森林生态系统碳储量研究进展[J]. 林业科技通讯，(2)：3-6.
胡振宏，何宗明，范少辉，等．2013. 采伐剩余物管理措施对二代杉木人工林土壤全碳、全氮含量的长期效应[J]. 生态学报，33(13)：4205-4213.
黄麟．2021. 森林管理的生态效应研究进展[J]. 生态学报，41(10)：4226-4239.
黄舒静，琦曾，张立华，等．2009. 短枝木麻黄小枝单宁对其幼苗生长及单宁含量的效应[J]. 热带亚热带植物学报，17(5)：471-476.
黄耀，刘世梁，沈其荣，等．2002. 环境因子对农业土壤有机碳分解的影响[J]. 应用生态学报，13(6)：709-714.
黄义雄，沙济琴，谢皎如．1996. 福建平潭岛木麻黄防护林带的生物生产力[J]. 生态学杂志，15(2)：5-8，15.
黄钰辉，甘仙华，张卫强，等．2017. 南亚热带杉木林皆伐迹地幼龄针阔混交林生态系统碳储量[J]. 生态科学，36(4)：137-145.
姜东涛．2005. 森林制氧固碳功能与效益计算的探讨[J]. 华东森林经理，19(2)：19-21.
靳芳，鲁绍伟，余新晓，等．2005. 中国森林生态系统服务功能及其价值评价[J]. 应用生态学报，16(8)：1531-1536.
康冰，刘世荣，张广军，等．2006. 广西大青山南亚热带马尾松、杉木混交林生态系统碳素积累和分配特征[J]. 生态学报，26(5)：1320-1329.
孔正红，董卉卉，陈希，等．2009. 崇明岛沿岸防护林结构与功能空间异质性分析[J]. 林业科学，45(4)：60-64.
赖建强．2005. 闽南湿地松生物量估算模型研究[J]. 林业勘察设计，2005(2)：98- 101.
雷蕾，肖文发．2015. 采伐对森林土壤碳库影响的不确定性[J]. 林业科学研究，28(6)：892-899.
雷丕锋，项文化，田大伦，等．2004. 樟树人工林生态系统碳素贮量与分布研究[J]. 生态学杂志，23(4)：25-30.
李虹谕，杨会侠，丁国权，等．2022. 中国森林碳储量分析[J]. 林业科技通讯，(12)：29-32.
李晶．2011. 基于 GIS 的陕北黄土高原土地生态系统固碳释氧价值评价[J]. 中国农业科学，44(14)：2943-2950.
李铭红，于明坚，陈启瑺，等．1996. 青冈常绿阔叶林的碳素动态[J]. 生态学报，16(6)：645-651.

李怒云 . 2016. 中国林业碳汇[M]. 北京：中国林业出版社 .
李意德，吴仲民，曾庆波，等 . 1998. 尖峰岭热带山地雨林群落生产和二氧化碳同化净增量的初步研究[J]. 植物生态学报，22(2)：127-134.
李意德，吴仲民，曾庆波，等 . 1998. 尖峰岭热带山地雨林生态系统碳平衡的初步研究[J]. 生态学报，18(4)：37-44.
林武星，叶功富，徐俊森，等 . 2003. 滨海沙地木麻黄基干林带不同更新方式综合效益分析[J]. 林业科学 . 39(S1)：112-116.
林武星，朱炜，李茂瑾，等 . 2021. 沿海沙岸木麻黄基干林带套种乡土树种效果研究[J]. 绿色科技，23(9)：127-128，131.
林益明，何建源，杨志伟，等 . 1999. 武夷山甜槠群落凋落物的产量及其动态[J]. 厦门大学学报(自然科学版)，38(2)：280-286.
林玮，梁东成，唐昌亮，等 . 2019. 华南地区主要造林树种林分碳储量估算[J]. 林业与环境科学，35 (2)：21-29.
刘冰燕，吴旭 . 2015. 秦岭南坡东段油松人工林生态系统碳、氮储量及其分配格局[J]. 应用生态学报，26(3) ：643-652.
刘璨 . 2003. 森林固碳与释氧的经济核算[J]. 南京林业大学学报(自然科学版)，27(5)：25-29.
刘恩，王晖，刘世荣 . 2012. 南亚热带不同林龄红锥人工林碳贮量与碳固定特征[J]. 应用生态学报，23 (2) ：335-340.
刘国华，傅伯杰，方精云 . 2000. 中国森林碳动态及其对全球碳平衡的贡献[J]. 生态学报，20(2)：733-740.
刘世荣 . 2010. 森林生态系统管理与土壤可持续固碳能力[C]. 第九届中国林业青年学术年会.
刘守龙，童成立，张文菊，等 . 2006. 湖南省稻田表层土壤固碳潜力模拟研究[J]. 自然资源学报，21(1)：118-125.
刘顺，罗达，刘千里，等 . 2017. 川西亚高山不同森林生态系统碳氮储量及其分配格局[J]. 生态学报，37(4)：1074-1083.
刘文耀，荆贵芬，郑征 . 1989. 滇中常绿阔叶林及云南松林枯落物的初步研究[J]. 广西植物，9(4) ：347-355.
刘魏魏，王效科，逯非，等 . 2015. 全球森林生态系统碳储量、固碳能力估算及其区域特征[J]. 应用生态学报，26(9)：2881-2890.
刘迎春，王秋凤，于贵瑞，等 . 2011. 黄土丘陵区两种主要退耕还林树种生态系统碳储量和固碳潜力[J]. 生态学报，31(15)：4277-4286.
刘志龙，明安刚，贾宏炎，等 . 2017. 近自然化改造对桂南马尾松和杉木人工林结构特征的影响[J]. 南京林业大学学报(自然科学版)，41(4) ：101-107.
卢昌义 . 1988. 九龙江口秋茄红树林群落的掉落物量研究[J]. 厦门大学学报(自然科学版)，27 (4)：459-463.
鲁如坤 . 1999. 土壤农业化学分析方法[M]. 北京：中国农业科技出版社 .
鲁洋，黄从德，董刚明，等 . 2010. 柳杉人工林皆伐后初期土壤有机碳和微生物量碳动态[J]. 四川林业科技，31(5)：35-40.
陆元昌，刘宪钊，雷相东，等 . 2017. 人工林多功能经营技术体系[J]. 中南林业科技大学学报，37(7)：1-10.
罗辑，杨忠，杨清伟．2000. 贡嘎山东坡峨眉冷杉林区土壤 $CO_2$ 排放[J]．土壤学报，37(3)：402-409.
罗细芳，古育平，陈火春，等．2013. 我国沿海防护林体系生态效益价值评估[J]．华东森林经理，27(1)：25-27，56.
罗叶红，姚贤宇，汤文艳，等．2016. 马尾松肉桂人工复层林碳储量及其分布格局[J]．广西林业科学，45(1)：68-74.
罗云建，张小全．2006. 多代连栽人工林碳贮量的变化[J]．林业科学研究，19 (6)：791-798.
马明东，江洪，刘跃建．2008. 楠木人工林生态系统生物量、碳含量、碳贮量及其分布[J]．林业科学，44(3)：34-39.
马钦彦，陈遐林，王娟，等．2002. 华北主要森林类型建群种的含碳率分析[J]．北京林业大学学报，34(5)：96-100.
马钦彦．1989. 中国油松生物量的研究[J]．北京林业大学学报，11(4)：1-10.
马炜，孙玉军，郭孝玉，等．2010. 不同林龄长白落叶松人工林碳储量[J]．生态学报，30(17)：4659-4667.
马长欣，刘建军，康博文，等．2010. 1999-2003 年陕西省森林生态系统固碳释氧服务功能价值评估[J]．生态学报，30(6)：1412-1422.
明安刚，刘世荣，李华，等．2017. 近自然化改造对马尾松和杉木人工林生物量及其分配的影响[J]．生态学报，37(23)：7833-7842.
穆琳，张继宏，关连珠．1998. 施肥与地膜覆盖对土壤有机质平衡的影响[J]．生态与农村环境学报，14(2)：20-23.
秦源．2013. 子午岭森林凋落叶对土壤微生物群落特征的影响研究[D]．西安：陕西师范大学．
邱祈荣，蔡维伦，林思吟，等．2010. 台湾林业碳汇管理策略探讨[J]．中华林学季刊，43(1)：1-17
任海，丽萍，彭少麟，等．2004. 海岛与海岸带生态系统恢复与生态系统管理[M]．北京：科学出版社
阮宏华，姜志林，高苏铭．1997. 苏南丘陵主要森林类型碳循环研究—含量与分布规律[J]．生态学杂志，16(6)：17-21.
阮宏华，姜志林．1997. 苏南丘陵主要森林类型碳循环研究[J]．生态学杂志，16(6)：17-21.
桑卫国，马克平，陈灵芝．2002. 暖温带落叶阔叶林碳循环的初步估算[J]．植物生态学报，26(5)：543-548.
沈宏，曹志洪．1999. 土壤活性有机碳的表征及其生态效应[J]．生态学杂志，18(3)：32-38.
师晨迪，曹婷婷，刘洋洋．2019. 土壤固碳潜力估算方法研究进展[J]．湖北农业科学，58(S1)：10-12.
师晨迪，许明祥，邱宇洁．2016. 几种不同方法估算农田表层土壤固碳潜力：以甘肃庄浪县为例[J]．环境科学，37(3)：1098-1105.
苏宜洲．2007. 闽南沿海山地火力楠人工林生物生产力与营养特性研究[J]．青海农林科技，(1)：13-16.
谭芳林．2003. 木麻黄防护林生态系统凋落物及养分释放研究[J]．林业科学，39(S1)：

21-26.
唐广仪，张慧忱．1992. 复层林造林营林技术[M]. 成都：四川科学技术出版社．
田大伦，方晰．2004. 湖南会同杉木人工林生态系统的碳素含量[J]. 中南林学院学报，24(2)：1-5.
仝川，杨玉盛．2007. 飓风和台风对沿海地区森林生态系统的影响 [J]. 生态学报，27(12)：5337-5344.
屠梦照，姚文华，翁轰，等．1993. 鼎湖山南亚热带常绿阔叶林凋落物的特征[J]. 土壤学报，30(1)：34-42.
万晓华，黄志群，何宗明，等．2013. 阔叶和杉木人工林对土壤碳氮库的影响比较[J]. 应用生态学报，24(2)：345-350.
汪金松，赵秀海，张春雨，等．2012. 改变碳源输入对油松人工林土壤呼吸的影响[J]. 生态学报，32(9)：2768-2777.
汪业勖．1999. 中国森林生态系统区域碳循环研究[D]. 北京：中国科学院地理科学与资源研究所．
王兵，鲁绍伟，尤文忠，等．2010. 辽宁省森林生态系统服务价值评估[J]. 应用生态学报，21(7)：1792-1798.
王光军，田大伦，闫文德，等．2009. 改变凋落物输入对杉木人工林土壤呼吸的短期影响[J]. 植物生态学报，33(4)：739-747.
王江丽，白涛，吴晓磊，等．2008. 农林复合生态系统防护林结构对植物生物多样性的影响[J]. 东北农业大学学报，39(1)：50-54.
王清奎．2011. 碳输入方式对森林土壤碳库和碳循环的影响研究进展[J]. 应用生态学报，22(4)：1075-1081.
王邵军，阮宏华．2011. 全球变化背景下森林生态系统碳循环及其管理[J]. 南京林业大学学报(自然科学版)，35(2)：113-116.
王绍强，周成虎，李克让，等．2000. 中国土壤有机碳库及空间分布特征分析[J]. 地理学报，(5)：533-544.
王卫霞，史作民，罗达，等．2013. 我国南亚热带几种人工林生态系统碳氮储量[J]. 生态学报，33(3)：925-933.
王效科，冯宗炜．2000. 中国森林生态系统中植物固定大气碳的潜力[J]. 生态学杂志，19(4)：72-74.
王兴昌，王传宽，于贵瑞．2008. 基于全球涡度相关的森林碳交换的时空格局[J]. 中国科学：地球科学，38(9) 1092-1102.
王薪琪，王传宽，韩轶．2015. 树种对土壤有机碳密度的影响：5 种温带树种同质园试验[J]. 植物生态学报，39(11)：1033-1043.
王艳芳．2017. 河南省退耕还林工程固碳成效及其潜力评估[D]. 咸阳：西北农林科技大学．
王义祥，田娜，王成己，等．2015. 亚热带果园土壤固碳潜力估算—以永春县为例[J]. 热带亚热带植物学报，23(4)：428-434.
尉海东，马祥庆．2006. 中亚热带 3 种主要人工林的土壤呼吸动态[J]. 福建农林大学学报(自然科学版)，35(3)：272-277.
尉海东．2005. 中亚热带三种人工林生态系统碳贮量及土壤呼吸研究[D]. 福州：福建农林大学.
温远光，韦炳二．1989. 亚热带森林凋落物产量及动态的研究[J]．林业科学，25(6)：542-548.
翁伯琦，王义祥，黄毅斌，等．2013. 生草栽培下果园土壤固碳潜力研究[J]．生态环境学报，22(6)：931-934.
吴庆标，王效科，段晓男，等．2008. 中国森林生态系统植被固碳现状和潜力[J]．生态学报．28，28(2)：517-524.
吴仲民，李意德，曾庆波，等．1998. 尖峰岭热带山地雨林C素库及皆伐影响的初步研究[J]．应用生态学报，9(4)：341-344.
肖胜生，叶功富，董云社，等．2009. 木麻黄沿海防护林土壤呼吸动态及其关键影响因子[J]．中国环境科学，29(5)：531-537.
肖胜生，熊永，段剑，等．2015. 基于组分区分的南方红壤丘陵土壤呼吸对植被类型转换的响应[J]．农业工程学报，31(14)：123-131.
肖胜生．2007. 滨海沙地木麻黄人工林生态系统的土壤呼吸与碳平衡研究[J]．福州：福建农林大学．
辛刚，颜丽，汪景宽，等．2002. 不同开垦年限黑土有机质变化的研究[J]．土壤通报，33(5)：332-335.
项文化，田大伦．2002. 不同年龄阶段马尾松人工林养分循环的研究[J]．植物生态学报，26(1)：89-95.
肖寒，欧阳志云，赵景柱，等．2000. 森林生态系统服务功能及其生态经济价值评估初探—以海南岛尖峰岭热带森林为例[J]．应用生态学报，11(4)：481-484.
肖纳，莫雪青，谭许脉，等．2022. 异龄复层混交对马尾松人工林土壤团聚体碳组分和转化的影响[J]．广西植物，42(4)：595-607.
谢义坚．2020. 福建滨海木麻黄防护林生态系统服务功能评估及生态补偿机制研究[D]．福州：福建师范大学．
徐敏，伍钧，张小洪，等．2018. 生物炭施用的固碳减排潜力及农田效应[J]．生态学报，38(2)：393~404.
徐伟强．2009. 东南沿海木麻黄人工林生物量及生产力生态学研究[D]．福州：福建农林大学.
徐燕千，劳家骐．1984. 木麻黄栽培[M]．北京：中国林业出版社.
许基全．1996. 综合型高效益沿海防护林体系营造技术[M]．北京：中国林业出版社．
薛达元．1997. 生物多样性经济价值评估：长白山自然保护区案例研究[M]．北京：中国环境科学出版社．
严慧峻，许建新．1997. 黄淮海平原盐渍土有机质消长规律的研究[J]．植物营养与肥料学报，3(1)：1-8.
杨承栋．2022. 发展有群落结构混交林是维护、恢复和提高森林土壤功能实现人工林可持续经营的关键技术[J]．林业科学，58(8)：26-40.
杨帆，黄麟，邵全琴，等．2015. 2010年贵州省南部森林生态系统固碳释氧服务功能价值评估[J]．贵州师范大学学报(自然科学版)，33(3)：5-11.
杨锋伟，鲁绍伟，王兵．2008. 南方雨雪冰冻灾害受损森林生态系统生态服务功能价值评估[J]．林业科学，44(11)：101-110.

杨玉盛，陈光水，何宗明，等．2002a. 杉木观光木混交林和杉木纯林群落细根生产力、分布及养分归还[J]. 应用与环境生物学报，8(3)：223-233.
杨玉盛，陈光水，林瑞余，等．2001. 杉木观光木混交林群落的能量生态[J]. 应用与环境生物学报，7(6)：536-542.
杨玉盛，陈光水，谢锦升，等．2006. 格氏栲天然林与人工林土壤异养呼吸特性及动态[J]. 土壤学报，43(1)：53-61.
杨玉盛，陈光水，谢锦升，等．2015. 中国森林碳汇经营策略探讨[J]. 森林与环境学报，35(4)：297-303.
杨玉盛，陈光水，谢锦升，等．2002b. 杉木观光木混交林群落 N、P 养分循环的研究[J]. 植物生态学报，26(4)：473-480.
杨玉盛，陈光水．2002. 杉木观光木混交林凋落物分解及养分释放的研究[J]. 植物生态学报，26(3)：275-282.
杨玉盛，李振问，吴擢溪，等．1993. 杉木火力楠混交林土壤肥力的研究[J]. 福建林学院学报，13(1)：8-16.
杨玉盛．1998. 杉木林可持续经营的研究[M]. 北京：中国林业出版．
叶功富．2008. 海岸带木麻黄人工林生态系统的碳吸存与碳平衡[D]. 厦门：厦门大学．
叶功富，冯泽幸，潘惠忠，等．1996a. 木麻黄优良无性系的选择试验[J]. 防护林科技，(S1)：62-64，103.
叶功富，高伟，王亨，等．2013a. 木麻黄光合生理特性对海岸线距离梯度的响应[J]. 福建林学院学报，33(4)：291-297.
叶功富，郭瑞红，卢昌义，等．2008. 木麻黄与厚荚相思混交林乔木层的碳贮量及其分配[J]. 海峡科学，(10)：16-18.
叶功富，林银森，吴寿德，等．1996b. 木麻黄林生产力动态变化的研究[J]. 防护林科技，(S1)：17-20.
叶功富，卢昌义，尤龙辉，等．2013b. 基于生态文明视域的海岸带林业建设与发展[J]. 防护林科技，(1)：1-4.
叶功富，王维辉，施纯淦，等．2000. 木麻黄低效林改造方式、树种选择和改造效果研究[J]. 防护林科技，(S1)：64-68.
叶功富，徐俊森，林武星，等．1996c. 木麻黄连栽林地土壤肥力动态与地力维持[J]. 防护林科技，(S1)：49-53，89.
叶功富，尤龙辉，卢昌义，等．2015. 全球气候变化及森林生态系统的适应性管理[J]. 世界林业研究，28(1)：1-6.
叶功富，张水松，黄传英，等．1994. 木麻黄人工林地持续利用问题的探讨[J]. 林业科技开发，(4)：18-19.
叶绍明，龙滔，蓝金宣，等．2010. 尾叶桉与马占相思人工复层林碳储量及分布特征研究[J]. 江西农业大学学报，32(4)：735-742.
易志刚，蚁伟民．2003. 森林生态系统中土壤呼吸研究进展[J]. 生态环境，12(3)：361-365.
尹江苹．2023. 全球森林资源概况[J]. 中国人造板，30(1)：48.
勇军，陈步峰，王兵，等．2013. 广州市森林生态系统服务功能评估[J]. 中南林业科技大学学报，33(5)：73-78.

尤海舟，王超，毕君．2017. 河北省森林生态系统固碳释氧服务功能价值评估[J]．西部林业科学，46(4)：121-127.
于贵瑞．2003. 全球变化与陆地生态系统碳循环和碳蓄积[M]．北京：气象出版社出版．
余新晓，鲁绍伟，靳芳，等．2005. 中国森林生态系统服务功能价值评估[J]．生态学报，25(8)：2096-2102.
余再鹏，万晓华，胡振宏，等．2014. 亚热带杉木和米老排人工林土壤呼吸对凋落物去除和交换的响应[J]．生态学报，34(10)：2529-2538.
岳新建，叶功富，陈梦瑶，等．2014. 南亚热带海岸沙地不同林分土壤微生物功能多样性及影响因素[J]．中南林业科技大学学报，29(2)：1-10.
俞新妥．1992. 杉木人工林地力和养分循环研究进展[J]．福建林学院学报，12(3)：264-276.
曾伟生，姚顺彬，肖前辉．2015. 中国湿地松立木生物量方程的研建[J]．中南林业科技大学学报，35(1)：8-13.
张家武，廖利平，李锦芳，等．1993. 马尾松火力楠混交林凋落物动态及其对土壤养分的影响[J]．应用生态学报，4(4)：359-363.
张立华．2006. 海岸沙地木麻黄人工林细根生态学研究[D]．福州：福建农林大学．
张水松，叶功富，徐俊森，等．2002. 木麻黄基干林带类型划分和更新造林关键技术研究[J]．林业科学，38(2)：44-53.
张雪梅，王永东，徐新文，等．2017. 塔里木沙漠公路防护林地表凋落物分解对施肥的响应[J]．生态学报，37(5)：1506-1514.
张焱．2002. 锡林河流域一个放牧草原群落土壤呼吸及其影响因子的研究[D]．北京：中国科学院研究生院．
赵海珍，王德艺，张景兰，等．2001. 雾灵山自然保护区森林的碳汇功能评价[J]．河北农业大学学报，24(4)：43-47.
赵敏，周广胜．2004. 中国森林生态系统的植物碳贮量及其影响因子分析[J]．地理科学，24(1)：50-54.
郑征，刘伦辉．1990. 西双版纳湿性季节雨林凋落物和叶虫食量研究[J]．植物学报，32(7)：551-557.
仲崇禄，张勇．2022. 木麻黄研究与应用[M]．北京：中国林业出版社．
钟春柳，黄义雄，曹春福，等．2017. 不同海岸梯度下木麻黄防护林生态化学计量特征[J]．亚热带资源与环境学报，12(2)：22-29，37.
周广胜，王玉辉．1999. 全球变化与气候—植被分类研究和展望[J]．科学通报，44(24)：2587-2593.
周广胜，张新时．1996. 全球气候变化的中国自然植被的净第一性生产力研究[J]．植物生态学报，20(1)：11-19.
周琦全．2012. 永春牛姆林自然保护区马尾松林生物量及碳储量研究[D]．福州：福建农林大学.
周毅．1998. 公益林生态效益计量研究进展[J]．世界林业研究，11(2)：13-17.
周玉荣，于振良，赵士洞．2000. 我国主要森林生态系统碳贮量和碳平衡[J]．植物生态学报，24(5)：518-522.
朱建华，田宇，李奇，等．2023. 中国森林生态系统碳汇现状与潜力[J]．生态学报，43(9)：

3442-3457.

朱丽，秦富仓，姚云峰，等．2009. 北京市怀柔水库集水区径流与防护林结构变化响应研究[J]. 水土保持研究，16(3)：143-147.

朱美玲，王旭，王帅，等．2015. 海南岛典型地区桉树人工林生态系统碳、氮储量及其分配格局[J]. 热带作物学报，36 (11)：1943-1950.

左强，何怀江，赵秀海．2015. 改变碳源输入对蛟河红松阔叶混交林土壤呼吸的影响[J]. 应用与环境生物学报，21(6)：1136-1142.

Achat D L, Deleuze C, Landmann G, et al., 2015a. Quantifying consequences of removing harvesting residues on forest soils and tree growth-A meta-analysis[J]. Forest Ecology and Management, 348: 124-141.

Achat D L, Fortin M, Landmann G, et al., 2015b. Forest soil carbon is threatened by intensive biomass harvesting[J]. Scientific Reports, 5(1): 1-10.

Alberty RA. 2005. Thermodynamics of the mechanism of the nitrogenase reaction[J]. Biophysical Chemistry, 114(2-3) : 115-120.

Argiroff W A, Zak D R, Upchurch R A, et al., 2019. Anthropogenic N deposition alters soil organic matter biochemistry and microbial communities on decaying fine roots[J]. Global change biology, 25(12): 4369-4382.

Baties N H. 1996. Total carbon and nitrogen in the soils of the world[J]. European Journal of Soil Science, 47: 151-163.

Black T A, Harden J W. 1995. Effect of timber harvest on soil carbon storage at Blodgett Experimental Forest, California[J]. Canadian Journal of Forest Research, 25(8): 1385-1396.

Bolinder M A, Angers D A, Gregorich E G, et al., 1999. The response of soil quality indicators to conservation management[J]. Canadian Journal of Soil Science, 79: 37-45.

Boone R D, Nadelhoffer K J, Canary J D, et al., 1998. Root exert a strong influence on the temperature sensitivity of soil respiration[J]. Nature, 396: 570-572.

Brant J B, Myrold D D, Sulzman E W. 2006. Root controls on soil microbial community structure in forest soils[J]. Oecologia, 148(4): 650-659.

Bray J R, Gorham E. 1964. Litter production in forests of the world[J]. Advances in Ecological Research: 101-157.

Brookes P C, Landman A, Pruden G, et al., 1985. Chloroform fumigation and the release of soil nitrogen: A rapid direct extraction method to measure microbial biomass nitrogen in soil[J]. Soil Biology and Biochemistry, 17(6) : 837-842.

Brown S L, Schroeder P E. 1999. Spatial patterns of aboveground production and mortality of woody biomass for eastern US forests[J]. Ecological Applications, 9(3): 968-980.

Carlyle J C, Than U B. 1998. Abiotic controls of soil respiration beneath an eighteen-year-old *Pinus radiata* stand in south-eastern Australia[J]. Journal of Ecology, 76(3): 654-662.

Carroll M, Milakovsky B, Finkral A, et al., 2012. Managing carbon sequestration and storage in temperate and boreal forests[M]//Managing forest carbon in a changing climate. Springer, Dordrecht, 205-226.

Chen Q, Wang Q, Han X, et al., 2010. Temporal and spatial variability and controls of soil respiration in a temperate steppe in northern China [ J ] . Global Biogeochemical Cycles, 24 ( 2 ) : 985-993.

Chen Y, Luo J, Li W, et al., 2014. Comparison of soil respiration among three different subalpine ecosystems on eastern Tibetan Plateau, China [ J ] . Soil Science and Plant Nutrition, 60 ( 2 ): 231-241.

Chiti T, Perugini L, Vespertino D, et al., 2016. Effect of selective logging on soil organic carbon dynamics in tropical forests in central and western Africa[J]. Plant and soil, 399(1): 283-294.

Ciais P, Tans P P, Trolier M, et al., 1995. A large northern hemisphere terrestrial $CO_2$ sink indicated by the $^{13}C/^{12}C$ ratio of atmospheric $CO_2$[J]. Science, 269(5227): 1098-1102.

Clarke N, Gundersen P, Jönsson-Belyazid U, et al., 2015. Influence of different tree-harvesting intensities on forest soil carbon stocks in boreal and northern temperate forest ecosystems[J]. Forest Ecology and Management, 351: 9-19.

Coleman D C, Andrews R, Ellis J E, et al., 1976. Energy flow and partitioning in selected man-managed and natural ecosystems[J]. Agro-ecosystems, 3: 45-54.

Costanza R. 1997. The value of the world ecosystem services and natural capital[J]. Nature, 389: 253-260.

Crow S E, Lajtha K, Bowden R D, et al., 2009. Increased coniferous needle inputs accelerate decomposition of soil carbon in an old-growth forest[J]. Forest Ecology and Management, 258 (10): 2224-2232.

Dawud S M, Raulund-Rasmussen K, Domisch T, et al., 2016. Is tree species diversity or species identity the more important driver of soil carbon stocks, C/N ratio, and pH? [J]. Ecosystems, 19(4): 645-660.

Detwiler R P. 1986. Land use change and the global carbon cycle: the role of tropical soils[J]. Biogeochemistry, 2(1): 67-93.

Devine W D, Harrington C A. 2007. Influence of harvest residues and vegetation on microsite soil and air temperatures in a young conifer plantation[J]. Agricultural and Forest Meteorology, 145(12): 125-138.

Dios V R, Goulden M L, Ogle K, et al., 2012. Endogenous circadian regulation of carbon dioxide exchange in terrestrial ecosystems[J]. Global Change Biology, 18(6): 1956-1970.

Dixon R K, Brown S, Houghton R A, et al., 1994. Carbon pools and flux of global forest ecosystems [J]. Science, 263(5144): 185-190.

Fan Y, Wang F, Sayer E J, et al., 2021. Nutrient addition enhances carbon sequestration in soil but not plant biomass in a coastal shelter plantation in South China[J]. Land Degradation and Development, 32, (16): 4768-4778.

Fan S, Gloor M, Mahlman J, et al., 1998. Large Terrestrial Carbon Sink in North America Implied by Atmospheric and Oceanic Carbon Dioxide Data and Models [ J ] . Science, 282 ( 5388 ): 442-446.

Fang J Y, Chen A P, Peng C H, et al., 2001. Changes in forest biomass carbon storage in China between 1949 and 1998[J]. Science, 292(5525): 2320-2322.

Fang J Y, Wang G G, Liu G H, et al., 1998. Forest biomass of China: an estimate based on the bi-

omass-volume relationship[J]. Ecological Applications, 8(4): 1084-1091.
FAO. 2001. Global Forest Resources Assessment 2000[R]. Food and Agriculture Organization of the United Nations, Rome, 479.
Feng W, Zou X, Schaefer D. 2009. Above and belowground carbon inputs affect seasonal variations of soil microbial biomass in a subtropical monsoon forest of southwest China[J]. Soil Biology and Biochemistry, 41(5): 978-983.
Feng Y, Grogan P, Caporaso J G, et al., 2014. pH is a good predictor of the distribution of anoxygenic purple phototrophic bacteria in Arctic soils [J]. Soil Biology and Biochemistry, 74: 193-200.
Fierer N. 2006. The diversity and biogeography of soil bacterial communities[C]. Proceedings of the National Academy of Sciences of the United States of America, 103: 626.
Fisk M C, Fahey T J. 2001. Microbial biomass and nitrogen cycling responses to fertilization and litter removal in Young Northern Hardwood Forests[J]. Biogeochemistry, 53(2): 201-223.
Frey S D, Ollinger S, Nadelhoffer K, et al., 2014. Chronic nitrogen additions suppress decomposition and sequester soil carbon in temperate forests[J]. Biogeochemistry, 121: 305-316.
Gallardo A, Schlesinger W H. 1994. Factors limiting microbial biomass in the mineral soil and forest floor of a warm-temperate forest[J]. Soil Biology and Biochemistry, 26(10): 1409-1415.
Gamfeldt L, Snll T, Bagchi R, et al., 2011. Higher levels of multiple ecosystem services are found in forests with more tree species[J]. Nature Communications, 4(1): 1340.
Gao W, Huang Z Q, Huang Y R, et al., 2020. Effects of forest types and environmental factors on soil microbial biomass in a coastal sand dune of subtropical China[J]. Journal of Resources and Ecology, 11(5) : 454-465.
Gao W, Huang Z Q, Ye G F, et al., 2018. Effects of forest cover types and environmental factors on soil respiration dynamics in a coastal sand dune of subtropical China[J]. Journal of Forestry Research, 29(6): 1645-1655.
Garcia-Oliva F, Sveshtarova B, Oliva M. 2003. Seasonal effects on soil organic carbon dynamics in a tropical deciduous forest ecosystem in western Mexico[J]. Journal of Tropical Ecology, 19(2): 179-188.
Goulden M L, Munger J W, Fan S M, et al., 1996. Measurements of carbon sequestration by long-term eddy covariance: methods and a critical evaluation of accuracy[J]. Global Change Biology, 2(3): 169-182.
Grand S, Lavkulich L M. 2012. Effects of forest harvest on soil carbon and related variables in Canadian spodosols[J]. Soil Science Society of America Journal, 76(5): 1816-1827.
Griffiths R I, Thomson B C, James P, et al., 2011. The bacterial biogeography of British soils[J]. Environmental Microbiology. 13(6) : 1642.
Hagedorn F, Joos O. 2014. Experimental summer drought reduces soil $CO_2$ effluxes and DOC leaching in Swiss grassland soils along an elevational gradient[J]. Biogeochemistry, 117: 395-412.
Hanpattanakit P, Panuthai S, Chidthaisong A. 2009. Temperature and moisture controls of soil respiration in a dry dipterocarp forest, Ratchaburi Province[J]. Kasetsart Journal - Natural Science, 43(4): 650-661.

Hanson P J, Edwards N T, Garten C T, et al., 2000. Separating root and soil microbial contributions to soil respiration: A review of methods and observations[J]. Biogeochemistry, 48(1): 115-146.

Hart S C, Sollins P. 1998. Soil carbon and nitrogen pools and processes in an old-growth conifer forest 13 years after trenching[J]. Canadian Journal of Forest Research, 28(8): 1261-1265.

Hernάndez J, Pino A D, Vance E D, et al., 2016. *Eucalyptus* and *Pinus* stand density effects on soil carbon sequestration[J]. Forest Ecology and Management, 368: 28-38.

Hoogmoed M, Cunningham S, Baker P, et al., 2014. Is there more soil carbon under nitrogen-fixing trees than under non-nitrogen-fixing trees in mixed-species restoration plantings? [J]. Agriculture, Ecosystems & Environment, 188: 80-84.

Hooker T D, Stark J M. 2008. Soil C and N cycling in three semiarid vegetation types: Response to an in situ pulse of plant detritus[J]. Soil Biology and Biochemistry, 40(10): 2678-2685.

Houghton R A, Boone R D, Fruci J R, et al., 1987. The flux of carbon from terrestrial ecosystems to the atmosphere in 1980 due to changes in land use: geographic distribution of the global flux [J]. Tellus, 39 (12): 122-139.

Hu Z H, He Z M, Huang Z Q, et al., 2014. Effects of harvest residue management on soil carbon and nitrogen processes in a Chinese fir plantation[J]. Forest Ecology and Management, 326: 163-170.

Huang Y H, Li Y L, Yin X, et al., 2011. Controls of litter quality on the carbon sink in soils through partitioning the products of decomposing litter in a forest succession series in South China [J]. Forest Ecology and Management, 261(7): 1170-1177.

Huang Z Q, Yu Z P, Wang M H. 2014. Environmental controls and the influence of tree species on temporal variation in soil respiration in subtropical China[J]. Plant and Soil, 382(1/2): 75-87.

Hume A M, Chen H Y, Taylor A R. 2018. Intensive forest harvesting increases susceptibility of northern forest soils to carbon, nitrogen and phosphorus loss[J]. Journal of Applied Ecology, 55(1): 246-255.

Hunter I. 2001. Above ground biomass and nutrient uptake of three tree species (*Eucalyptus camaldulensis*, *Eucalyptusgrandis* and *Dalbergia sissoo*) as affected by irrigation andfertiliser, at 3 years of age, in southern India[J]. Forest Ecology and Management, 144: 189-199.

Hursh A, Ballantyne A, Cooper L, et al., 2017. The sensitivity of soil respiration to soil temperature, moisture, and carbon supply at the global scale[J]. Global Change Biology, 23(5): 2090-2103.

IPCC. 2013. Contribution of working group I to the fifth assessment report of the intergovernmental panel on climate change. Climate change 2013: The physical science basis[M]. Cambridge: Cambridge University Press.

IPCC. 2000. IPCC special report: Landuse, land-usechange, and forestry[M]. Cambridge: Cambridge University Press.

James J, Harrison R. 2016. The effect of harvest on forest soil carbon: A meta-analysis[J]. Forests, 7(12): 308.

Jandl R, Lindner M, Vesterdal L, et al., 2007. How strongly can forest management influence soil carbon sequestration? [J]. Geoderma, 137(3-4): 253-268.

Janzen H H, Campbell C A, Brandt S A, et al., 1992. Light-fraction organic matter in soils from long-term crop rotations[J]. Soil Science Society of America Journal, 56(6): 1799-1806.

Joergensen R G, Müller T. 1996a. The fumigation-extraction method to estimate soil microbial biomass: Calibration of the $k_{EC}$ value[J]. Soil Biology and Biochemistry, 28(1) : 25-31.

Joergensen R G, Müller T. 1996b. The fumigation-extraction method to estimate soil microbial biomass: Calibration of the $k_{EN}$ value[J]. Soil Biology and Biochemistry, 28(1) : 33-37.

Johnson D W, Curtis P S. 2001. Effects of forest management on soil C and N storage: meta analysis [J]. Forest ecology and management, 140(2-3): 227-238.

Kalbitz K, Solinger S, Park J H, et al., 2000. Controls on the dynamics of dissolved organic matter in soils: A review[J]. Soil Science, 165(4): 277-304.

Kalies E L, Haubensak K A, Finkral A J. 2016. A meta-analysis of management effects on forest carbon storage[J]. Journal of Sustainable Forestry, 35(5): 311-323.

Kaul M, Mohren G M J, Dadhwal V K. 2010. Carbon storage and sequestration potential of selected tree species in India[J]. Mitigation and Adaptation Strategies for Global Change, 15: 489-510.

Kimmins J P. 1987. Forest Ecology[M]. New York: Macmillan.

Kosugi Y, Takanashi S, Ohkubo S, et al., 2008. $CO_2$ exchange of a tropical rainforest at Pasoh in Peninsular Malaysia[J]. Agricultural and Forest Meteorology, 148(3): 439-452.

Kowalenko C G, Ivarson K C, Cameron D R. 1978. Effect of moisture content, temperature and nitrogen fertilization on carbon dioxide evolution from field soils[J]. Soil Biology and Biochemistry, 10(5): 417-423.

Krankina O N, Harmon M E, Winjum J K. 1996. Carbon storage and sequestration in the Russian forest sector[J]. Ambio, 25(4): 284-288.

Kurpick P, Kurpick U, Huth A. 1997. The influence of logging on a malaysian dipterocarp rain forest: a study using a forest gap model[J]. Journal of Theoretical Biology, 185: 47-54.

Lal R. 2005. Forest soils and carbon sequestration [J]. Forest Ecology and Management, 220: 242-258.

Lal R. 2004. Soil carbon sequestration impacts on global climate change and food security[J]. Science, 304: 1623-1627.

Landesman W J, 2014. Nelson DM, Fitzpatrick MC. Soil properties and tree species drive ß-diversity of soil bacterial communities[J]. Soil Biology and Biochemistry, 76: 201-209.

Lauber C L, Hamady M, Knight R, et al., 2009. Pyrosequencing-based assessment of soil pH as a predictor of soil bacterial community structure at the continental scale[J]. Applied and Environmental Microbiology, 75(15): 5111.

Law B E, Ryan M G, Anthoni P M. 2008. Seasonal and annual respiration of a ponderosa pine ecosystem[J]. Global Change Biology, 5(2): 169-182.

LeBauer D S, Treseder K K. 2008. Nitrogen limitation of net primary productivity in terrestrial ecosystems is globally distributed[J]. Ecology, 89(2): 371-379.

Lebourgeois F, Gomez N, Pinto P, et al., 2013. Mixed stands reduce Abies alba tree-ring sensitivity to summer drought in the Vosges mountains, western Europe[J]. Forest ecology and management, 303: 61-71.

Lee M S, Nakane K, Nakatsubo T, et al., 2002. Effects of rainfall events on soil $CO_2$ flux in a cool temperate deciduous broad-leaved forest[J]. Ecological Research, 17(3) : 401-409.

Leff J W, Wieder W R, Taylor P G, et al., 2012. Experimental litterfall manipulation drives large and rapid changes in soil carbon cycling in a wet tropical forest[J]. Global Change Biology, 18(9): 2969–2979.

Li Y, Niu S, Yu G. 2016. Aggravated phosphorus limitation on biomass production under increasing nitrogen loading: a meta-analysis[J]. Global Change Biology, 22(2): 934–943.

Li Y, Xu M, Sun O J, et al., 2004. Effects of root and litter exclusion on soil $CO_2$ efflux and microbial biomass in wet tropical forests[J]. Soil Biology and Biochemistry, 36(12): 2111–2114.

Lieth H. 1974. Primary productivity of successional stages. In: Knapp, R. (eds) Vegetation dynamics. Handbook of Vegetation Science[M]. Springer, Dordrecht.

Liski J, Perruchoud D, Karjalainen T. 2002. Increasing carbon stocks in the forest soils of western Europe[J]. Forest Ecology and Management, 169(1–2): 159–175.

Liu J, Jiang P, Wang H, et al., 2011. Seasonal soil $CO_2$ efflux dynamics after land use change from a natural forest to Moso bamboo plantations in subtropical China[J]. Forest Ecology and Management, 262(6): 1131–1137.

Lu X, Hou E, Guo J, et al., 2021. Nitrogen addition stimulates soil aggregation and enhances carbon storage in terrestrial ecosystems of China: A meta–analysis[J]. Global Change Biology, 27(12): 2780–2792.

Lu X, Mao Q, Gilliam F S, et al., 2014. Nitrogen deposition contributes to soil acidification in tropical ecosystems[J]. Global change biology, 20(12): 3790–3801.

Lu X, Toda H, Ding F, et al., 2014. Effect of vegetation types on chemical and biological properties of soils of karst ecosystems[J]. European Journal of Soil Biology, 61: 49–57.

Lundegardh H. 1927. Carbon dioxide evolution of soil and crop growth Soil[J]. Science, 23(6): 417–453.

Macfadyen A. 1970. Simple methods for measuring and maintaining the proportion of carbon dioxide in air, for use in ecological studies of soil respiration[J]. Soil Biology and Biochemistry, 2(9): 9–18.

Malhi Y, Grace J. 2000. Tropical forests and atmospheric carbon dioxide[J]. Trends in Ecology and Evolution, 15(8): 332–337.

Mayer M, Prescott C E, Abaker W E, et al., 2020. Tamm Review: Influence of forest management activities on soil organic carbon stocks: A knowledge synthesis[J]. Forest Ecology and Management, 466: 118–127.

Mayer M, Sandén H, Rewald B, et al., 2017. Increase in heterotrophic soil respiration by temperature drives decline in soil organic carbon stocks after forest windthrow in a mountainous ecosystem [J]. Functional Ecology, 31(5): 1163–1172.

Mc Grath M, Luyssaert S, Meyfroidt P, et al., 2015. Reconstructing European forest management from 1600 to 2010[J]. Biogeosciences, 12(14): 4291–4316.

Medina E, Zelwer M. 1972. Soil respiration in tropical plant communities, paper presented at Proceedings of the Second International Symposium of Tropical Ecology[C]. University of Georgia Press, 245–260.

Mendham D S, O'connell A M, Grove T S, et al., 2003. Residue management effects on soil carbon and nutrient contents and growth of second rotation eucalypts[J]. Forest Ecology and Management, 181(3): 357-372.

Mensah S, Veldtman R, Assogbadjo A E, et al., 2016. Tree species diversity promotes aboveground carbon storage through functional diversity and functional dominance[J]. Ecology and Evolution, 6: 7546-7557.

Moreno-Fernandez D, Diaz-Pines E, Barbeito I, et al., 2015. Temporal carbon dynamics over the rotation period of two alternative management systems in Mediterranean mountain Scots pine forests [J]. Forest Ecology and Management, 348: 186-195.

Mueller K E, Eissenstat D, Hobbie S, et al., 2012. Tree species effects on coupled cycles of carbon, nitrogen, and acidity in mineral soils at a common garden experiment[J]. Biogeochemistry, 111(1/3) : 601-614.

Muñoz-Rojas M, Lewandrowski W, Erickson T E, et al., 2016. Soil respiration dynamics in fire affected semi-arid ecosystems: Effects of vegetation type and environmental factors[J]. Science of The Total Environment, 572: 1385-1394.

Nadelhoffer K J, Boone R D, Bowden R D, et al., 2004. The DIRT experiment: litter and root influences on forest soil organic matter stocks and function. In: Foster D, Aber J (eds) Forests in time: the environmental consequences of 1000 years of change in New England[M]. Yale University Press, New Haven, 300-315.

Nakadai T, Koizumi H, Usami Y, et al., 1993. Examination of the method for measuring soil respiration in cultivated land: Effect of carbon dioxide concentration on soil respiration[J]. Ecological research, 8(1): 65-71.

Nakayama F S. 1990. Soil respiration[J]. Remote Sensing Reviews, 5(1): 311-321.

Nave L E, Vance E D, Swanston C W, et al., 2010. Harvest impacts on soil carbon storage in temperate forests[J]. Forest Ecology and Management, 259(5): 857-866.

Nilsen P, Strand L T. 2008. Thinning intensity effects on carbon and nitrogen stores and fluxes in a Norway spruce (*Picea abies* (L.) Karst.) stand after 33 years[J]. Forest Ecology and Management, 256(3): 201-208.

Noh N J, Kim C, Bae S W, et al., 2013. Carbon and nitrogen dynamics in a Pinus densiflora forest with low and high stand densities[J]. Journal of Plant Ecology, 6(5): 368-379.

Pan Y, Birdsey R A, Fang J, et al., 2011. A large and persistent carbon sink in the world's forests [J]. science, 333(6045): 988-993.

Park J H, Kalbitz K, Matzner E. 2002. Resource control on the production of dissolved organic carbon and nitrogen in a deciduous forest floor[J]. Soil Biology and Biochemistry, 34(6): 813-822.

Pearson H L, Vitousek P M. 2001. Stand dynamics, nitrogen accumulation, and symbiotic nitrogen fixation in regenerating stands of Acacia koa[J]. Ecological Applications, 11(5): 1381-1394.

Peng S, Piao S, Wang T, et al., 2009. Temperature sensitivity of soil respiration in different ecosystems in China[J]. Soil Biology and Biochemistry, 41 : 1008-1014.

Peñuelas J, Poulter B, Sardans J, et al., 2013. Human-induced nitrogen-phosphorus imbalances alter natural and managed ecosystems across the globe[J]. Nature communications, 4(1): 1-10.

Phillips O L, Malhi Y, Higuchi N, et al., 1998. Changes in the Carbon Balance of Tropical Forests:

Evidence from Long-Term Plots[J]. Science, 282(5388): 439-442.

Piao S L, Fang J Y, Philippe C, et al., 2009. The carbon balance of terrestrial ecosystems in China [J]. Nature, 458: 1009-1014.

Piotto D, Vıquez E, Montagnini F, et al., 2004. Pure and mixed forest plantations with native species of the dry tropics of Costa Rica: a comparison of growth and productivity[J]. Forest Ecology and Management, 190(2-3): 359-372.

Post W M, Emanuel W R, Zinke P, et al., 1982. Soil carbon pools and world life zones[J]. Nature, 298(8): 156-159.

Potter C S, Klooster S A. 1992. North American carbon sink[J]. Science, 283: 1815.

Powers R F, Scott D A, Sanchez F G, et al., 2005. The North American long-term soil productivity experiment: findings from the first decade of research [J]. Forest Ecology and Management, 220(1-3): 31-50.

Pretzsch H. 2014. Canopy space filling and tree crown morphology in mixed-species stands compared with monocultures[J]. Forest Ecology and Management, 327: 251-264.

Prietzel J, Bachmann S. 2012. Changes in soil organic C and N stocks after forest transformation from Norway spruce and Scots pine into Douglas fir, Douglas fir/spruce, or European beech stands at different sites in Southern Germany[J]. Forest Ecology & Management, 269: 134-148.

Qualls R, Haines B, Swank W. 1991. Fluxes of dissolved organic nutrients and humic substances in a deciduous forest[J]. Ecology, 72: 254-266.

Raich J W, Potter C S. 1995. Global patterns of carbon dioxide emissions from soils[J]. Global Biogeochemical Cycles, 9(1): 23-36.

Raich J W, Schlesinger W H. 1992. The global carbon dioxide flux in soil respiration and its relationship to vegetation and climate[J]. Tellus, 44(2) : 81-99.

Raich J W, Tufekciogul A. 2000. Vegetation and soil respiration: correlations and controls [J]. Biogeochemistry, 48(1): 71-90.

Rajaniemi T K, Allison V J. 2009. Abiotic conditions and plant cover differentially affect microbial biomass and community composition on dune gradients[J]. Soil Biology & Biochemistry, 41(1): 102-109.

Resh S C, Binkley D, Parrotta J A. 2002. Greater soil carbon sequestration under nitrogen-fixing trees compared with *Eucalyptus* species[J]. Ecosystems, 5(3): 217-231.

Ruiz-Benito P, Gómez-Aparicio L, Paquette A, et al., 2013. Diversity effects on forest carbon storage and productivity[J]. Global Ecology and Biogeography, 23: 311-322.

Ruiz-Peinado R, Pretzsch H, Löf M, et al., 2021. Mixing effects on Scots pine (*Pinus sylvestris* L.) and Norway spruce (*Picea abies* (L.) Karst.) productivity along a climatic gradient across Europe[J]. Forest Ecology and Management, 482: 118834.

Sands P J, Rawlins W, Battaglia M. 1999. Use of a simple plantation productivity model to study the profitability of irrigated Eucalyptus globulus[J]. Ecological Modelling, 117: 125-141.

Sariyildiz T, Savaci G, Kravkaz I S. 2015. Effects of tree species, stand age and land-use change on soil carbon and nitrogen stock rates in northwestern Turkey[J]. Forest-Biogeosciences and Forestry, 47(1): e1-e6.

Schimel D S, House J I, Hibbard K A, et al., 2001. Recent patterns an d mechanisms of carbon exchange by terrestrial ecosystems[J]. Nature, 414(6860): 169-172.

Schlesinger W H, Bernhardt E S. 1991. Biogeochemistry, an analysis of global change[M]. San Diego: Academic Press.

Schulte Uebbing L, de Vries W. 2018. Global scale impacts of nitrogen deposition on tree carbon sequestration in tropical, temperate, and boreal forests: A meta analysis[J]. Global Change Biology, 24(2): 416-431.

Shao Q, Yang L, Liu J, et al., 2009. Dynamic analysis on carbon accumulation of a plantation in Qianyanzhou based on tree ring data[J]. Acta Geographica Sinica, 64(1): 69-83.

Shen C, Xiong J, Zhang H, et al., 2013. Soil pH drives the spatial distribution of bacterial communities along elevation on Changbai Mountain[J]. Soil Biology and Biochemistry, 57: 204-211.

Shen J, Yuan L, Zhang J, et al., 2013. Phosphorus dynamics: from soil to plant[J]. Plant physiology, 2013. 156(3): 997-1005.

Sheng H, Yang Y S, Yang Z J, et al., 2010. The dynamic response of soil respiration to land-use changes in subtropical China[J]. Global Change Biology, 2010. 16(3): 1107-1121.

Silva P M, Rammer W, Seidl R. 2015. Tree species diversity mitigates disturbance impacts on the forest carbon cycle[J]. Oecologia, 2015. 177(3): 619-630.

Singh B, Bardgett R, Smith P, et al., 2010. Microorganisms and climate change: terrestrial feedbacks and mitigation options[J]. Nature Reviews Microbiology, 8: 779-790.

Smolander A, Kitunen V. 2002. Soil microbial activities and characteristics of dissolved organic C and N in relation to tree species[J]. Soil Biology and Biochemistry, 34(5): 651-660.

Song X Z, Yuan H, Kimberley M O, et al., 2013. Soil $CO_2$ flux dynamics in the two main plantation forest types in subtropical China[J]. Science of The Total Environment, 444: 363-368.

Sparrow E B, Doxtader K G. 1973. Adenosine triphosphate (ATP) in grassland soil: Its relationship to microbial biomass and activity. USIBP Technical Report 224. Colorado State University, Fort Collins, Colorado, USA.

Stevenson B A, Hunter D W F, Rhodes P L. 2014. Temporal and seasonal change in microbial community structure of an undisturbed, disturbed, and carbon amended pasture soil[J]. Soil Biology and Biochemistry, 75: 175-185.

Stoffel J L, Gower S T, Forrester J A, et al., 2010. Effects of winter selective tree harvest on soil microclimate and surface $CO_2$ flux of a northern hardwood forest[J]. Forest Ecology and Management, 259(3): 257-265.

Strukelj M, Brais S, Paré D. 2015. Nine-year changes in carbon dynamics following different intensities of harvesting in boreal aspen stands[J]. European journal of forest research, 134(5): 737-754.

Sullivan B W, Kolb T E, Hart S C, et al., 2008. Thinning reduces soil carbon dioxide but not methane flux from southwestern USA ponderosa pine forests[J]. Forest Ecology and Management, 255(12): 4047-4055.

Sulzman W E, Brant B J, Bowden D R, et al., 2005. Contribution of aboveground litter, belowground litter, and rhizosphere respiration to total soil $CO_2$ efflux in an old growth coniferous forest [J]. Biogeochemistry, 73(1): 231-256.

Sun X, Wang W, Razaq M, et al., 2019. Effects of stand density on soil organic carbon storage in the top and deep soil layers of *Fraxinus mandshurica* plantations[J]. Austrian Journal of Forest Science/Centralblatt für das gesamte Forstwesen, 136(1): 27-44.

Talmon Y, Sternberg M, Grünzweig J M. 2010. Impact of rainfall manipulations and biotic controls on soil respiration in Mediterranean and desert ecosystems along an aridity gradient[J]. Global Change Biology, 17(2): 1108-1118.

Tamminen P, Saarsalmi A, Smolander A, et al., 2012. Effects of logging residue harvest in thinnings on amounts of soil carbon and nutrients in Scots pine and Norway spruce stands[J]. Forest Ecology and Management, 263: 31-38.

Tang G, Li K, Zhang C, et al., 2013. Accelerated nutrient cycling via leaf litter, and not root interaction, increases growth of *Eucalyptus* in mixed-species plantations with Leucaena[J]. Forest Ecology and Management, 310: 45-53.

Tang J, Baldocchi D D, Xu L. 2005. Tree photosynthesis modulates soil respiration on a diurnal time scale[J]. Global Change Biology, 11(8): 1298-1304.

Tewary C K, Pandey U, Singh J S. 1982. Soil and litter respiration rates in different microhabitats of a mixed oak-conifer forest and their control by edaphic conditions and substrate quality[J]. Plant and Soil, 65(2): 233-238.

Turner D P, Koerper G J, Harmon M E, et al., 1995. A carbon budget for forests of the conterminous United States[J]. Ecological Applications, 5(2): 421-436.

Uffen N, Grahamhr O, Colind C, et al., 2010. The influence of vegetation type, soil properties and precipitation on the composition of soil mite and microbial communities at the landscape scale[J]. Journal of Biogeography, 37(7) : 1317-1328.

Upadhyaya S D, Singh V P. 1981. Microbial turnover of organic matter in a tropical grassland soil[J]. Pedobiologia, 21: 100-109.

Ussiri D, Lal R, Jacinthe P. 2006. Soil properties and carbon sequestration of afforested pastures in Reclaimed Minesoils of Ohio[J]. Soil Science Society of America Journal, 70(5): 1797-1806.

Valentini R, Angelis P, Matteucci G, et al., 1996. Seasonal net carbon dioxide exchange of a beech forest with the atmosphere[J]. Global Change Biology, 2(3): 199-207.

Venanzi R, Picchio R, Piovesan G. 2016. Silvicultural and logging impact on soil characteristics in Chestnut (*Castanea sativa* Mill.) Mediterranean coppice[J]. Ecological Engineering, 92: 82-89.

Vincent M, Krause C, Zhang S Y. 2009. Radial growth response of black spruce roots and stems to commercial thinning in the boreal forest[J]. Forestry, 82(5): 557-571.

Wang F, Xu X, Zou B, et al., 2013a. Biomass accumulation and carbon sequestration in four different aged *Casuarina equisetifolia* coastal shelterbelt plantations in South China[J]. PLoS ONE, 8(10): e77449. doi: 10. 1371/journal. pone. 0077449

Wang F M, Li Z A, Xia H P, et al., 2010a. Effects of nitrogen-fixing and non-nitrogen-fixing tree species on soil properties and nitrogen transformation during forest restoration in southern China[J]. Soil Science & Plant Nutrition, 56: 297-306.

Wang H, Liu S R, Wang J X, et al., 2013b. Effects of tree species mixture on soil organic carbon stocks and greenhouse gas fluxes in subtropical plantations in China[J]. Forest Ecology and Management, 300: 4-13.

Wang M, Liu X, Zhang J, et al., 2014. Diurnal and seasonal dynamics of soil respiration at temperate *Leymus chinensis* meadow steppes in western Songnen Plain, China[J]. Chinese Geographical Science, 24(3): 287-296.

Wang Q K, Wang S L, Deng S J. 2005. Comparative study on active soil organic matter in Chinese fir plantation and native broad-leaved forest in subtropical China[J]. Journal of Forestry Research, 16(1): 23-26.

Wang Q K, Wang S L. 2007. Soil organic matter under different forest types in Southern China[J]. Geoderma, 142(3-4): 349-356.

Wang X, Jiang Y L, Jia B R, et al., 2010b. Comparison of soil respiration among three temperate forests in Changbai Mountains, China [J]. Canadian Journal of Forest Research, 40 (4): 788-795.

WangY D, Wang H M, Xu M J, et al., 2015. Soil organic carbon stocks and $CO_2$ effluxes of native and exotic pine plantations in subtropical China[J]. Catena, 128: 167-173.

Wardle D A. 2008. A comparative assessment of factors which influence microbial biomass carbon and nitrogen levels in soil[J]. Biological Reviews, 67(3): 321-358.

Wassmann R, Neue H U, Lantin R S, et al., 1994. Temporal patterns of methane emissions from wetland rice fields treated by different modes of N application[J]. Journal of Geophysical Research-Atmospheres, 99(8): 16457-16462.

Widen B, Majdi H. 2001. Soil $CO_2$ efflux and root respiration at three sites in a mixed pine and spruce forest: seasonal and diurnal variation[J]. Canadian Journal of Forest Research, 31(5): 786-796.

Williams C A, Vanderhoof M K, Khomik M, et al., 2014. Post-clearcut dynamics of carbon, water and energy exchanges in a midlatitude temperate, deciduous broadleaf forest environment[J]. Global Change Biology, 20(3): 992-1007.

Xiao S S, Ye G F, Zhang L H, et al., 2009. Soil heterotrophic respiration in Casuarina equisetifolia plantation at different stand ages[J]. Journal of Forestry Research, 20(4): 301-306.

Xu M, Qi Y. 2001. Soil-surface $CO_2$ efflux and its spatial and temporal variations in a young ponderosa pine plantation in northern California[J]. Global Change Biology, 7(6): 667-677.

Yamamoto S, Saigusa N, Murayama S, et al., 2001. Long-term results of flux measurement from a temperate deciduous forest site (Takayama) [C]. Proceedings of Internation Workshop for Advanced Flux Evaluation.

Yan L, Xu X, Xia J. 2019. Different impacts of external ammonium and nitrate addition on plant growth in terrestrial ecosystems: A meta-analysis [J]. Science of the total environment, 686: 1010-1018.

Yanai R D, Currie W S, Goodale C L. 2003. Soil carbon dynamics after forest harvest: an ecosystem paradigm reconsidered[J]. Ecosystems, 197-212.

Yang Y S, Chen G S, He Z M. 2001. Seasonal dynamics of energy return through litterfall of a mixed forest of Chinese Fir and *T. odorum*[J]. Forestry Studies in China, 3(1): 26-31.

Yang Y S, Chen G S, Lin P, et al., 2004. Fine root distribution, seasonal pattern and production in four plantations compared with a natural forest in Subtropical China[J]. Annals of Forest Science,

61(7) : 617-627.

Yang Y S, Guo J F, Cheng G S, et al., 2005. Carbon and nitrogen pools in Chinese fir and evergreen broadleaved forests and changes associated with felling and burning in mid-subtropical China. Forest Ecology and Management, 216: 216-226.

Yao F, Changcun L, Jianjun M, et al., 2010. Effects of plant types on physico-chemical properties of reclaimed mining soil in Inner Mongolia, China[J]. Chinese Geographical Science, 20(4): 309-317.

Ye G F, Zhang S J, Zhang L H, et al., 2012. Age-related changes in nutrient resorption patterns and tannin concentration of Casuarina equisetifolia plantations[J]. Journal of Tropical Forest Science, 24(4): 546-556.

Zak D R, Martin C W. 1994. Plant production and soil microorganisms in late-successional ecosystems: acontinental-scale study[J]. Ecology, 75(8) : 2333-2347.

Zeng X, Zhang W, Shen H, et al., 2014. Soil respiration response in different vegetation types at Mount Taihang, China[J]. Catena, 116(5): 78-85.

Zhang L H, Shao H B, Ye G F, et al., 2012. Effects of fertilization and drought stress on tannin biosynthesis of Casuarina equisetifolia seedlings branchlets[J]. Acta Physiologiae Plantarum, 34(5): 1639-1649.

Zhang L H, Zhang S J, Ye G F, et al., 2013a. Changes of tannin and nutrients during decomposition of branchlets of *Casuarina equisetifolia* plantationin subtropical coastal areas of China[J]. Plant Soil & Environment, 59(2): 74-79.

Zhang N, Liu W, Yang H, et al., 2013b. Soil microbial responses to warming and increased precipitation and their implications for ecosystem C cycling[J]. Oecologia, 173(3): 1125-1142.

Zhang P, Tian X, He X, et al., 2008. Effect of litter quality on its decomposition in broadleaf and coniferous forest[J]. European Journal of Soil Biology, 44(4): 392-399.

Zhang T, Li Y, Chang S X, et al., 2013b. Responses of seasonal and diurnal soil $CO_2$ effluxes to land-use change from paddy fields to Lei bamboo (*Phyllostachys praecox*) stands[J]. Atmospheric Environment, 77: 856-864.

Zhang X, Guan D, Li W, et al., 2018. The effects of forest thinning on soil carbon stocks and dynamics: A meta-analysis[J]. Forest Ecology and Management, 429: 36-43.

Zhang Z, Ming H, Yu Q, et al., 2023. The effect of thinning intensity on the soil carbon pool mediated by soilmicrobial communities and necromass carbon in coastal zoneprotected forests[J]. Science of the Total Environment, 881: 1-11(163492)

Zheng Z, Yu G, Fu Y, et al., 2009. Temperature sensitivity of soil respiration is affected by prevailing climatic conditions and soil organic carbon content: A trans-China based case study[J]. Soil Biology & Biochemistry, 41(7): 1531-1540.